国家科学技术学术著作出版基金资助出版

亚洲地下水与环境

张发旺 程彦培 董 华 黄志兴 等 编著

科学出版社

北 京

内 容 简 介

本书根据地下水形成与水循环理论、地下水系统理论，综合分析亚洲气候、地貌、水文、地质构造、水文地质、地下水资源与环境等要素之间的有机联系。研究气候地貌控制下的地下水形成、循环及其与生态环境关系，划分洲际尺度的地下水系统，分析归纳地下水的赋存类型、资源量、水质、地热的分布特征规律。揭示地下水环境背景、环境效应、生态环境特征和问题，提出跨界含水层和谐管理和地下水可持续利用与保护建议。

本书应用于水资源与环境保护领域，服务于绿色丝路经济建设，为亚洲各国自然资源开发利用、水资源规划与保护提供科学依据。可供从事地学、水利、环境、生态等科学研究及教学工作的相关人员参考。

审图号：GS（2019）806 号

图书在版编目（CIP）数据

亚洲地下水与环境／张发旺等编著 . —北京：科学出版社，2019.3

ISBN 978-7-03-060738-6

Ⅰ.①亚⋯ Ⅱ.①张⋯ Ⅲ.①地下水–水环境–亚洲 Ⅳ.①P641.8

中国版本图书馆 CIP 数据核字（2019）第 043206 号

责任编辑：王　运／责任校对：张小霞
责任印制：赵　博／封面设计：铭轩堂

科 学 出 版 社　出版

北京东黄城根北街 16 号
邮政编码：100717
http://www.sciencep.com

涿州市般润文化传播有限公司印刷
科学出版社发行　各地新华书店经销

*

2019 年 3 月第 一 版　开本：787×1092　1/16
2025 年 4 月第二次印刷　印张：14 3/4
字数：350 000

定价：198.00 元
（如有印装质量问题，我社负责调换）

主要作者名单

张发旺　程彦培　董　华　黄志兴　韩占涛

陈　立　侯宏冰　蔺文静　易　卿　盖力强

张健康　岳　晨　刘　坤　裴玉杉　邱玉玲

郭有平　高自强　徐　敏　王立兵

第一作者简介

张发旺，男，1965 年生，河北衡水人。俄罗斯外籍院士，二级研究员，博士生导师。自然资源部中国地质调查局岩溶地质研究所党委书记、常务副所长。

国家发展改革委、科技部、自然资源部、教育部、国家自然科学基金委员会专家；国际水文地质学家协会（IAH）中国国家委员会秘书长。中国地质学会、中国水利学会、中国煤炭学会常务理事，中国地质学会水文地质专业委员会、矿山水防治与利用专业委员会、岩溶地质专业委员会副主任。广西青年智库研究会副理事长。中国地质大学（北京）、同济大学、中国矿业大学（北京）、河北地质大学、广西师范大学、桂林理工大学兼职教授；中共广西壮族自治区第十届、第十一届委员会委员。

中国地质学会青年地质科技奖银锤奖获得者，国土资源部科技管理优秀奖获得者，国土资源部中国地质调查局优秀党务工作者，河北省科技十大杰出青年并荣获二等功奖励，河北省改革开放二十年优秀大学毕业生暨石家庄市青年拔尖人才。国家重点基础研究发展计划（973 计划）项目首席科学家助理，国家科技支撑计划课题负责人，国家自然科学基金重点项目负责人，科技部国际科技合作重点项目负责人，国土资源大调查项目负责人，广西科技重大专项负责人，桂林科技研发重大专项首席科学家等。

主持国家级项目十多项、省部级项目数十项，获中国测绘地理信息学会优秀地图作品裴秀奖金奖 1 项，省部级一、二等奖以上奖励 7 项，中国地质调查局中国地质科学院地质科技十大进展 2 项，撰写学术专著 9 部，获国家发明专利 5 项，发表学术论文 100 多篇。

联系方式：zhangfawang@karst.ac.cn　18707737886

序 一

水资源是人类社会的永恒需求，是保障经济社会可持续发展的重要资源。为了加快全球经济一体化进程和扩展水工环地质工作服务领域，根据亚洲地形、地貌、气候、地质构造等特点，张发旺研究员领导的团队开展了中国及周边地区地下水资源与环境地质研究工作，探索了洲际尺度地下水形成与循环机理，以及地下水与环境和基础水文地质研究与应用的关系问题，成果服务有关国家经济社会发展，应用效果明显，受到各国政府及国际地学组织的高度重视。

《亚洲地下水与环境》的编著与出版，是中国水文地质工作者与亚洲各国同行多年研究成果的积淀，是继《亚洲地下水与环境系列图》（1∶800 万）出版之后，又一国际性地下水与环境研究成果。张发旺科研团队以亚洲自然资源与环境特点为基础，系统分析了亚洲气候、地貌、地质构造、地下水补给、径流、排泄，以及水岩相互作用的地带性等基础条件，揭示了亚洲地下水与环境的现状和规律。

专著给出了亚洲大陆地质构造骨架，强调构造活动带与相对稳定的地块发育了不同的地质构造类型，中新生代拗陷带或断陷盆地堆积了巨厚的第四纪沉积物，新构造运动的不均匀性升降加速了造山带的强烈剥蚀和山间盆地松散沉积物的堆积。构造单元决定着不同地貌类型，加速着可溶岩类的岩溶发育进程，控制着区域水文地质条件。

专著划分了亚洲地下水类型，刻画了亚洲地下水分布特征，把亚洲划分为 9 大区域水文地质构造区、11 个地下水系统和 36 个亚系统，指出洲际地下水系统是宏观尺度的大系统，并从亚洲地质构造、气候地貌、地表水系和水文地质含水层组的空间结构论证了亚洲地下水系统的集合性、关联性、目的性和整体性，以及地下水系统的边界性质与空间的整合特征。

专著对现代地下水形成与补给—径流—排泄的水循环模式做出了科学判断，建立起立体的地下水循环带及其与生态环境空间分带的对应关系，对亚洲地下水资源数量与质量做出评估。

专著揭示了亚洲地热的类型、分布和 3000 m 深度地温场；阐明了地下水开发过程中地质环境效应和地下水生态环境状况；指出地下水长期超采、地下水管理、地下水与生态环境、地下水与经济社会需求关系、跨界含水层（系统）和谐开发等方面存在的矛盾和问题。

专著还探索了洲际尺度地下水开发地质环境效应与生态环境的内在联系，对宏观区域多因素及性状各异的地下水环境信息，进行了分析归纳，利用时空认知的方法，做出科学的类型划分与特征规律研究，体现出作者对亚洲地下水与环境宏观特征规律的认识，并提出地下水、地热资源持续开发利用与保护和跨界含水层和谐度管理的建议，以及构建人与资源环境和谐发展的措施。

这一研究成果，可应对全球气候变化与人类活动、水环境变化、资源短缺、生态环境恶化、地质灾害频发等世界性难题。从全球战略高度，揭示了亚洲大陆地下水环境及其时空变化规律，提出地下水环境保护对策建议，提升了亚洲地下水环境科学研究水平，为中国与亚洲各国经济协调发展、地质环境及地下水资源功能保障与环境保护等提供了科学依据，对"一带一路"沿线国家的经济社会发展具有重要的现实与历史意义。

中国科学院院士 李廷栋

2019 年 1 月 30 日

序　二

在承载"一带一路"建设和发展的亚洲，大部分国家和地区地下水资源开发利用程度已经不断提高，水资源的供需矛盾也日益突出显现。重大城市、农业主产区、油气田开发区、矿业开发区的地下水集中强烈开采，面临着严重的水资源短缺、地下水环境负效应日益突出等问题。

《亚洲地下水与环境》一书，是中国水文地质工作者与亚洲各国同行多年研究成果的积淀，以张发旺为代表的科研团队历经10年的国际合作，积累了大量国内外信息资料，做出了具有国际影响力的地下水与环境系列编图成果。该专著提出了符合亚洲实际宏观尺度的研究思想和理念，综合研究了亚洲地下水资源与环境规律，科学地分析了亚洲大陆地下水与周边洋系、地理纬度、气候水平分带和地势垂直分带的关系，对不同流域的地下水补给、径流、排泄特征进行了系统研究，阐明了亚洲地下水的形成与循环特征。运用地下水系统理论，创新性地开展了亚洲地下水系统的划分，首次按亚洲大陆的各大洋系、气候地貌、水文地质构造单元和主要河流水系做出综合分析，提出了以气候地貌为主控依据的宏观地下水系统划分准则，划分出了亚洲11个地下水系统和36个次级系统，丰富了地下水系统理论。用地下水渗流理论，揭示了含水系统的储水特征，分析了大气降水-地表水-地下水的转化关系，阐明了亚洲尺度地下含水系统的储水特征与渗流条件，反映了松散沉积连续含水层与基岩裂隙、岩溶溶隙-溶洞断续或零星展布的含水层之间地下渗流场的差异规律。采用区域水均衡法评估了亚洲地下水资源，并详细阐明了亚洲不同地区的地下水开发利用与结构构成。通过分析不同水文地球化学作用下的地下水中特定元素的水平分带和垂直分带，运用层次分析法对地下水质量进行了洲际尺度评价。运用现代地热地质学理论，将亚洲地热资源赋存类型划分为现代火山型、隆起断裂型和沉积盆地型三种类型区，科学地反映了亚洲不同地热资源赋存类型及其分布规律，首次总结了亚洲地热及3000 m深度的地温场状况，揭示了亚洲地热与构造、火山等地壳运动的密切关系。探索性地研究了亚洲跨界含水层，并对跨界含水层地下水开发利用以及和谐度进行了评价。所有这些都为世界地下水资源研究提供了可靠的资料依据。

专著面对亚洲乃至全球资源短缺、环境恶化、地质灾害频发等系列重大问题日益突显的现实，在大量研究基础上指出：亚洲工业化和城市化的迅速发展所带来的资源与环境问题十分严重，加剧了土地沙漠化、土壤盐渍化、湿地退化、草地退化、河湖水量锐减，特别是地下水过度开采，区域地下水水位持续下降带来的负效应愈演愈烈，工农业及城镇废弃物对水土污染也在潜移默化地影响着人类赖以生存的地质环境。专著提出要高度重视亚洲地下水开采过程中引起的一系列地质环境问题和效应，如区域性地下水位持续下降引起地面沉降，地面沉降降低了城市排水防洪功能，使沿海地区城市海水倒灌，破坏道路、桥梁、地下管线、房屋建筑，给城市安全运营带来巨大威胁；矿区采空塌陷和地裂缝造成塌陷区内建筑物倒塌、耕地破坏、地下水强烈下泄、井水干枯等一系列危害，并造成了巨大经济损失；岩溶塌陷使交通、矿山、水电工程、军事设施、农业生产及城市建设等各个领域深受其害；海水入侵导致沿海地区水质恶化，工农业和生活用水水资源减少，土壤生态系统失衡，耕地资源退化，使工农业生产受到危害，危害人类健康，最后还导致了生态环境的恶化。专著对地下水变化产生的生态环境影响进行了全方位、多层次、正负效应的研究，针对这些问题，提出了合理利用地下水资源和更好地保护生态环境与遏制负效应，构建人与自然资源及环境和谐关系的措施，揭示了地下水与地表生态系统、地质环境、社会经济之间的关系，并以此深入评价了地下水的资源和环境价值；并指出了地下水资源管理与保护的具体内容，即实现统一管理，有效合理地利用和分配地下水资源，加强地下水资源的水质、水量和水生态环境的保护，实现地下水资源的可持续利用，预防不良的环境地质问题，保障城市生活、工农业生产以及生态环境的可持续用水，提高水污染控制能力，提高污水资源化的利用水平，改革水资源管理体制并有效提高水资源科学管理水平，加大地下水资源管理执法力度，实现依法治水和管水等方面的措施，为区域地下水可持续开发利用和环境保护提供理论依据。

　　依本人对以张发旺为首的科研团队的了解，正是在编者的不懈努力下，才完成这部具有科学理论和实用价值以及时代意义的专著，因此本人愿意为此专著作序。该专著的公开出版发行，对中国与亚洲各国经济协调发展、增进学术交流和"一带一路"沿线国家的地质环境和地下水资源保护等，具有重要的现实与历史意义。

中国工程院院士

2019 年 1 月 30 日

前　　言

中国国家主席习近平在 2013 年 9 月和 10 月出访中亚和东南亚国家期间，先后提出共建"丝绸之路经济带"和"21 世纪海上丝绸之路"（以下简称"一带一路"）的重大倡议，得到国际社会高度关注。2014 年 6 月 5 日，习近平主席在中阿合作部长论坛上又一次系统阐述了"一带一路"及其所秉承的丝路精神，即"和平合作、开放包容、互学互鉴、互利共赢"。"一带一路"大部分地域都分布在亚洲，亚洲当然成为承载"一带一路"的极为重要的载体。

水是人类赖以生存和发展的不可替代的宝贵自然资源，随着"一带一路"国家社会经济的发展，特别是工业化、城市化进程的加快，地下水资源短缺正在成为这些国家和地区潜在的重大危机。

尤其是作为承载"一带一路"建设和发展的亚洲，大部分国家和地区将陆续迎来一个工业化时期。绿色丝绸之路又对周围国家与地区资源环境提出更高的要求，进行全流域水资源合理有效管理与利用，尤其是地下水资源的可持续利用的研究，成为推进该区域生态环境良性循环的关键，对于为流域国与国或地区与地区之间合理开发水资源提供依据，促进人与自然、资源利用与环境和谐共赢发展也有重要作用。

然而，亚洲大部分国家和地区地下水资源开发利用程度已经不断提高，水资源的供需矛盾也日益突出显现，一些地下水集中开发区正在面临日益严重的水资源短缺与水环境恶化问题，主要体现在以下几方面。

河流干涸。2007 年 3 月 22 日"世界水日"前夕，世界自然基金会（World Wide Fund for Nature，WWF）发布了题为《世界面临最严重危险的 10 条河流》的报告，报告中列举了全球面临干涸威胁最严重的 10 条大河，强调亚洲面临的形势尤为严峻，在 10 条面临最严重干涸威胁的河流中，有一半源自亚洲，包括湄公河、萨尔温江、长江、恒河和印度河。

湿地及湖泊萎缩。青海湖水位每年平均以 12.1 cm 的速度下降，水位下降最快的 2000年，1 年内下降了 21 cm，以这样的速度，青海湖年平均减少湖水 4.36 亿 m^3，有专家预测，如果按照现在的速度不断萎缩，平均水深 18 m 的青海湖将在 200 年后完全消失。造成青海湖不断萎缩的因素主要有气候变暖、人类活动加剧以及降雨量减少等原因，特别是在青海湖周边盲目开荒，破坏了注水河流的水源，目前青海湖 50% 的注水河流已经干涸。

地下水超采。例如印度的古吉拉特地区、中国的华北平原和巴基斯坦的部分地区。由此产生了地下水位持续下降、井水量减少、海水入侵滨海含水层、地面沉降、咸水或污染水移动进入含水层等问题。一般来说，地下水位下降必然造成抽水井的加深，并相应增加提水深度，从而增大了开发地下水的费用。在某些情况下，超采造成的水位降低会使现有的抽水井报废。某些国家的某些地区出现地下水位过度下降的问题，这些国家有中国、日本、马尔代夫、韩国、斯里兰卡、泰国等。

淡水咸化及海水入侵。滨海平原大量开采地下淡水，打破原有的平衡，导致海咸水侵入淡水含水层，包括中国、日本、泰国和越南。例如，在泰国大量抽水导致的地下水位的快速下降，使得曼谷的浅层含水层受到咸水污染。在越南，海水入侵滨海含水层成为重要问题，在其主要河流下游的滨海平原，地下水的含盐量达到 3~4 g/L，最高达到 10 g/L，使得地下水已不适于饮用。中国海水入侵主要出现在辽宁、河北、天津、山东、江苏、上海、浙江、海南、广西 9 个省（自治区、直辖市）的沿海地区。最严重的是山东、辽宁两省，入侵总面积已超过 2 000 km²。辽东湾北部及两侧的滨海地区，海水入侵的面积已超过 4 000 km²，其中严重入侵区的面积为 1 500 km²。莱州湾南侧海水入侵最远距离达 45 km。

地下水水质较差。亚洲干旱和半干旱地区面积大，浅层地下水的含盐量高；沿海及岛屿周边的滨海地区淤积海岸带由于海水的混合作用，水质含盐量相对较高。同时，在特殊的地质环境条件下有很多地区地下水中的砷、氟、铁锰、氡等元素组分含量异常，超过饮用水卫生标准，对公共健康构成危害。地下水中的高含砷量已经成为威胁公共健康的定时炸弹。目前在亚洲有 12 个国家地下水的含砷量超过标准，至少 5 000 万人接触的含砷量超过 50 μg/L，其中以孟加拉国、印度、中国受砷威胁最为严重。如在孟加拉国 64 个区中 61 个区的地下水源中发现了砷，估计有 350 万人因饮用水处于砷中毒的危险之中。2002年，中国地方性砷中毒分布调查结果表明，我国高含量砷主要分布在山西、内蒙古、新疆、宁夏、吉林、四川、安徽、青海、黑龙江、河南、山东等省（区），威胁着我国大约 267 万人的健康。据调查，湄公河三角洲以及红河三角洲地区管井中有 50% 的地下水中的砷离子浓度大于 50 μg/L。

冻层区退化。气候变暖势必引起多年冻土的退化，近 50 年来，整个北半球冻土面积缩小了 300 万~400 万 km²。中亚、北亚及中国北部地区冻层区也逐渐退化，最新研究表明，天山乌鲁木齐河源区多年冻土迅速退化，下限深度减小了 7.7 m。近 20 年来，黄河源区地温长期处于增温状态，多年冻土出现表层融化，形成深埋的或少冰的冻土等现象；部分地带完全融化消失，连续多年冻土变成不连续冻土或岛状冻土。多年冻土退化后，土壤含水量减少，导致植被物种更替、"黑土滩"等退化现象。除温度升高外，多年冻土的退化还表现在活动层变化较大，特别是青藏高原，50 年来，冻土活动层增加了 1 m 左右；西伯利亚高原冻土活动层则增加了 20~30 cm。

土壤沙漠化。沙漠化是由于气候变化和人类不合理的经济活动等因素，使干旱、半干旱和具有干旱灾害的半湿润地区的土地发生退化的现象。亚洲潜在沙漠化土地面积约 33.4 万 km²，从 20 世纪 50 年代起沙漠化土地从原来的 13.7 万 km² 增加到 17.6 万 km²，沙漠化土地增加明显。

土地盐渍化。由于地表水和地下水没有联合利用，在印度，土地盐渍化面积约 600 万 hm²，在 12 个主要的灌溉区，设计的灌溉面积为 1 100 万 hm²，其中有 200 万 hm² 为积水面积，100 万 hm² 为土壤盐化区。在巴基斯坦的印度河盆地地下水水位上升和地下水盐度增加已成为非常重要的问题。

由此可见，亚洲地下水与环境问题研究是中国地下水与环境安全保障的需求，也是"一带一路"能够更好发展的重要保障。中国作为发展中的大国，21 世纪中叶将步入中等发达国家的行列，在应对全球变化尤其是亚洲经济一体化中环境变化方面需要做出应有的战略贡献。为此，需要我们全面分析亚洲地下水与环境的响应状况，开展亚洲地下水环境与生态安全保障研究，进而综合掌控亚洲大陆地质环境及其时空变化规律，提升亚洲水文地质环境地质科学研究水平。特别是针对周边国家资源开发引发我国的环境地质问题，开展深入剖析和研究，为我国与亚洲各国经济协调发展，提供地质环境、地下水资源功能保障与环境保护科学依据，为"一带一路"的健康可持续发展提供水资源与环境依据。

《亚洲地下水与环境》专著运用地下水系统理论，创新性地开展了亚洲地下水系统的划分。提出了以气候地貌为主控依据的宏观地下水系统划分原则，拓宽了地下水系统理论。综合气候、地貌、地质构造、水文地质结构、地表水系等因素，划分了亚洲11个地下水系统和36个次级系统，实现了洲际尺度地下水系统的划分，突破了传统地下水系统以流域或以地质构造盆地为均衡单位的地下水系统划分尺度上的局限性，完善和丰富了地下水系统理论。首次以系统论按地下水流运动连续性的差异将地下水资源分布划分为：①平原、山间盆地松散沉积连续含水层；②丘陵、山地基岩断续含水层；③其他零星含水层。用区域水均衡和水文分割法评估了亚洲尺度地下水资源量。应用区域地质和大地构造理论划分出：西伯利亚地台、乌拉尔—蒙古褶皱带、塔里木—中朝地台、昆仑山—秦岭褶皱带、扬子地台、特提斯—青藏高原隆起、阿拉伯地块、印度地块和环太平洋岛弧9大水文地质构造域。以亚洲地下水形成模式与水循环特征规律，归纳出寒带高纬度—低纬度高海拔、温热带山区—高原—盆地和广阔平原—温热带3种地下水形成模式，亚洲高寒、寒带水循环冻融交替带、中西部内陆干旱荒漠水循环滞缓交替带、中纬度半干旱半湿润水循环半积极—缓慢交替带和南亚及中南半岛亚热带水循环积极交替带4大水循环分带。揭示了亚洲地下水分布规律，按亚洲地下水赋存类型划分为孔隙水、岩溶水、裂隙水和裂隙孔隙水4种地下水类型，并厘定了含水层的富水程度。将亚洲地下水地下热储类型划分为现代火山型、隆起断裂型和沉积盆地型3大地热类型，揭示了大地热流值与3000 m深度地温场及其地热资源分布的内在规律。按水文地球化学作用和有害组分对地下水质量进行定性评价。针对人体健康的地下水质量情况，通过分析不同水文地球化学作用下的地下水中特定元素的水平地域分带和垂直地势分带，划分出亚洲4大水文地球化学分带，运用层次分析法对地下水质量做出好、较好、一般、较差、差5个级别的定性评价。创建了跨界含水层和谐度定量评价数学模型：建立了澜沧江—湄公河流域跨界含水层和谐度定量评价技术标准和指标体系，创建了跨界含水层本质功能指标—社会经济管理指标—法律效应指标权重迭加的数学模型，将跨界含水层研究从定性研究上升到和谐度定量研究。对亚洲地下水与地表生态系统进行了全方位、多层次、正面和负面系统分析研究，提出了合理利用地下水资源和更好地保护生态环境与遏制负面效应，构建人与自然资源及环境和谐关系的措施，揭示了地下水与地表生态系统、地质环境、社会经济之间的关系，为区域地下水可持续开发利用和环境保护提供理论依据。

《亚洲地下水与环境》专著的资料依据主要如下。①"亚洲地下水资源与环境地质编图"（项目编号：1212010813090）。该项目起止年限2008~2011年，目标任务：综合研究亚洲地下水资源及地质环境状况，编制地下水资源及环境地质系列图件，填补洲际地下水资源及环境地质系列图件亚洲地区的空白，建立亚洲地下水资源与环境信息平台，为亚洲各国自然资源开发利用、水资源规划、地质环境保护和防灾减灾提供科学依据。取得科技创新成果是《亚洲地下水系列图》（1：800 万），由《亚洲水文地质图》《亚洲地下水资源图》《亚洲地热图》及说明书组成。② "1：500 万亚洲地质环境系列图编制与重大地质环境问题研究"（项目编号：1212011120137）。该项目起止年限 2011～2012 年，目标任务：综合研究亚洲地下水与地质环境特征和规律，编制地质环境系列图件，揭示我国及周边国家资源开发引发的环境地质问题，开展中–俄–蒙跨界流域主要地质环境问题的专题研究，填补亚洲地质环境编图的空白，建立亚洲地质环境数据库，为我国与亚洲各国经济协调发展，提供地质环境与地下水资源保障科学依据。取得的成果有：《1：500 万亚洲地质环境系列图编制与重大地质环境问题研究项目工作报告》《黑龙江–阿穆尔河流域生态地质环境研究专题报告》《亚洲地下水质量图》《亚洲地下水开发地质环境效应图》。③ "中国及周边地区地下水资源与地质环境系列图编制"（项目编号：12120113014200）。该项目起止年限 2013～2014 年，目标任务：综合研究中国及周边地区地下水资源及地质环境状况，完善并出版亚洲地下水系列图；编制地下水质量图、地下水开发利用地质环境效应图、地下水生态环境图；揭示我国及周边国家资源开发引起的地下水与地质环境问题，开展与编图有关的黑龙江（阿穆尔河）流域地质环境问题综合研究；开展泰国曼谷西北部典型岩溶地区岩溶分布类型及形成环境研究；建立中南半岛全球岩溶碳汇效应的动态监测站；揭示中南半岛岩溶作用过程中碳汇的形成机制及控制因素；典型区域岩溶地下水开发与地质环境综合治理区划。取得的成果是亚洲地质环境系列单要素及综合图（《亚洲地下水质量图》《亚洲地下水开发利用地质环境效应图》《亚洲地下水生态环境图》）、《阿穆尔河流域主要地质环境问题专题研究报告》、《中国与中南半岛岩溶地质对比研究报告》；通过与国际水文地质学家协会（International Association of Hydro geologists，IAH）、联合国教科文组织（United Nations Educational，Scientific and Cultural Organization，UNESCO）、国际水文计划（International Hydrological Programme，IHP）等国际组织和协（学）会的项目合作，获取亚洲各国的相关资料。编制的《亚洲地下水与环境系列图》分为两部分，一是《亚洲地下水系列图》，包括《亚洲水文地质图》《亚洲地下水资源图》《亚洲地热图》；二是《亚洲地下水环境系列图》，包括《亚洲地下水质量图》《亚洲地下水开发地质环境效应图》《亚洲地下水生态环境图》。其中，《亚洲地下水系列图》于 2012 年出版，获得 2013 年度中国地质调查局地质科技奖一等奖，2014 年度国土资源科学技术奖二等奖，2014 年度中国测绘地理信息学会优秀地图作品裴秀奖金奖。2014 年 2 月 23 日，河北省科技成果转化服务中心与中国地质科学院共同主持了由中国地质科学院水文地质环境地质研究所等单位完成的 "亚洲地下水系列图编制与研究" 成果鉴定："总之，该成果继承和发展了国际地下水研究与编图的理念和方法，为亚洲各国自然资源开发利用、水资源规划与保护提供了科学依据，对国际水文地质学界影响深远。成果填补了亚洲同类图件的空白，总体达到国际领先水平。"《亚洲地下水系列图》公开出版发行后，联合国教科文组织将该成果在国际间分发，在国际水文地质界引起强烈反响。联合国教科文组织评价道："成果对亚洲区域地下水资源评价与管理是非常宝贵的贡献，对亚洲跨界含水层管理十分有利，有助于地下水资源与环境更好的交流与合作，为水管理者和政策制定者提供科学依据，确保水资源的可持续管理和水资源短缺得到缓解，建议编制水质量与可用性图件。"

在中国地质调查局的支持下，为服务于"一带一路"水资源与环境保护的需要，于2014年开始编著本书。经过近4年的编著，2015年10月中国科学院院士李廷栋、任纪舜、汪集旸、袁道先和中国工程院院士卢耀如、武强，俄罗斯科学院院士沈照理、朱立新，中国地质学会专职副秘书长、《地质学报》《地质论评》常务副主编郝梓国研究员，中国能源研究会地热专业委员会主任、中国矿业联合会天然矿泉水专业委员会秘书长田廷山研究员等专家对本专著初稿进行审阅，给予了充分肯定和高度评价，并提出许多很好的意见和建议。本书后来又补充了资料，进行了反复修订和完善。

《亚洲地下水与环境》编写分工如下：张发旺、程彦培编写前言；董华编写第1章；韩占涛、张发旺编写第2章；董华、岳晨编写第3章3.1节、3.2节，侯宏冰编写第3章3.3节；陈立编写第4章；易卿编写第5章；蔺文静编写第6章；陈立、蔺文静编写第7章；盖力强编写第8章；张健康编写第9章；程彦培、侯宏冰编写第10章；侯宏冰编写第11章；蔺文静编写第12章；张发旺、黄志兴编写结语。附录由岳晨编排。全书由张发旺统稿。插图由董华、刘坤、裴玉杉、邱玉玲、靳凤清等编绘。书中地图的地理与自然部分由河北省欣航测绘院编制完成。郭有平、高自强、徐敏、王立兵参与了资料整理。

《亚洲地下水与环境》的面世，承蒙中国地质学会地质制图专业委员会秘书长、中国地质科学院地质研究所丁孝忠研究员推荐出版，特此表示衷心感谢。

本书参阅了Margat J和Van der Gun J撰写的 *Groundwater around the world：a geographic synopsis*（CRC Press 2013年出版），对他们的贡献表示感谢。

本专著的研究成果是在中国地质调查局领导下完成的，参与国家有俄罗斯、印度、沙特、伊朗、日本、越南、泰国、韩国、蒙古等国家，得到了联合国教科文组织（UNESCO）和国际水文计划（IHP）等国际组织和协（学）会的资助和支持。在此向给予支持和帮助的国家、组织和专家表示衷心感谢！

鉴于作者水平有限，不妥之处在所难免，敬请广大读者批评指正。作者也将继续开展研究，并收集有关最新资料和各位读者、专家的意见建议，争取在不远的将来出版第二版，以修正谬误之处。

目　　录

序一

序二

前言

第一篇　亚洲地下水分布规律及特征

第1章　亚洲自然地理 ·· 3

1.1　亚洲自然地理概况 ··· 3

1.2　亚洲构造运动对含水系统的控制作用 ································· 11

1.3　亚洲水文地质与地下水资源概述 ·· 19

参考文献 ·· 23

第2章　亚洲的地下水 ·· 24

2.1　亚洲的地下水形成与循环 ·· 24

2.2　地下水循环模式 ··· 24

参考文献 ·· 32

第3章　亚洲地下水系统 ·· 34

3.1　地下赋存类型与空间分布 ·· 34

3.2　地下水系统与特征 ··· 36

3.3　亚洲跨界含水层分布与特征 ··· 45

参考文献 ·· 49

第4章　亚洲地下水资源 ·· 50

4.1　地下水资源评价方法 ··· 50

4.2　地下水天然补给资源量 ·· 51

4.3　地下水的可开采资源量 ·· 55

4.4　地下含水系统补偿功能 ·· 56

参考文献 ·· 59

第5章　亚洲地下水质量 ·· 60

5.1　亚洲地下水环境背景 ··· 60

5.2　地下水水化学特征及其影响因素 ··· 62

5.3　亚洲地下水质量评价及分布规律 ··· 65

5.4　地下水水文地球化学作用分带 ·· 68

5.5　地下水特殊组分区域分布特征及成因 ··································· 75

参考文献 ·· 85

第 6 章　亚洲地热及其资源分布概况 ·· 87

　6.1　亚洲地热 ··· 87

　6.2　亚洲地热资源 ·· 90

　参考文献 ··· 94

第二篇　亚洲地下水开发与环境问题

第 7 章　亚洲地下水开发及利用 ··· 97

　7.1　亚洲地下水对经济社会发展的贡献 ··· 97

　7.2　地下水开采利用 ··· 104

　7.3　亚洲地热资源开发利用 ·· 118

　参考文献 ··· 125

第 8 章　亚洲地下水与地表生态系统 ·· 126

　8.1　亚洲地下水与地表生态系统时空分布特征 ·· 127

　8.2　地下水与陆地生态系统的关系 ··· 131

　8.3　亚洲地下水生态功能分区 ··· 134

　参考文献 ··· 139

第 9 章　地下水开发过程的地质环境效应 ··· 141

　9.1　人类活动对地下水的直接影响 ··· 142

　9.2　人类大型水利工程与地下水资源的关系 ·· 144

　9.3　地下水开采的地质环境效应 ·· 146

　9.4　地下水开采的地质环境效应分区 ·· 151

　参考文献 ··· 154

第三篇　亚洲地下水资源管理与保护

第 10 章　地下水资源管理与保护 ·· 159

　10.1　亚洲地下水资源现状 ·· 159

　10.2　地下水资源管理 ··· 159

　10.3　地下水保护的目的和内容 ·· 165

　10.4　构建水与环境信息平台，增进国际合作与交流 ·· 166

　10.5　地下水资源开发利用与保护建议 ··· 168

　参考文献 ··· 170

第 11 章　亚洲跨界含水层管理 ··· 171

　11.1　跨界含水层（系统）研究状况 ·· 171

　11.2　跨界含水层资源开发利用和谐度分析 ·· 177

　11.3　跨界含水层（系统）资源管理与保护 ·· 185

　参考文献 ··· 188

第 12 章　地热资源持续利用与保护 ·· 189

12.1　地热能利用的优势 ·· 189

12.2　地热能利用存在的问题 ·· 190

12.3　地热能利用保护建议 ·· 194

　　　参考文献 ··· 196

结语 ·· 197

附录 1　专业名词 ·· 201

附录 2　亚洲部分国家或地区可再生水资源的统计 ·································· 203

附录 3　亚洲巨型含水层系统的数据 ·· 205

附录 4　亚洲六大区地下水简要描述 ·· 206

附录 5　亚洲部分国家或地区地下水开采资源评估量 ································ 211

附录 6　额外阅读的建议 ·· 213

第一篇

亚洲地下水分布规律及特征

第1章　亚洲自然地理

1.1　亚洲自然地理概况

1.1.1　地理概况

亚洲是世界最大的洲，大陆面积约占全球陆地面积的 29.4%，自然地理和地质条件极为复杂，人口占世界的 61%，包括 48 个国家和地区，大多数国家属于发展中国家。随着世界经济社会的发展进程不断加快，全球环境变化、人口膨胀、资源短缺、灾害肆虐等系列重大问题，严重地制约循环经济与社会和谐发展。因此为应对全球变化，全面研究亚洲地下水及其环境的状况，显得尤为重要。

亚洲绝大部分陆地位于东半球和北半球（图1-1）。亚洲与非洲的分界线为苏伊士运河，苏伊士运河以东为亚洲。亚洲与欧洲的分界线为乌拉尔山脉、大高加索山脉、里海和黑海，乌拉尔山脉以东及大高加索山脉、里海和黑海以南为亚洲。亚洲大陆东至白令海峡的杰日尼奥夫角（西经 169°40′，北纬 60°5′），南至努沙登加拉群岛（东经 103°30′，南纬 11°7′），西至巴巴角（东经 26°3′，北纬 39°27′），北至切柳斯金角（东经 104°18′，北纬 77°43′），亚洲最高峰为喜马拉雅山脉的珠穆朗玛峰。亚洲大陆跨越经纬度十分广，东西时差达 11 小时，西部与欧洲相连，形成地球上最大的陆块欧亚大陆。

亚洲在地理上划分为东亚、东南亚、南亚、西亚、中亚和北亚六个区域。东亚：指亚洲东部，包括中国、朝鲜、韩国、蒙古和日本，面积约 1 170 万 km²，地势西高东低，分为四个阶梯。东南亚：指亚洲东南部地区，包括越南、老挝、柬埔寨、缅甸、泰国、马来西亚、新加坡、印度尼西亚、菲律宾、文莱、东帝汶等国家和地区，面积约 449 万 km²，地理上包括中南半岛和南洋群岛两大部分。南亚：指亚洲南部地区，包括斯里兰卡、马尔代夫、巴基斯坦、印度、孟加拉国、尼泊尔、不丹，面积约 418 万 km²。西亚：也叫西南亚，指亚洲西部。包括阿富汗、伊朗、阿塞拜疆、亚美尼亚、格鲁吉亚、土耳其、塞浦路斯、叙利亚、黎巴嫩、巴勒斯坦、以色列、约旦、伊拉克、科威特、沙特阿拉伯、也门、阿曼、阿联酋、卡塔尔和巴林，面积约 705 万 km²。中亚：指中亚细亚地区。狭义讲只包括土库曼斯坦、乌兹别克斯坦、吉尔吉斯斯坦、塔吉克斯坦四国的全部和哈萨克斯坦的南部，面积约 400 万 km²。北亚：指俄罗斯亚洲部分的西伯利亚地区，面积约 1 276 万 km²。

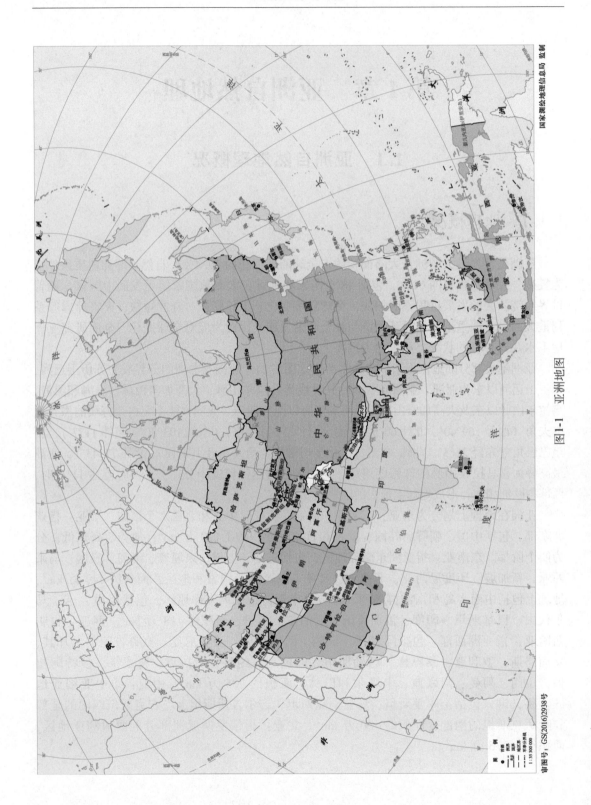

图1-1　亚洲地图

1.1.2　地形地貌

亚洲大陆海岸线绵长而曲折，全长 69 900 km，是世界上海岸线最长的洲。海岸类型复杂。多半岛和岛屿，是半岛面积最大的洲。其中阿拉伯半岛为世界上最大的半岛。加里曼丹岛为世界第三大岛屿。亚洲地形总的特点是地表起伏很大，崇山峻岭汇集中部，山地、高原和丘陵约占全洲面积的 3/4。全洲平均海拔 950 m，是世界上除南极洲外地势最高的洲。全洲大致以帕米尔高原为中心，向四周伸出一系列高大的山脉，喜马拉雅山脉为最高峰。有被称为世界屋脊的青藏高原，有许多著名的高峰，世界上海拔 8 000 m 以上的高峰全分布在喀喇昆仑山脉和喜马拉雅山脉地带，其中有世界最高峰——珠穆朗玛峰，海拔 8 844.43 m。在各大山脉之间有许多面积广大的高原和盆地。在山地、高原的外侧还分布着广阔的平原，有世界最著名的广阔低平原和深洼地，如西西伯利亚平原大部分在海拔 100 m 左右；又有世界陆地上最低的洼地和湖泊——死海（湖面低于地中海海面 592 m）。

地貌类型复杂，以山地高原为主，山地、高原、平原、丘陵和盆地各种构造地貌类型齐全，其中山地和高原约占 75%。同时，拥有多样而典型的外力地貌，如：东亚和东南亚湿润地区的流水地貌；中亚和西南亚的干旱风沙地貌；北亚的冰川冻土地貌；中南半岛和中国西南部的岩溶地貌；还有黄土地貌、红层地貌等。

地形结构中南部高，四周低下，山脉组合多成群成带。中南部以青藏高原、帕米尔高原及众多高大山地为中心，向四周高度逐渐降低，周边多平原和丘陵。亚洲山地可分成三大山带：第一条是从小亚细亚半岛高原南北两侧的山地起，向东经伊朗高原的边缘山地、喜马拉雅山脉、中南半岛西部山脉，直至印度尼西亚努沙登加拉群岛山地的南部山带，具有典型阿尔卑斯式地貌特点，山势高大雄伟陡峻；第二条是由帕米尔高原起，向东北经蒙古高原、塔里木盆地和中西伯利亚高原间一系列山地，直至楚科奇半岛的斜交山带，主要有萨彦岭、杭爱山、阿尔泰山、天山及南西伯利亚山地和外兴安岭等，多为古老山地，山顶保存有准平原面；第三条山带位于大陆东缘，主要由东北—西南走向的新华夏系山地组成，包括西太平洋边缘岛弧山地在内的山地。

1.1.3　气候

亚洲是世界大陆性气候最强烈的大洲。亚洲气候带类型复杂，地跨寒、温、热三带，大陆拥有赤道带至（北）极地带的所有气候带。大陆性季风性气候为主要气候类型，同时，拥有除温带海洋性气候类型外的世界所有主要气候类型。亚洲高山气候的垂直带和气候类型是最齐全的（图 1-2）。主要表现在冬季寒冷、夏季暖热，春温高于秋温，年较差大。冬季 1 月平均气温有 2/3 地区在 0℃以下，大陆东北部的维尔霍扬斯克—奥依米亚康为北半球的寒极地区，1 月均温为 -50 ~ -45℃，绝对最低气温 -71℃。夏季 7 月均温多在 20℃以上，西南亚干旱荒漠区均温在 35℃以上，绝对最高气温达 55℃。年较差较大，寒极地区达 60℃以上，绝对年温差高达 101℃。此外，广大地域降水量年内季节分配不均也是大陆性气候强烈的表现。

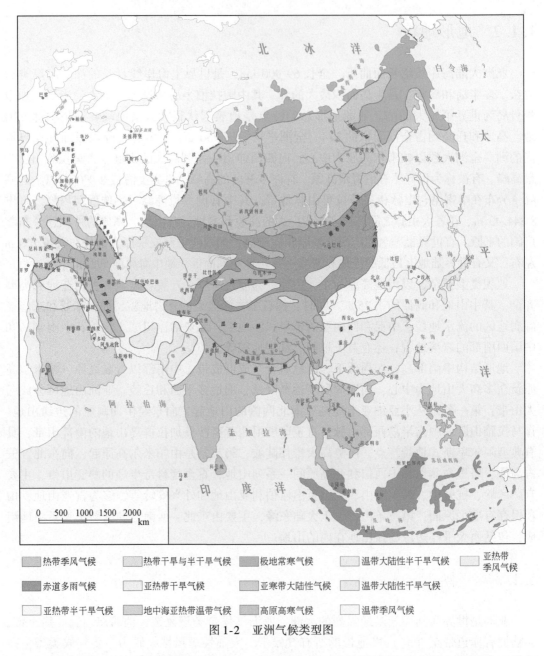

图 1-2 亚洲气候类型图

亚洲北部沿海地区属寒带苔原气候。只有西伯利亚北部沿海和北冰洋中的岛屿，终年严寒，属极地气候。西伯利亚大部分地区属温带针叶林气候，冬季漫长，气温很低，夏季短促，但较温和，属温带大陆性气候中的亚寒带针叶林气候，有世界最大的针叶林带。东部靠太平洋的中纬度地区属季风气候，向南过渡到亚热带森林气候。东南亚和南亚属热带草原气候，赤道附近多属热带雨林气候。中亚和西亚大部分地区属沙漠和草原气候。西亚地中海沿岸属亚热带地中海式气候。

20 世纪 90 年代，中国科学家首先论证了青藏高原隆升对亚洲大气环流的影响，海拔

4 000 m 以上的青藏高原，素有"世界屋脊"之称。青藏高原的隆升对于全球气候的影响一直是各国科学家关注的重大科学问题。我国科学家的工作证明，青藏高原的隆升对亚洲大气环流系统具有极大的影响，它不仅导致西风的南北分流，阻挡了印度洋季风的北上，而且大大加强了东亚季风的活动。

亚洲季风气候以范围广、类型多、强度大而著称。季风气候的范围，北起俄罗斯远东南部，经日本群岛、朝鲜半岛及中国东部地区，直至东南亚和南亚。亚洲季风气候类型包括温带、亚热带和热带季风气候，每一类型又可分出大陆性和海洋性两种季风气候。在亚洲季风区，盛行风向随季节而有显著的变化，1 月与 7 月盛行风向的变化超过 120°，盛行风向的平均频率超过 40%。

亚洲东部和南部，季风气候显著。中国东部、朝鲜和日本，属温带季风气候和亚热带季风气候，夏季盛行偏南风，高温多雨，冬季盛行偏北风，寒冷干燥；中国东南部为季风区，属温带阔叶林气候和亚热带森林气候，5～10 月东部沿海受台风影响显著；中国西南部的青藏高原，终年气温很低，多雪峰冰川，属于山地高原气候。南亚北部为喜马拉雅山脉南麓的山地，南部印度半岛为德干高原，北部山地与德干高原之间为印度河—恒河平原，北部和中部平原基本上属亚热带森林气候，德干高原及斯里兰卡北部属热带草原气候，印度半岛的西南端、斯里兰卡南部和马尔代夫属热带雨林气候，印度河平原属亚热带草原、沙漠气候。东南亚中南半岛和南亚印度半岛主要属热带季风气候，是世界上火山最多的地区之一。东南亚群岛区和半岛的南部属热带雨林气候，半岛北部山地属亚热带森林气候，终年高温。马来半岛南部和马来群岛的大部分，终年高温多雨，属于热带雨林气候。亚洲的中部和西部，地处内陆，受海洋的影响小，属干旱的温带大陆性气候，中亚东南部为山地，属山地气候；其余地区为平原和丘陵，沙漠广布，气候干旱，属温带和亚热带沙漠、草原气候。中国的西北部属大陆性温带草原、沙漠气候。

亚洲西南部的阿拉伯半岛和南部的印度河平原，终年炎热，降水量小，蒸发量大，形成热带沙漠气候。地中海沿岸地区，冬季受西风带的影响，夏季受副热带高气压的影响，成为冬雨夏干的地中海气候。

亚洲多年平均降水量分布情况见图 1-3。

（1）马来群岛的热带雨林区，因处于赤道海洋气团控制下，常年阳光直射或近于直射，温度高、湿度大，年降水量超过 2 000 mm。由于太阳直射一年有两次越过赤道南北移动，因此雨量分配在一年中也有两次高峰，但总的来看，降水季节分配比较均匀。

（2）亚洲东、南部，印度半岛、中南半岛、中国东南部、朝鲜半岛、日本群岛和西伯利亚东部沿海，因受季风影响，夏季多雨，冬季干燥，年降水量从南向北渐减，多为 600～1 000 mm，是亚洲著名的季风夏雨区。这里个别迎风山坡，降水特别丰富，如著名的世界湿角乞拉朋齐即在此处。另外，个别地区，冬季风从海上吹来，又受地形抬升影响，也有很多降水，如日本群岛的西部、中国东南沿海、中南半岛东部、印度半岛东部沿海等都属冬雨较多的地区。

（3）西伯利亚：面向北冰洋，一般是少雨区域。北亚降水分布，随着距离大西洋的远近而从西向东递减，西部降水量在 500 mm 左右，其他大部分地区不超过 350 mm，东北部则降至 200 mm；但到太平洋沿岸一带，受海洋季风影响，则降水较多。北亚气候寒冷，

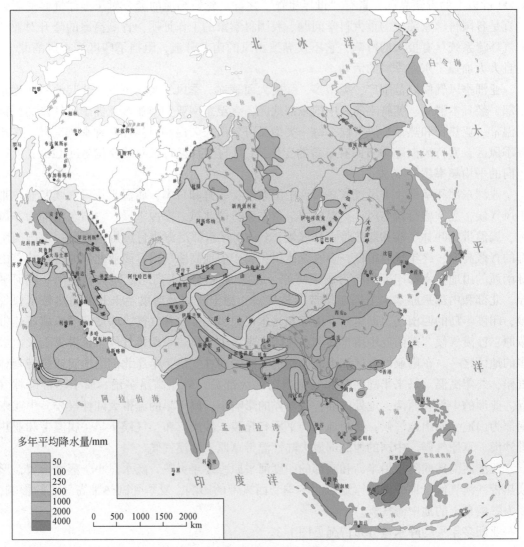

图 1-3　亚洲多年平均降水量分布图

蒸发较弱，冻土广布，降水较少，环境湿冷。

（4）西亚、中亚和东亚西部内陆少雨区。阿拉伯半岛和伊朗高原，位于东北信风带，降水多在 200 mm 以下，甚至部分为荒漠。小亚细亚沿海及地中海东岸，因受地中海影响，冬季多气旋过境，降水较多，小亚细亚内陆降水偏少。中亚细亚、中国西藏和新疆、内蒙古及蒙古国等这一广阔区域，由于离海较远，多为闭塞高原与盆地，且东、南方面多高山环绕，海风难于深入，年降水量较少，一般都在 400 mm 以下，部分地区甚至不足 100 mm，内陆有大面积荒漠存在。大气环流的季节变化，也影响亚洲降水的季节分配。冬季大部地区盛行干冷陆风，不易致雨，降水较少；当冬季陆风经过海面变为湿润气流再登陆后，受到地形抬升，亦可导致冬季降水；冬季侵入亚洲西部的大西洋气旋，给西伯利亚的西北部带来降雪，在小亚细亚、伊朗和中亚山麓等地区，也能形成冬季降水。亚洲夏季盛行海风，加以地形、气旋等影响，极易引起降雨。西亚系与北非和地中海连续地带，属冬雨区和全年干燥少雨区。亚洲地形影响降水的形成、降水的分布和强度。如青藏高原对亚洲降水分布影响范围极广，体现出地形降水的局部差异性。

1.1.4　水文

亚洲东面是太平洋，北面是北冰洋，南临印度洋，西面以乌拉尔山脉、乌拉尔河、里海、大高加索山脉、黑海、土耳其海峡（博斯普鲁斯海峡和达达尼尔海峡）与欧洲分界，西南面隔亚丁湾、曼德海峡、红海与非洲相邻，东北面隔白令海峡与北美洲相望。亚洲的许多大河发源于中部山地，分别注入太平洋、印度洋和北冰洋。俗称"世界屋脊"的青藏高原，是中国和东南亚、南亚的"水塔"。不仅中华民族的两大母亲河黄河、长江发源于青藏高原，而且亚洲重要的国际河流如澜沧江—湄公河、怒江—萨尔温江、伊洛瓦底江、雅鲁藏布江—布拉马普特拉河、恒河、印度河都发源于青藏高原。据云南大学亚洲国际河流中心何大明教授研究，以发源于青藏高原为主的西南地区国际河流出境水量占全国出境水量的 2/3。中国 15 条主要的国际河流中有 12 条发源于中国，每年由中国流出国境的水量约有 4 000 亿 km³，超过长江的年径流总量。青藏高原为华夏大地和东南亚、南亚沿江各国提供了优质的水源。亚洲中部和西部为主要内流区，内陆河的尾闾咸水湖泊居多。亚洲最长的河流是长江，长 6 397 km；其次是黄河，长 5 464 km；湄公河长 4 909 km。最长的内流河是锡尔河，其次是阿姆河和塔里木河。贝加尔湖是亚洲最大的淡水湖和世界最深的湖泊（图 1-4，表 1-1）。

表 1-1　亚洲主要河流一览表

海域	河流	河长/km	流域面积/10³km²	平均径流量/(10⁹m³/a)	备注
北冰洋	鄂毕河	3 700	260.000	387.893	
	叶尼塞河	5 539	180.000	625.500	
	勒拿河	4 400	249.000	517.190	
	阿尔丹河	2 242	701.800	159.500	
太平洋	阿穆尔河	5 498	1843.000	343.742	
	维柳伊河	2 435	490.600	46.673	
	维季姆河	1 823	227.200	68.379	
	黄河	5 464	75.244	58.000	
	长江	6 397	180.850	960.000	
	珠江	2 214	45.369	336.000	
	红河	1 200	38.100	147.841	
	湄公河	4 909	811.000	475.000	
	澜沧江	2 179	164.800	68.748	

海域	河流	河长/km	流域面积/10³km²	平均径流量/(10⁹m³/a)	备注
印度洋	萨尔温江	3 200	325.000	252.288	
	其中怒江	1 540	137.800	70.300	
	伊洛瓦底江	2 714	430.000	486.000	
	贾布纳河	2 071	950.000	394.200	
	恒河	2 700	1060.000	791.554	
	印度河	2 900	116.550	207.000	
	底格里斯河	1 950	375.000	40.000	
	幼发拉底河	2 800	673.000	81.800	

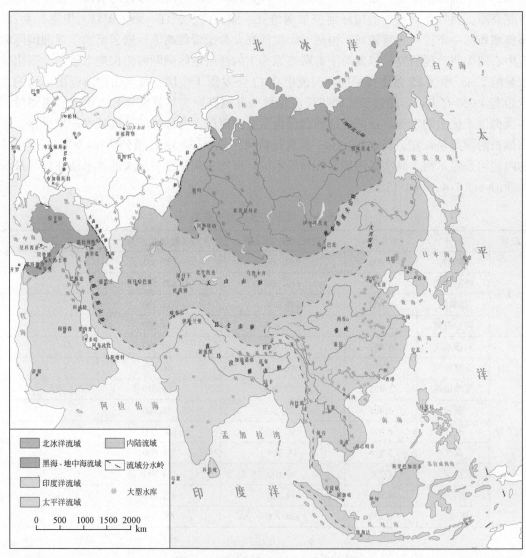

图 1-4　亚洲流域及大型水库分布图

1.2 亚洲构造运动对含水系统的控制作用

亚洲大陆是一个拼合的大陆，包括欧亚古陆的主要部分和冈瓦纳古陆分解出来的某些陆块。它的形成可能经历了早前寒武纪陆块的解体及以后各陆块多次的裂解和拼合，至少有 4 个大的发展阶段：①前吕梁运动阶段，包括太古宙及元古宙，时限约 18 亿年以前；②吕梁—晋宁运动阶段，包括中、新元古代，时限 18 亿~8 亿年；③晋宁—印支运动阶段，震旦纪—中三叠世，时限约 8 亿~2 亿年；④印支运动后阶段，晚三叠世至今。基于国际国内地质构造理论，从全球性构造板块到局部不同类别的构造，经历了漫长的地质发展史和多次强烈构造运动，亚洲岩石圈物质组成和结构构造十分复杂（图 1-5）（任纪舜等，2013）。亚洲大陆至少由 6 个大、中型地台和 4 条夹持于其间的构造活动带（巨型褶皱带）组成。6 个地台是西伯利亚地台、塔里木地台、中朝地台、阿拉伯地台、印度地台和扬子地台。4 条构造活动带为北极构造活动带、乌拉尔—蒙古构造活动带、特提斯—喜马拉雅构造活动带和环太平洋构造活动带，还有横跨中国的秦岭—祁连—昆仑构造活动带。在这些构造活动带内部，夹有若干大小不等的陆块。李廷栋院士指出：特别是晚中生代以来印度板块的俯冲、碰撞和太平洋板块与欧亚板块的相互作用，以及由它们之间相互碰撞诱发的壳幔之间和岩石圈与软流圈之间的相互作用及岩浆活动，使中国大陆及邻区岩石圈结构构造发生了天翻地覆的变化：青藏块体地壳成倍加厚，华北块体遭受强烈破坏，岩石圈大幅度减薄，华南块体强烈岩浆活动，岩石圈受到强烈改造。中国大陆地壳西厚东薄、南厚北薄。亚洲大陆构造自北向南分为：北极构造活动带、西伯利亚地台、乌拉尔—蒙古高原构造活动带、塔里木—中朝地台、昆仑祁连—秦岭构造活动带、扬子地台、特提斯—喜马拉雅构造活动带、阿拉伯地台、印度地台和环太平洋构造活动带十大构造分区（李廷栋，2010）。燕山构造期，是侏罗纪至早白垩世早期（199.6~133.9 Ma）之间的构造期，在此期间，在中国及周边地区发生了燕山运动或称燕山事件，由于鄂霍次克板块和伊邪那岐板块先后与欧亚板块东北部碰撞，造成了包括中国东部在内的大面积地区的褶皱隆起，形成李四光命名的"新华夏构造体系"，欧亚板块逆时针旋转了 30°，这一板块逐渐接近现在的取向。

亚洲的构造地形受不同阶段的构造运动的影响很大，中生代以来的构造运动，对当今亚洲构造地形的格局有决定性意义。前寒武纪，在亚洲出现了古老地块——西伯利亚地块、中轴古陆、印度地块和阿拉伯地块。太古宇的广泛发育是这些大陆区的共同特征。从整体轮廓看，西伯利亚地块和印度地块分别构成北亚大陆和南亚大陆的主体；亚洲中部的、东西向延伸的中朝地块和塔里木地块等，则形成巨大的纬向构造。贝加尔运动，发生于 8 亿~9 亿年前，在中国称为晋宁运动，它导致中国扬子地块基底的形成，并在西伯利亚南缘形成贝加尔褶皱带，它可能延及叶尼塞河以西和西西伯利亚平原南部。在陆间区和环太平洋区，主要构造轮廓是相对稳定的中间地块（如柴达木地块、印支地块）与地块之间的深降海槽带的并存。海槽带方向，乌拉尔为南北向，而天山为东西向，从新元古代开始，一直延至古生代。日本古生界砾岩中发现 17 亿年前的砾石，说明环太平洋区中段可能具有新元古代变质基底。中国浙闽一带古地块可能与扬子地块相似。弧形构造最突出的

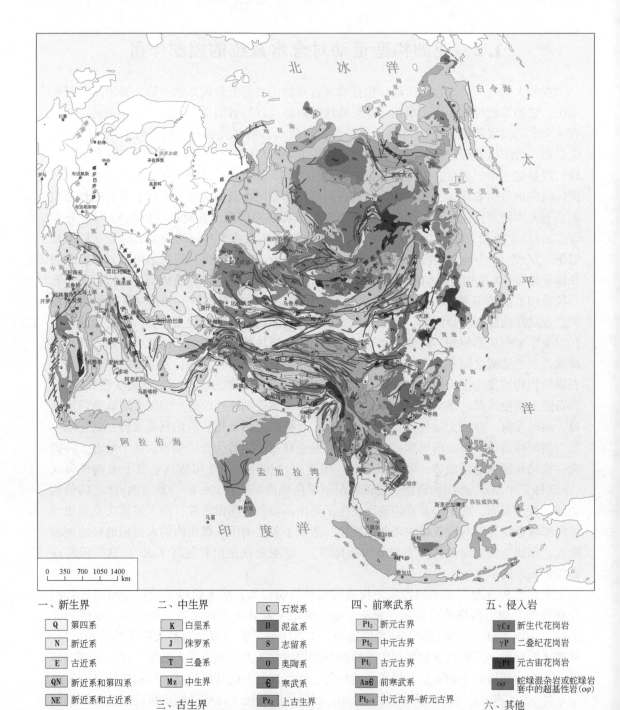

一、新生界　　　　二、中生界　　　　C　石炭系　　　四、前寒武系　　　　五、侵入岩

Q 第四系	K 白垩系	D 泥盆系	Pt_3 新元古界	γCz 新生代花岗岩
N 新近系	J 侏罗系	S 志留系	Pt_2 中元古界	γP 二叠纪花岗岩
E 古近系	T 三叠系	O 奥陶系	Pt_1 古元古界	γPt 元古宙花岗岩
QN 新近系和第四系	Mz 中生界	ϵ 寒武系	$An\epsilon$ 前寒武系	$o\varphi$ 蛇绿混杂岩或蛇绿岩套中的超基性岩($o\varphi$)
NE 新近系和古近系	三、古生界	Pz_2 上古生界	Pt_{2-3} 中元古界-新元古界	六、其他
Cz 新生界	P 二叠系	Pz_1 下古生界	$ArPt_1$ 太古宇-古元古界	主要构造线

图 1-5　亚洲地质简图

据任纪舜等，2013，1∶500 万国际亚洲地质图缩编

是西伯利亚地块南部的伊尔库茨克弧和蒙古弧。太平洋运动，开始于中晚三叠世，褶皱变动和岩浆侵入活动在陆间区的蒙古、鄂霍次克一带最明显，中国的川西、滇北也有褶皱出现。在侏罗纪到白垩纪末运动达到高潮，唐古拉山脉与横断山脉是该运动形成的褶皱。经过印支运动，除喜马拉雅地槽等个别地区外，海水退出了大陆，分散的陆块互相联结起来。从那时起，山地地形成为优势地形，维尔霍扬斯克山脉、科累马山脉、外贝加尔东部山脉、锡霍特山脉、中南半岛东部的山脉以及喀喇昆仑山脉等，都是这次活动形成的。一些古生代褶皱带，在印支运动中重新活动，普遍发生基底褶皱。喜马拉雅运动主要为古近纪和新近纪褶皱运动，其褶皱期自白垩纪到新近纪，形成了世界上最年轻的山脉，分成两带，一为喜马拉雅—阿尔卑斯褶皱带，在亚洲西起小亚细亚半岛，经高加索、伊朗、西藏、中南半岛西部、安达曼群岛和尼科巴群岛，并通过苏门答腊、爪哇等岛，与另一带——东亚岛弧褶皱带相接。按板块构造学说，喜马拉雅山带的形成，为印度板块向亚欧大陆南缘俯冲的结果。在此缝合线上既有频繁的地震，又有继续上升。古近纪和新近纪造山运动使亚洲大陆已接近现在的形态。古近纪和新近纪形成的褶皱带年轻不稳定，所以有火山地震伴生，形成主要火山地震带。地球上一半以上的活火山和死火山分布在亚洲境内。太平洋沿岸以及东亚岛弧带上火山地震最多。东亚岛弧带的强烈地震能够深入地壳250~700 km。另一条火山地震带由西到东沿新褶皱带和高原分布。古近纪和新近纪造山运动，以强烈褶皱和线状隆起为特点，在其他地区，主要表现为显著的差异性升降运动，即断块运动，如西藏和横断山区发生强烈的块状上升，形成世界上最高高原，随着青藏高原的上升，柴达木断裂下陷，成为大型山间盆地，许多旧褶皱带，如阿尔泰山、天山、秦岭等，也有强烈的线状隆起和断裂，使古老山地重新回春。第四纪初期以来，亚洲各地升降运动仍在继续，即新构造运动。隆起和沉降对巨地形的形成有重要意义。隆起区相当于山地或高原，沉降区相当于平原或洼地，例如第四纪以来，青藏高原还在继续隆起，而白令海、日本海等，则都由沉陷而成。此外，第四纪亚洲还有火山岩的分布。

构造分区和构造域的共性是强调了亚洲大陆的区域地质格局的骨架，不同时期的构造活动带与地台相间交错，控制着区域地质的不同岩类的建造，特别是新构造运动造成的第四纪拗陷或断陷盆地内堆积巨厚的第四系，在此基础上新构造运动的不均匀性升降加速了造山带的强烈剥蚀和山间盆地的松散沉积物的堆积，构造单元决定不同地貌类型，加速着可溶岩类的岩溶发育进程，控制着区域地层单元的水文地质条件，如黄淮海冲积平原、松嫩平原、印度河与恒河两河平原、西伯利亚平原、内陆山间盆地等松散含水系统。大型向斜构成的承压水盆地分布于西西伯利亚、东西伯利亚、鄂尔多斯台地、阿拉伯半岛等地，其次是碳酸盐岩岩溶水的汇水盆地，在中国、中南半岛、印度尼西亚、土耳其等地均有分布，另外，印度尼西亚、中国和印度等国分布的玄武岩地下储水空间，都是开发潜力巨大的地下水汇水地点，也是地下水系统划分的主要依据。水文地质构造从宏观到微观都有，性质和规模各有不同。"水文地质构造"是指地下水的空间分布及其与岩石的关系，就洲际尺度水文地质构造而言，是指在不同构造域建造的各含水岩类的序列、组织和相互关系。"水文地质构造域"含义宽泛，而"蓄水构造"隶属于"水文地质构造域"，显得更为具体。所以，刻画亚洲地下水赋存类型与空间分布，需要建立在宏观水文地质构造域的基础上，基于上述认识，以欧亚大陆和印度大地构造格架为基础，划分出亚洲 9 大区域水文地质构造域如下（图 1-6）。

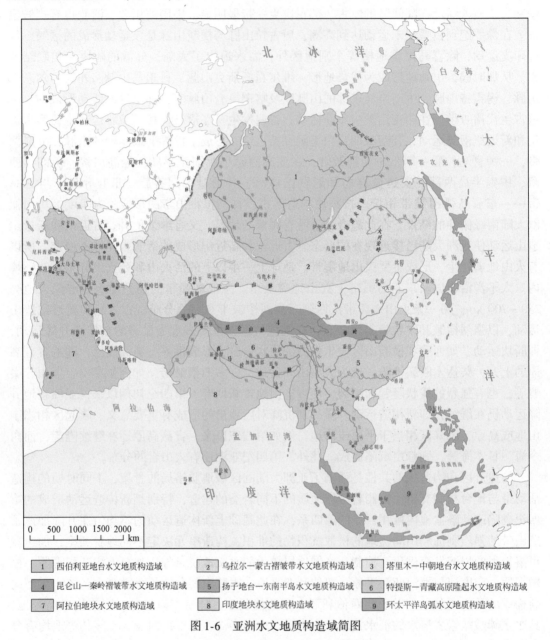

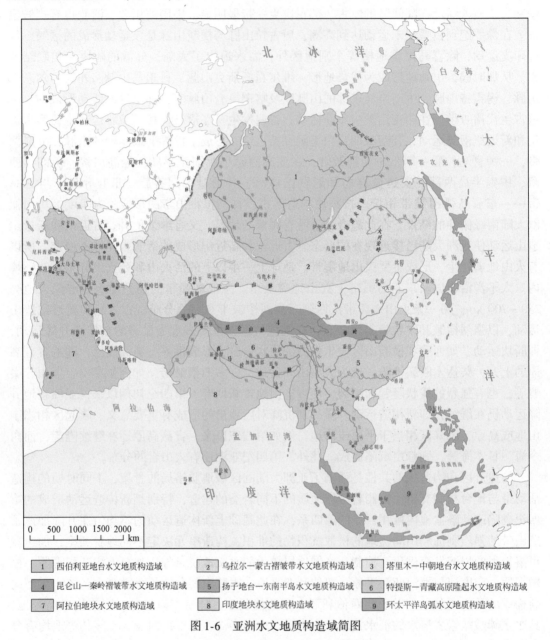 西伯利亚地台水文地质构造域　　　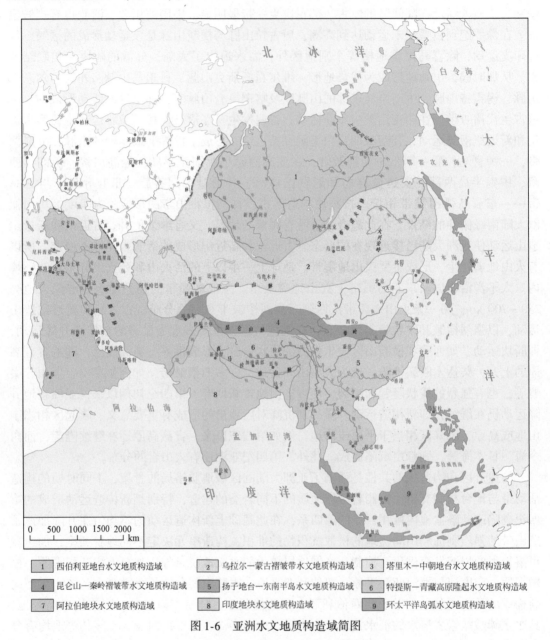 乌拉尔—蒙古褶皱带水文地质构造域　　　 塔里木—中朝地台水文地质构造域

 昆仑山—秦岭褶皱带水文地质构造域　　　 扬子地台—东南半岛水文地质构造域　　　 特提斯—青藏高原隆起水文地质构造域

 阿拉伯地块水文地质构造域　　　 印度地块水文地质构造域　　　 环太平洋岛弧水文地质构造域

图 1-6　亚洲水文地质构造域简图

1.2.1　西伯利亚地台水文地质构造域

西伯利亚地台是亚洲大陆最大的一个地台，西南大致以鄂毕河—萨彦岭为界与乌拉尔—蒙古褶皱带相邻，东部在勒拿河以东与上扬斯克中生代褶皱带毗连。地台固结的时代在 19 亿~20 亿年以前。基底由太古宇和古元古界组成。太古宇主要出露在阿尔丹和阿

纳巴尔等地,是一套由麻粒岩、角闪岩、结晶片岩和混合岩-花岗岩组成的变质杂岩系,伴以斜长花岗岩和紫苏花岗岩,有两组主要的同位素年龄:34 亿~30 亿年,25 亿~23 亿年。古元古界为不同程度变质的火山-沉积岩系,贯以卡累利阿旋回和贝加尔旋回的基性—酸性侵入岩。中、新元古界及古生界构成地台的盖层,中、新元古界多为稳定类型或过渡类型沉积,下古生界为典型陆表海型沉积,被巨厚的碳酸盐-陆源建造和火山岩建造所覆盖,寒武系在西伯利亚有着广泛的分布,尤其在东西伯利亚勒拿河、阿姆河一带,主要为灰岩、白云岩、泥质灰岩;奥陶系为典型陆表海潜水相沉积,表现为陆源粉砂岩与浅海碳酸盐岩交替出现,特马豆克期(Tremadocian)和弗洛期(Fulyumbe)的碳酸盐岩以白云岩为主,其上以石灰岩为主;志留系与奥陶系相仿,西部通古斯卡台向斜,为开阔海,沉积较厚碳酸盐岩,有较少的陆源碎屑沉积(金小赤等,2015)。泥盆系—下石炭统为海陆交互相地层,为页岩、粉砂岩和白云岩,下石炭统多半是海相碳酸盐岩和陆相碎屑岩,中石炭统以上以陆相沉积为主,二叠系—三叠系多为陆相碎屑岩含煤沉积,伴有大面积暗色岩喷发,以玄武岩、粗面岩为主。主要的蓄水构造有:西西伯利亚松散沉积平原、勒拿河沿岸平原和科雷马河谷地,岩浆岩、变质岩山地构造裂隙和火山喷出熔岩台地。含水岩类以海陆交互相沉积,伴有岩浆岩侵入及火山喷发岩,新生界沉积巨厚的西西伯利亚平原、勒拿河与科雷马河等沿岸平原及谷地。

1.2.2　乌拉尔—蒙古褶皱带水文地质构造域

乌拉尔—蒙古褶皱带是横亘亚洲大陆中部的一条宽广的复杂褶皱带,位于俄罗斯地台、西伯利亚地台与塔里木地台、中朝地台之间,并构成这些地台的边缘地壳增生带。属于西伯利亚古陆奥陶纪至二叠纪古亚洲洋增生区,包括阿尔泰南部、东准噶尔、准噶尔盆地、东天山北部、南蒙古、大兴安岭中段和小兴安岭北段等广阔地区(李锦轶等,2009)。构造带的主体由几条元古宙及古生代的褶皱系和构造岩浆岩带组成,发育一系列弧形断裂带和元古宙—古生代蛇绿岩带,包卷有若干中、小型陆块。可以划分为 3 个带:北带是一个加里东褶皱系,主要由元古宙—早古生代褶皱岩系和同期花岗岩带、超基性岩带组成,其上覆泥盆纪过渡类型地层以及石炭—二叠纪及中新生代内陆盆地及火山盆地型沉积。中带为海西褶皱系,主要由志留纪—早石炭世褶皱系及海西期花岗岩带、基性-超基性岩带组成,中石炭世开始渐变为内陆盆地型沉积。南带为加里东褶皱系,出露于中朝地台北缘、哈萨克斯坦西南缘及天山的婆罗科努山,与北带遥相对应,但规模远小于北带。该褶皱带在古老结晶岩基底之上沉积有奥陶系至二叠系地层,从石炭纪中期开始到二叠纪中期,该增生边缘和中朝古陆北缘的阴山—燕山地区,发育比较强烈的钙碱系列岩浆活动,又经过燕山期造山作用,中生界碎屑岩沿褶皱带走向呈断续不规则性分布。在造山带中除了以非正常地层为主的地层区外,还包括前陆盆地、山间盆地、火山岩盆地、裂谷、微板块、地体等以正常地层为主的地层区。以岩浆岩、变质岩裂隙含水岩组为主,在造山带之间有诸多的山间盆地、火山岩盆地形成大小不一的蓄水构造和断层破碎带,具有水文地质意义。

1.2.3　塔里木—中朝地台水文地质构造域

　　塔里木—中朝地台是一个经晋宁运动而固结的地台，南界包括西昆仑山北坡和阿尔金山西北麓，北界达中天山、阴山至长白山隆起带（马丽芳，2001）。贺兰山以东的华北、东北南部、渤海、北黄海和朝鲜北部广大地区，西界可能包含巴丹吉林沙漠，北与乌拉尔—蒙古褶皱带东段相邻，南与秦岭褶皱带相接，东南部与扬子地台相接。这是一个地质历史上活动性较大的地台，包括塔里木和中朝两大地台，其间有多个隆起带和拗陷带。特别是中生代以来遭受太平洋板块与欧亚板块相互作用的强烈影响，形成了复杂的构造格局，产生了强烈的板内形变。地壳厚度西厚东薄，太行山以西地壳厚度为 38～48 km，太行山以东为 34～36 km，渤海、黄海为 30～32 km。

　　塔里木地台包括 5 个二级构造单元：柯坪断隆、库鲁克塔格断隆、铁克里克断隆、阿尔金断隆和塔里木台拗。地壳表层为 3 层结构：①前震旦纪基底，包括新太古界麻粒岩、片麻岩、混合岩，古元古界片麻岩、斜长角闪岩、混合岩、大理岩、结晶片岩系，以及中—新元古界浅变质碎屑岩、碳酸盐岩及火山岩系；②震旦系—古生界盖层，主要为稳定类型海相沉积，震旦系发育有 3 期冰成沉积；③中新生代以陆相为主的盆地类型沉积，大部分地区缺失三叠系。前 4 个构造单元展布于地台边缘，塔里木台拗规模最大，广泛分布有新生代地层，内部可划分为若干次一级的隆起带和拗陷带。地球物理资料表明，塔里木台拗地壳厚度 50～56 km，边缘厚，中央薄。

　　中朝地台经历了 4 个大的演化阶段，形成 4 层结构。前吕梁运动阶段经历多次构造-热事件和地壳的裂解与形变，形成几套变质杂岩系和若干条绿岩带，吕梁运动形成地台的统一基底。吕梁—晋宁运动阶段形成一套颇具特色的裂陷槽型沉积，构成地台的第二个结构层。以中国蓟县剖面为代表，主要是镁质碳酸盐建造和砂页岩建造，厚度从数千米到万余米。晋宁—印支运动阶段（震旦纪—中三叠世）主要表现为地壳的整体隆升和沉降，形成第三个结构层即地台盖层。普遍缺失晚奥陶世—早石炭世沉积，除辽东半岛、皖北等地区外，大部分地区缺失震旦系。寒武系—中奥陶统为标准的陆表海稳定类型沉积的碳酸盐岩裂隙岩溶含水岩组，中石炭统—中三叠统为富含煤系的海陆交互相地层。印支运动后阶段（晚三叠世—第四纪）受强烈的燕山运动和喜马拉雅运动的影响，产生一系列北北东向的隆起带、沉降带，分布有中生代盆地碎屑岩孔隙裂隙含水岩组，形成强烈的板内变形和岩浆活动，堆积了巨厚的拗陷盆地及裂谷盆地型沉积，形成了现今的构造格局。主要分布有河西走廊、巴丹吉林、鄂尔多斯、汾渭、华北、辽河等新生界松散沉积平原及盆地蓄水构造，并且在平原盆地呈现出下伏的碳酸盐岩和碎屑岩含水岩组为叠置的多层含水结构。

1.2.4　昆仑山—秦岭褶皱带水文地质构造域

　　昆仑山—秦岭褶皱带是介于塔里木地台、中朝地台和青藏—滇西褶皱区、扬子地台之间的一条陆间增生褶皱带（马丽芳，2001）。主体由一系列古生代为主的褶皱系、逆冲断裂带、走滑断裂带及蛇绿岩带组成，有大量古生代为主的花岗岩类和基性—超基性岩类的岩体、岩带贯穿其中。祁连山为加里东褶皱系，北祁连发育有典型的寒武纪—奥陶纪蛇绿混杂岩和蓝闪石片岩带。昆仑山是一个经历多期构造变动的海西期褶皱系，在西昆仑北缘、东昆仑中带及东昆仑南缘发育有 3 条蛇绿岩带，前二者属早石炭世，后者为晚二叠世—中三叠世。秦岭为复合型造山带，以商丹断裂带为界，北秦岭为加里东褶皱系，以大规模推覆构造为特征，南秦岭为印支期褶皱系，以多层次滑脱构造为特征。褶皱带以变质岩裂隙含水岩组分布较为广泛。

1.2.5　扬子地台水文地质构造域

扬子地台北与秦岭—大别褶皱系相连，西以青藏褶皱区为界，东南以"江南古陆"南缘断裂带与华南褶皱系相邻，向东没于南黄海（马丽芳，2001）。这是一个经晋宁运动而形成的地台，具有 3 层结构。第一个结构层为前震旦纪基底，由两套变质岩群组成：新太古代变质杂岩，以变质岩和岩浆岩裂隙含水岩组为主。第二个结构层为震旦纪—古生代沉积盖层，为典型的稳定类型沉积，大部分为海相碳酸盐岩地层裂隙岩溶含水岩组，下震旦统、下泥盆统及上二叠统出现陆相沉积碎屑岩裂隙含水岩组，晚二叠世有大面积玄武岩喷发。第三个结构层为中新生代内陆盆地和断陷盆地型沉积，以四川盆地为代表，上三叠统—下侏罗统为含煤砂页岩建造，中侏罗统—白垩系多磨拉石和红色碎屑岩孔隙裂隙含水岩组，古近系—新近系主要为断陷盆地型含膏盐的红色岩系半固结孔隙含水岩组。

1.2.6　特提斯—青藏高原隆起水文地质构造域

特提斯—喜马拉雅褶皱带是中生代以来发展起来的一条巨型褶皱带，是阿拉伯板块、印度板块与欧亚板块之间的碰撞造山带。该区大体经历了前晋宁期、晋宁—印支期及印支期后 3 个发展阶段，形成 3 大套性质不同的建造序列。主要由一系列中生代、新生代褶皱系、推覆构造群、蛇绿混杂带和构造岩浆岩带组成，在某些地区出现大型陆块与地槽褶皱带相间排列的构造格局。褶皱系、构造岩浆岩带和基性、超基性岩带或蛇绿混杂岩带自北而南时代逐渐变新，反映了这个区域地体拼贴和欧亚大陆南缘地壳不断增生的历史。

青藏高原是一个正在快速隆起的大陆地块，其周缘为高峻陡峭、剧烈起伏的山链，构成了一道与外界刚性地块（东北面的阿拉善地块、北面的塔里木地块、东面的扬子地块及南面的印度地块）隔绝的屏障，高原内部呈现一望无垠的、广阔平坦的高原地貌。印度板块与欧亚板块碰撞导致了青藏高原隆升、青藏高原周缘造山带的再崛起以及大量物质的挤出流动，这是新生代以来地球上最壮观的地质事件，它不仅造就了青藏高原广大地域的变形，导致地貌、环境及其深部结构发生与碰撞前完全不同的巨大变化，而且展示了全新的碰撞大地构造格局，并叠置与改造了碰撞前的构造格局（许志琴等，2011）。

隆起带在强烈造山作用下间有不同程度的水平推挤，沿褶皱的走向分布有规模不等众多的高原盆地。中—新元古界结晶岩系裂隙含水岩组零星出露。奥陶系—白垩系为浅海台地相碳酸盐岩裂隙岩溶含水岩组和碎屑岩孔隙裂隙含水岩组。上石炭统—下二叠统为冈瓦纳相冰海杂砾岩孔隙裂隙含水岩组。三叠系为浅变质大理石砂板岩，底部夹基性火山熔岩。侏罗系—白垩系为浅海台地碎屑岩孔隙裂隙含水岩组夹碳酸盐岩含水岩组，局部夹薄层泥灰岩裂隙岩溶含水岩组。上白垩统—渐新统为红色山间磨拉石，沿冈底斯山间盆地堆积了巨厚的中酸性—酸性火山熔岩及凝灰岩。

1.2.7　阿拉伯地块水文地质构造域

阿拉伯地块主体为阿拉伯半岛，西南以红海裂谷为界与非洲地台相隔，东北与特提斯—喜马拉雅褶皱带相连。这是一个由冈瓦纳古陆分裂出来、经远程漂移而拼贴于欧亚古陆的外来地块，地质历史上活动性较弱，构造比较简单，地壳表层主要由 3 个结构层组成：形成一套中低级变质的火山-沉积岩裂隙含水岩组；古生界主要出露于地台的东北边缘，为陆相、滨海相并向东北逐步过渡为海相碳酸盐岩岩溶含水岩组；侏罗系—新近系碎屑岩孔隙裂隙含水岩组，特别是古近系和新近系为重要的含油岩系，在地台内部为断陷盆地型松散沉积物堆积孔隙含水岩组，在东北边缘为海相碳酸盐岩岩溶含水岩组。古生代至中生代岩浆活动微弱，地台边缘偶见火山喷发岩。中生代末到新生代主要为陆上火山喷发，西部分布有白垩纪—新近纪暗色岩和第四纪玄武岩裂隙孔洞含水岩组。

1.2.8　印度地块水文地质构造域

印度地块是由冈瓦纳古陆分裂出来，是地球最古老的地台之一，主要受北西向和北东向两组断裂的控制形成典型的棋盘格式构造格局，大体可以分为 3 个水文地质构造区。

地块南部为地盾区，广泛出露太古宙和古、中元古代基底。下部为深变质杂岩系，上部为伴以酸性侵入岩的浅变质岩群。地台南端出现大量片麻状、混染状紫苏花岗岩。新太古界—古元古界达瓦尔群为变质绿岩系。古、中元古界不整合于太古宇之上，主要为浅变质沉积岩或火山-沉积岩系，贯以同期花岗岩体裂隙含水岩组。在断陷盆地零星分布古生代沉积，西北部覆以大面积晚白垩世—古近纪德干暗色岩碎屑岩孔隙裂隙含水岩组。

地块中部、西北部为印度河—恒河盆地，覆以大面积第四纪松散沉积物孔隙含水岩组，在苏莱曼山、喜马拉雅山、那加山-阿拉干山山前带出露古近纪—新近纪以磨拉石为主的半固结孔隙含水岩组。

地块北部为喜马拉雅构造带，主要为古生代稳定类型海相沉积，上古生界多海陆交互相，石炭系—二叠系含冰海相碳酸盐岩与碎屑岩叠置的互层含水岩组，在喜马拉雅形成一系列逆冲断裂和推覆构造，并有喜马拉雅期、加里东期花岗岩类穿插其中，出露前寒武纪高级、中级变质岩裂隙含水岩组。

1.2.9　环太平洋岛弧水文地质构造域

环太平洋褶皱带是中生代以来在不同构造单元基础上发展起来的一条巨型褶皱带，亚洲东部是环太平洋构造带的重要组成部分，是太平洋板块与欧亚板块相互作用的产物。自大陆向太平洋方向可以划分为 3 个带：①西带为大陆边缘带，由几条北北东向的隆起带、沉降带和相辅而行的一些大型断裂带组成。在隆起带发育有一系列中生代的构造岩浆岩裂隙含水岩组，在沉降带充填巨厚的上白垩统碎屑岩含水岩组、古近系碎屑岩裂隙孔隙含水岩组、新近系半固结孔隙含水岩组和第四系冲海积松散孔隙含水岩组。②中带为边缘海盆带，为一系列呈北北东向展布的弧后盆地，主要充填古近系裂隙孔隙含水岩组、新近系和第四系冲海积松散孔隙含水岩组。③东带为西太平洋的岛弧带，以古近纪—新近纪褶皱、断裂为主，以广泛出现岛弧型深成岩裂隙含水岩组和火山裂隙孔洞含水岩组，并普遍分布在现代火山带为主要特征。

1.3　亚洲水文地质与地下水资源概述

亚洲地质构造复杂，地处全球最大的大陆，面对全球最大的大洋，气候条件复杂多样，造成亚洲地区水文地质条件复杂（图 1-7），地下水资源分布不均。

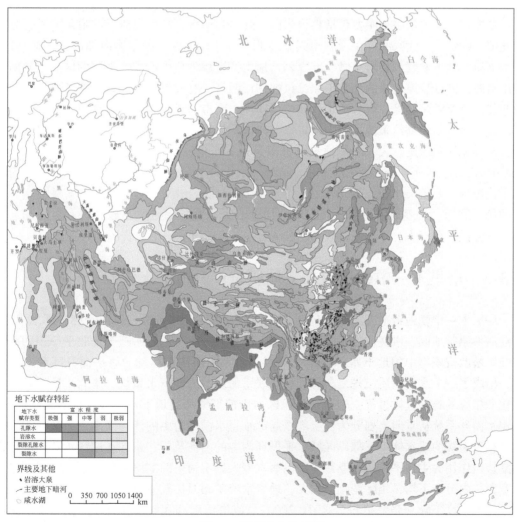

图 1-7　亚洲水文地质图

1.3.1　西伯利亚地台水文地质条件及地下水资源

西伯利亚地台地下水主要赋存在西西伯利亚松散平原、勒拿河沿岸平原和科雷马河谷底，在东西伯利亚勒拿河、阿姆河一带，广泛分布的寒武系、奥陶系、志留系碳酸盐岩，主要为灰岩、白云岩、泥质灰岩，有较少的陆源碎屑沉积，裂隙岩溶水分布广泛。其他为岩浆岩、变质岩山地构造裂隙和火山喷出岩台地。该地区冻土广泛，降水较少，地势相对平坦。该地区虽然降水较少，但由于气温较低，蒸发较少，地下水位埋深较浅，很多地方形成沼泽，拥有大量的地下水资源。但相较于其他地区，该地区由于独特的冻土区水文地质条件，地下水开采条件较差。

1.3.2　乌拉尔—蒙古褶皱带水文地质条件及地下水资源

乌拉尔—蒙古褶皱带主要包括乌拉尔山、阿尔泰南部、东准噶尔、准噶尔盆地、东天山北部、南蒙古、大兴安岭中段和小兴安岭北段等广阔地区。阿尔泰南部山区气候寒冷，降水丰沛，地下水资源相对丰富。准噶尔盆地内按地貌可分为沙漠、平原两区。北起阿尔泰山南麓，南抵沙漠北缘的北部平原，风蚀作用明显，有大片风蚀洼地。南部平原南起天山北麓，北至沙漠北缘，可分两带，北带为沙漠，南带为天山北麓山前平原，是主要农业区。盆地地下水的补给来源主要为山口以下河床、渠道及田间渗漏，从农业用水供需关系看，基本无缺水之虞。大兴安岭地表水资源量最多，年径流深为 262.4 mm，折合水量为 170.09 亿 m^3，地下水资源量相对较少，地下水位从年初呈缓慢下降趋势，在 3~5 月份地下水位最低，此后降水量不断增加，地下水位普遍开始抬高，8~9 月份地下水位达到全年的最高值后，又逐渐消退。小兴安岭北段多台地、宽谷，主要是砂砾岩、页岩和玄武岩。气温低、湿度大，年蒸发量较小，仅 600~1 000 mm，地下水资源相对丰富。

1.3.3　塔里木—中朝地台水文地质条件及地下水资源

塔里木—中朝地台范围广阔，包括华北、渤海湾、巴丹吉林、河西走廊、鄂尔多斯、下辽河平原等地区，水文地质条件复杂，地下水资源分布不均。赋存于华北平原第四系多层交叠松散沉积物中的地下水，经历了第四纪以来的新构造运动、海平面升降和气候变迁，构成了一个水文地质结构复杂而又相互联系的统一的地下水系统。华北平原沉积环境变化和相应的物理气候过程，塑造了平原区由山前至滨海的地下水循环系统的基本面貌。三层水循环系统从垂向上划分为：上部以局部垂直水循环为主的浅层淡水亚系统，中部为交替相对滞缓的咸水体，下部以区域水平循环为主的山前及中、东部平原淡水亚系统、以大陆盐化作用为主的平原咸水亚系统和以海水侵入影响为主的滨海咸水亚系统。华北平原水资源年内分布不均，年际变化也很大，地表水资源相对比较匮乏，地下水长期超采，地下水位大幅度下降（张宗祜和李烈荣，2000）。渤海湾南部和西部为典型的淤泥质平原海岸，海岸带宽广低平，形态单一，潮滩处于潮间地带，高潮时被海水淹没，低潮时出露为滩地，是我国海岸带淤泥质潮滩最发育的岸段之一（张立奎，2012），为典型的淤泥质缓坡海岸，水体交换能力较弱，地下水资源相对较少。巴丹吉林沙漠腹部湖泊群区地下水主要储存在更新统湖积砂层中，古近系泥质碎屑岩构成隔水底板，湖积亚砂土、亚黏土组成隔水顶板，形成多层结构的自流水盆地，顶板埋深可能为 5～20 m，含水层厚度 30 m 以上；南部湖泊区巴丹一带由凹凸不平的白垩系碎屑岩为隔水底板，由全新统湖积砂层、亚砂土与风积砂层构成含水层，水位埋深较浅（张华安等，2011）。第四系中更新统—全新统含水岩组是河西走廊的主要含水层。所含地下水由南盆地潜水、双层型潜水—承压水变为北盆地潜水、多层型潜水—承压水等类型。南盆地地下水相对丰富，水质优良，北盆地地下水相对贫乏，且水质较差。河流进入河西走廊南盆地后，在山前洪积扇带以河水、渠水形式大量入渗补给地下水，地下径流至盆地北部细土平原带，由于走廊山脉及北山隆升，含水层变薄，地下水向浅部径流并呈泉水形式溢出地表。鄂尔多斯高原主要供水含水层有第四系砂、砂砾石含水层及白垩系砂砾岩含水层与寒武系石灰岩裂隙溶洞含水层。其中第四系含水层由于埋藏浅、水量大，开采方便，使用价值往往大于白垩系含水层。下辽河平原由东西山前倾斜平原、中部冲积平原及辽河三角洲组成。含水条件相对较好，地下水资源比较丰富。

1.3.4　扬子地台水文地质条件及地下水资源

扬子地台主要以四川盆地为代表，四川盆地东部松散岩类孔隙水循环交替快，地下水资源丰富，地下水的总流向与地势走向一致，目前其主要开采上部含水层，开采资源量仅为可采资源量的30%。四川盆地西部可划分为：川中红层丘陵地貌区，盆地平行岭谷地貌低山丘陵区和大巴山、武陵山盆周岩溶低中山地貌区。其中川中红层丘陵地貌区主要为红层碎屑岩类裂隙水，地下水储存富集条件差，地下水匮乏。盆地平行岭谷地貌低山丘陵区由于岩层倾角较大，构造裂隙较发育，总体富水情况比丘陵区好。大巴山、武陵山盆周岩溶低中山地貌区岩溶水较普遍，由于受构造控制，地下岩溶发育不均匀，地层含水也不均一。

1.3.5　特提斯—青藏高原隆起带水文地质条件及地下水资源

特提斯—青藏高原隆起带主要以青藏高原为代表，由于青藏高原海拔较高，在基岩山区，冻结层上水水量较小，冻结层下水一般水质较差，水量少或没有。在一些松散岩类区，冻结层上水动态稳定，水质较好，上部具有稳定的多年冻土层覆盖，一般具有承压水的特点，是多年冻土区最好的供水水源。山岭梁地附近呈地下水季节性分布，对沟谷地下水起调节作用；沟谷及斜坡下部地下水具有常年或季节性分布特征。较大沟谷为常年地下水分布地段，由千沟万谷组成，对更大沟谷地下水起调节作用。而河谷地地下水在年内分布变化不定，主要为松散孔隙水。湖盆地区地下水分布受盆地大小及汇水范围控制。一般规律为在汇水范围小、水量补充不足、地下水储存空间有限时，从无地下水分布到地下水分布随季节变化；在汇水范围大，盆谷地宽阔、深厚，水量补给充足时，地下水空间分布较为稳定。

1.3.6 阿拉伯地块水文地质条件及地下水资源

阿拉伯半岛是古老平坦台地式高原，地势自西南向东北倾斜，西部较高，地势由西向东倾斜，呈阶梯状。西部为希贾兹—阿西尔高原，南段的希贾兹山脉海拔 3 000 m 左右，中部为纳季德高原，东部是平原。半岛西南角土地肥沃，适宜耕种。阿拉伯半岛常年受副高及信风带控制，非常干燥，几乎整个半岛都是热带沙漠气候区并有面积较大的无流区，该区有七个无流国。农田灌溉和居民饮水主要依靠地下水。炎热干燥的气候形成了大片沙漠，沙漠面积约占总面积的三分之一。无常年河流，雨季和山洪暴发时，山谷积水成河，天晴则干涸无水。地下水资源非常匮乏。因此常因水资源短缺而引发国际争端。

1.3.7 印度地块水文地质条件及地下水资源

印度地块由德干高原、喜马拉雅山系和恒河平原等组成。地下水是饮用水、农业灌溉和工业生产用水的一个主要来源。德干高原是南亚印度半岛的内陆部分。高原西北部有面积广大的熔岩，约占高原面积的1/3，高原地势比较平坦，利于农耕，因古代有大规模的玄武岩喷发，经过风化而形成肥沃的黑土。地势西高东低，发源于高原上的各大河流，向东流入孟加拉湾，把高原切割破碎，形成大小不一的东西走向的丘陵山地、河谷平原和盆地。高原西部被大面积的厚层玄武岩层覆盖，风化层保水性能良好。恒河平原由恒河及其支流冲积而成，恒河下游段与布拉马普特拉河汇合，组成下游平原与河口三角洲。恒河平原大部分区域为第四纪沉积物分化的老冲积层和新近冲积层。地下水富水性相对较好，但由于恒河平原人口众多，经济发达，第四纪含水层超采在平原内各城市中已成为一种普遍现象，地下水水位也随之急剧下降（米斯拉，2011）。

1.3.8 环太平洋岛水文地质条件及地下水资源

环太平洋岛主要包括日本、菲律宾群岛等地。日本的地表水体数量多，但单个水体的规模都很小。而地下水资源，主要为埋藏在地表未固结的第四纪松散堆积物和风化壳之中的孔隙潜水。低洼平原和平缓台地是承压水的排泄区，是地下水的富集地带，也是开采利用地下水和从事地下水科研活动最活跃的场所。广大的山区和丘陵地区，由于大部分为火山喷出岩，又有大面积的火山灰覆盖，接受降水补给的条件也很好，加之植被繁茂，涵养水分能力高，地下水面接近山顶，源源不断地补给河流。所以日本的河流，尽管最大、最小流量的较差可以在 1 000 倍以上，但季节性的断流河流却不多见（李宝庆，1984）。菲律宾群岛由 7 100 多个岛屿组成，大部分是由山地、高原和丘陵构成，年平均气温 27℃，年降水量 2 500 mm 左右。多为火成岩，地表水丰富，地下水主要赋存于裂隙含水层和火山裂隙孔洞含水层，并以普遍分布在现代火山带为主要特征。

参 考 文 献

金小赤，等 . 2015. 中国和亚洲邻区主要地质单元显生宙地层格架与对比 . 北京：科学出版社 .

李宝庆 . 1984. 日本的水文学研究 . 地理译报，2：14-18.

李春昱，王荃，刘雪亚，等 . 1982. 亚洲大地构造图（1：800 万）及说明书 . 北京：地图出版社 .

李锦轶，张进，杨天南，等 . 2009. 北亚造山区南部及其毗邻地区地壳构造分区与构造演化 . 吉林大学学报（地球科学版），39（4）：584-605.

李廷栋 . 2007. 1：250 万亚洲中部及邻区地质图系 . 北京：地质出版社 .

李廷栋 . 2010. 中国岩石圈的基本特征 . 地学前缘，17（3）：1-13.

马丽芳 . 2001. 中国地质图集 . 北京：地质出版社，5-7.

米斯拉 A K. 2011. 城市化对印度恒河流域水文水资源的影响 . 朱庆云译 . 水利水电快报，32（8）：14-18.

任纪舜，等 . 2013. 1：500 万国际亚洲地质图 . 北京：中国地图出版社 .

孙德佩 . 1988. "水文地质构造"之译名问题 . 水文地质工程地质，3：37-38.

万天丰 . 2013. 新编亚洲大地构造图 . 中国地质，40（5）：1361-1365.

王五力 . 2000. 试论构造地层学、非史密斯地层学和造山带地层学 . 地层学杂志，（s1）：352-358.

许志琴，杨经绥，李海兵，等 . 2011. 印度–亚洲碰撞大地构造 . 地质学报，85（1）：1-33.

张华安，王乃昂，李卓仑，等 . 2011. 巴丹吉林沙漠东南部湖泊和地下水的氢氧同位素特征 . 中国沙漠，31（6）：1623-1629.

张立奎 . 2012. 渤海湾海岸带环境演变及控制因素研究 . 青岛：中国海洋大学 .

张宗祜，李烈荣 . 2005. 中国地下水资源 . 北京：中国地图出版社 .

张宗祜，沈照理，薛禹群，等 . 2000. 华北平原地下水环境演化 . 北京：地质出版社 .

第2章 亚洲的地下水

2.1 亚洲的地下水形成与循环

人们对地下水起源有不同的假说，如渗入说、凝结说、沉积说、初生说和内生说等。地下水的起源与地球水圈起源紧密相关，原始地壳出现以后，地球水圈才逐渐形成。地下水是水圈的重要组成部分，主要起源于整个地质时期从地球内部的持续逸出。地下水起源和地下水形成还是有区别的，通常地下水形成仅指水循环中的补给到地下的水，包括：参与现代水文循环的降水入渗、水汽凝结，河流、水利工程、农田灌溉回归入渗等。

亚洲拥有世界上最高的青藏—帕米尔高原，号称亚洲大陆的"水塔"，由青藏—帕米尔高原、天山和北亚的各山系、高原山地组成，流向各大洋系大河有：北冰洋流域的额尔齐斯—鄂毕河、叶尼塞河、勒拿河、阿尔丹河；太平洋流域的黑龙江—阿穆尔河、维柳伊河、维季姆河、黄河、长江、珠江、红河、澜沧江—湄公河；印度洋流域的怒江—萨尔温江、伊洛瓦底江、贾布纳河、雅鲁藏布江—布拉马普特拉河—恒河、印度河、底格里斯河、幼发拉底河等。这些大河在各地下水系统中既有不同补给形式，也有各自的排泄形式，一般在山区出山口处的基流量代表了山地地下水的排泄量，进入平原盆地的河流也对平原盆地地下水构成再次补给，与农业灌溉、大气降水共同构成平原盆地地下水主要补给来源。在河流的上、中、下游，大气降水、地表水和地下水"三水"存在相互转换关系，地下水补给、径流、排泄特征各不相同。图2-1为地下水形成与循环模式图。

2.2 地下水循环模式

地下水循环是指地下水在不同的地形、地貌、地质构造、水文地质条件和人为作用约束条件下的运动方式，地下水补给、径流、排泄构成循环的完整过程。大气降水、地表水和灌溉水入渗到地下称为地下水补给；地下水形成后在地下含水层系统中的运移，称为径流；地下水通过种种方式又转化为地表水或大气水的过程，称为排泄。地下水循环可分成浅循环、深循环及不循环。浅循环一般指，一个水文地质单元中流速快，百年内就可将含水层中（通常指浅层地下水含水层）地下水更新一次的地下水循环，深循环则是成百上千年或更长时间才能更新一次的地下水循环，不循环则是指不具有稳定补给源的地下水含水层中的地下水则不循环。水循环作为地球上最基本的物质大循环和最活跃的自然现象，深刻地影响到全球地理环境，影响生态平衡，影响水资源的开发利用，对自然界的水文过程来说，水循环是千变万化的水文现象的根源（黄锡荃，1993）。

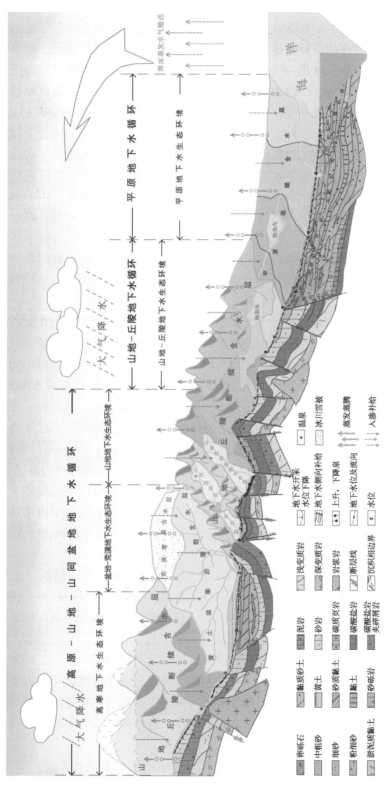

图2-1　地下水形成与循环模式图

亚洲青藏—帕米尔高原是有"世界屋脊"和"第三极"之称的高寒区，在这些特殊的气候条件下海拔 4 500 m 雪线以上长年被冰川雪被覆盖，存在多年岛状冻结层，冰川雪被在季节性冻融交替作用下补给地下水，构成冻结层上水和冻结层下水，融水汇聚成地表河流。北亚属于寒带寒冻冰川—雪融地貌，分布有大面积的高纬度冻结层地下水，包括西西伯利亚平原鄂毕河流域、中西伯利亚高原叶尼塞河流域、中西伯利亚高原勒拿河流域与东西伯利亚科雷马河流域和黑龙江—阿穆尔河流域的北部地区，存在多年连续冻结层和不连续的岛状冻结层，地下水随季节性气温升高由固态向液态转变，形成地下径流。冻结层上水与地表水交替频繁，在盆地最低处一般出露地表形成湖泊。冻结层下水往往具有承压性、径流缓慢、水位稳定，地下水在特殊的地质环境条件下溢出地表后形成冰丘。

亚洲中西部和中国的西北部及蒙古高原多处在内陆干旱荒漠地区，由一系列山脉分割成相间的盆地，地形降水明显，并且山间盆地分布着广袤的沙漠、戈壁，降水稀少，甚至多年平均降水量不足 100 mm，主要靠山地降水转化成地表径流或山边侧渗补给盆地地下水，一般在山前冲洪积扇补给条件好，水循环交替积极，而在河流的尾闾盆地低洼处补给甚微，地下水运移滞缓，以蒸发排泄为主，地下水在蒸发浓缩作用下盐分集聚，水质差，基本无供水意义。

亚洲大致有三分之一地域属于半干旱半湿润气候带，降水量多为 250 ~ 500 mm，各山系之间分布着一系列大型平原、盆地，成为一个个相对独立的水文地质单元。其中比较大型的平原和盆地包括东北平原、华北平原、西西伯利亚平原和大小不等的山间盆地。这些平原和盆地中沉积的厚层第四系松散沉积物在山前接受补给，赋存着丰富的地下水资源，成为当地居民生产、生活用水的重要水源，人类长期开采地下水，灌溉农业发达，水交替作用积极，特别是浅层地下水更新快，随着地下径流向平原、盆地的下游排泄。

南亚及中南半岛亚热带气候降水充沛，多年平均降水量>1 000 mm，地表水系发育，地下水补给充分，水交替作用积极，在平原、河谷及入海三角洲的松散含水层地下水补给、径流、排泄条件优越。在南亚的印度河与恒河平原，第四系沉积厚度较大，降水和地表水的补给条件好，地下水资源丰富，是两河平原的重要供水水源。中南半岛的山间谷地由于地表水的不断侵蚀，松散沉积物厚度较小，地下水的储水条件较差，开发利用能力小，仅能用于一般性生活供水水源。

亚洲分布有许多环太平洋岛屿，大多处在板块的接触带，火山活跃。太平洋季风气候，自北向南气候由寒带至热带差异悬殊，降水充沛（1 000 ~ 2 500 mm），由于大部分岛屿地势中间高四周低，水系呈放射状分布，火山岩风化裂隙含水层浅薄，储水空间小，尽管地下水接受补给充分，但地下水径流与排泄迅速。

亚洲各大河流的下游和河口地带，往往是平坦肥沃的三角洲平原，三角洲平原巨厚的松散沉积层中往往赋存着巨量的优质地下水资源，分布有许多重要城市，人类社会经济活动强烈，对地下水的需求大。但是，由于靠近入海口，含水层颗粒较细，过量开采地下水会引起海水向淡水含水层入侵，甚至引起地面沉降，这些现象在中国东部及台湾岛的滨海地区、菲律宾等地已经出现。

亚洲各地地下水的水量和水质变化也主要取决于当地的水循环要素，如降水、蒸发、地表径流、农业灌溉等的变化。下面分别介绍各主要水循环要素对地下水的控制作用。

2.2.1　气候地貌对地下水的控制作用

气候地貌系指气候控制下外营力所进行的地貌过程及其产生的地貌景观（陈志明，2010b）。亚洲的气候地貌（图 2-2）控制大陆水汽通量，同时地形降水也对区域水循环产生巨大影响，亚洲的大气降水特点是：时空分布不均匀，大致从湿润的东南部向干燥的西北部递减，在中亚和西亚出现最干旱的荒漠地区。

气象因素中降水和蒸发直接参与了地下水的补给与排泄过程，是引起地下水各个动态要素，如地下水位、水量以及水质随时间、地区而变化的主要原因之一。而气温的升降则影响到潜水蒸发强度变化，还会引起地下水温的波动，以及水化学成分的变化（黄锡荃，1993）。

气候上的昼夜、季节以及多年变化，也影响到地下水的动态进程，引起地下水发生相应的周期性变化。尤其是浅层地下水往往具有明显的日变化和强烈的季节性变化现象。在春夏多雨季节，地下水补给量大，水位上升；秋冬季节，补给量减少，而地下水的排泄量不仅不减少，反而常因江河水位低落、地下水排泄条件改善而增大，于是地下水位不断下降。这种现象还因为气候上的地区差异性，致使地下水动态因地而异，具有地区性的特点。

亚洲面积广阔，气候类型复杂多样，季风气候典型和大陆性显著。在隆起山原地形剥蚀地貌区，浅表物源在外动力地质作用下不断发生迁移，而在沉降的低洼盆地，堆积地貌区是储存地下水的有利场所，但是深居内陆腹地的高原盆地受高原周围山地阻隔水汽通量影响，盆地中降水稀少，干热且蒸发强烈。①亚洲最南端的印度尼西亚诸岛屿、马来西亚和菲律宾南部属热带雨林气候，是古近纪以来全球最稳定的湿热带，化学风化及"双重夷平作用"十分强烈，形成深厚的风化壳，加之强降雨，导致的流水侵蚀强烈，但热带雨林茂密的植被有利于水土的保护。印度、孟加拉国和中南半岛属于湿润的热带季风气候区，分布于印度半岛中、西部和中南半岛北部的深切干热河谷，炎热的半干旱条件下剥蚀作用强烈，在水流作用下堆积。②中国东部的秦岭—淮河以南，朝鲜半岛南部和日本列岛南部属温暖湿润的亚热带季风气候区。秦岭—淮河以北，大兴安岭—阴山以东，包括中国的华北、东北，朝鲜半岛大部、日本列岛北部、库页岛直到北部的东西伯利亚山地，均属于半干旱—半湿润的温带季风气候区，经历冷暖、干湿交替的多种地貌过程，这里既经历了寒冻过程，发育有冰缘地貌和干寒风成地貌，又经历热带亚热带强化学风化、双重剥蚀与流水作用，形成较复杂的地貌组合，堆积有广阔的平原、山间盆地和黄土高原。③大兴安岭—阴山以西，横断山脉以北的中国、蒙古，西西伯利亚平原和中西伯利亚高原大部，向西直到与欧洲分界线，均为温带大陆性气候区。西伯利亚北部边缘受北冰洋气团影响，冬季长达 8 个月以上，气温低达-50℃以下，属于寒冻—流水冰缘带，存在特殊的致密性深厚的多年冻结层，在多年冻结上部活动层的冰融水，因其下永冻层的阻隔，地表滞水成沼，或汇水成流。从第四纪以来，它长期处于冰缘环境，冻结层持续发育，厚度达100～800 m，在中部、东部西伯利亚甚至可达 1300～1500 m。在北纬45°～70°地带寒冻亚寒冻–流水地貌，多年冻结层受北冰洋气团和极地气团的控制，其冻结层南界达到北纬40°。带

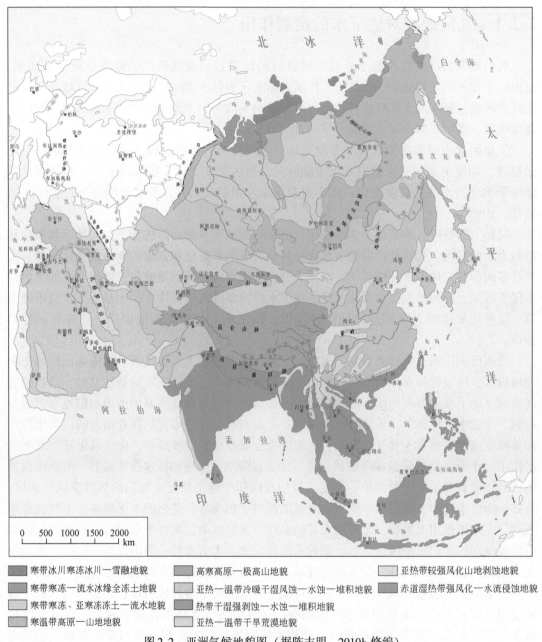

图 2-2　亚洲气候地貌图（据陈志明，2010b 修编）

寒带冰川寒冻冰川一雪融地貌　　高寒高原一极高山地貌　　亚热带较强风化山地剥蚀地貌

寒带寒冻一流水冰缘全冻土地貌　亚热一温带冷暖干湿风蚀一水蚀一堆积地貌　赤道湿热带强风化一水流侵蚀地貌

寒带寒冻、亚寒冻冻土一流水地貌　热带湿热强剥蚀一水蚀一堆积地貌

寒温带高原一山地地貌　　　　　亚热一温带干旱荒漠地貌

内的多年冻结层分为：连续冻结层、具有岛状融区的冻结层和岛状冻结层三类。④中亚、西亚和内陆干旱荒漠区以风力为主的外力成因，温带沙漠主要分布于中亚的图兰低地、新疆塔里木与准噶尔盆地以及内蒙古等地区，戈壁沙漠相间分布。阿拉伯半岛亚热带沙漠气候区，西缘和土耳其的地中海沿岸属于地中海气候区。

　气候的显著差异同时导致了亚洲各处降水量的巨大差异。中亚的沙漠地区年降水量不足 100 mm，而在南亚，迎风坡降水量可达 3 000 mm，最高记录甚至达到了 22 860 mm。太平洋中发生的台风袭击亚洲东部沿岸也会带来充沛降水。

降水量对水循环及地下水资源量具有决定性作用。在降水量很大的南亚地区,地下水资源丰富,水质良好;在气候干旱的中国西北内陆及中亚地区,地表水往往为内流河和季节河,当地的农业、工业和生活用水几乎全部依靠宝贵的地下水。由于降水量少,蒸发强烈,这些地区的地下水溶解固体总量往往较高,部分地下水甚至成为难以利用的苦咸水。

与降水量不同,地表蒸发量取决于日照、温度、地貌、地面湿度等多个因素。但对于同一地区,降水量越小,蒸发皿蒸发量往往由于日照时数和温度的升高而增大。但在亚洲内陆的干旱地区,地面实际蒸发量往往受限于地面湿度,具有很高的蒸发皿蒸发量和较低的地面实际蒸发量。

风速也是影响地面蒸发量的重要因素。在干旱并且常年风速较大的地区,地面水汽被迅速带走,使得地面蒸发量很大,十分干旱,形成沙漠或戈壁。如中国西北部的塔克拉玛干、腾格里、毛乌素等一系列沙漠,亚洲内陆的克孜勒库姆沙漠、卡拉库姆沙漠和阿拉伯沙漠等。

地质地貌因素对地下水的影响,一般情况下并不反映在动态变化上,而是反映在地下水的形成特征方面,其中地质构造决定了地下水的埋藏条件;岩性影响下渗、储存及径流强度;地貌条件控制了地下水的汇流条件。这些条件的变化,造成了地下水动态在空间上的差异性。

受地质地貌因素控制,地下水主要赋存于江河中下游的河谷平原、盆地和河口三角洲中。其中可供开采利用的地下水主要赋存于这些平原、盆地的第四系松散堆积物中,深层的基岩地层也含水,但由于埋藏深度大、开采困难、溶解固体总量高、补给更新慢等问题,供水意义较小。

2.2.2 地表水与地下水的相互作用

天然条件下,大气降水落到地表后,一部分直接下渗转化为土壤水,而另外一部分则形成地表径流;地表径流逐渐汇集于河川,在汇集沿程又继续下渗转化为土壤水。土壤水一部分消耗于蒸发和植被蒸腾,另一部分则经包气带下渗补给地下水。地下水经含水层调蓄,除转变为静态储存外,一部分也以泉、河谷侧渗的形式补给地表水。

亚洲中部及东部受青藏高原的影响显著,周围有许多深切的沟谷发育出的大河成为下游河谷平原的补给水源,如黄河、长江、湄公河—澜沧江、怒江—萨尔温江、恒河、布拉马普特拉河等,均在下游发育了面积广阔的河谷平原和河口三角洲,受地形限制,在各条河流的上、中、下游,地下水补给、径流、排泄特征各不相同,不同的地表水–地下水转换关系形成了不同的地下水盆地。下面就几条主要的大河流域对其地表水–地下水转换关系进行介绍。

2.2.2.1 黄河流域

黄河发源于中国青海省巴颜喀拉山脉北麓,依次穿越青藏高原、黄土高原、内蒙古高原、华北平原,蜿蜒东流,在山东省东营市垦利县注入渤海,全长 5 464 km。

黄河河源段处于高耸的青藏高原，两岸多为湖泊、沼泽、草滩，产水量大，大部分河段河谷宽阔，间或有几段峡谷。在这一区间，黄河接受众多支流和河谷两侧地下水的侧渗补给，流量逐渐增大。河流与地下水的关系为地下水补给河水。

从青海龙羊峡到兰州盆地，黄河流经山地丘陵，形成峡谷和宽谷相间的形势，峡谷两岸均为悬崖峭壁，河床狭窄、河道比降大、水流湍急，这个区间河水与地下水的补给关系仍是地下水补给河水，只是由于河谷两岸均为连绵山脉，松散含水层稀少，地下水对河水补给有限。兰州盆地是黄河上游众多峡谷间的第一个宽谷，为主要由河水补给地下水的盆地。其补给原因是兰州在黄河滩地上建设了三个大型地下水水源地，大量抽取地下水形成漏斗后，黄河侧渗增加。

卫宁平原位于黑山峡以下的宁夏境内，面积不大但十分富饶，有发达的引黄灌溉系统，地下水开采量不大。按区域地下水流场，卫宁平原也是地下水补给黄河水。但是，其地下水主要来自于引黄灌溉的渗漏量，从水量转换的角度来说，在总量上很可能是黄河补给地下水。

从宁夏青铜峡至内蒙古托克托县河口镇部分为冲积平原段。黄河出青铜峡后，沿鄂尔多斯高原的西北边界向东北方向流动，然后向东直抵河口镇。沿河所经区域大部分为荒漠和荒漠草原，基本无支流注入，干流河床平缓，水流缓慢，两岸有大片冲积平原，即著名的银川平原与河套平原，均为引黄灌区，与卫宁平原有相似的水循环特征，即引黄灌溉补给地下水，地下水再补给黄河水。

内蒙古托克托县河口镇至河南郑州桃花峪间的黄河河段为黄河中游，河长 1 206 km，流域面积 34.4 万 km²，占全流域面积的 45.7%；中游河段总落差 890 m，平均比降 0.74‰；河段内汇入较大支流 30 条；区间增加的水量占黄河水量的 42.5%，增加沙量占全黄河沙量的 92%，为黄河泥沙的主要来源。由于黄河切割较深，此段黄河为区域地下水的排泄基准面，即高原内地下水向黄河及其支流排泄。

河南郑州桃花峪以下的黄河河段为黄河下游，河长 786 km，流域面积仅 2.3 万 km²，平均比降 0.12‰。由于黄河泥沙量大，下游河段长期淤积形成举世闻名的"地上河"，黄河约束在大堤内成为海河流域与淮河流域的分水岭。由于黄河水位高于地下水，此段黄河侧渗就成了两岸地下水的重要补给源。

2.2.2.2　长江流域

长江是亚洲第一长河和世界第三长河，全长 6 300 km²，干流发源于青藏高原东部各拉丹冬峰，穿越中国西南（青海、西藏、云南、四川、重庆）、中部（湖北、湖南、江西）、东部（安徽、江苏），在上海汇入东海。

长江流域地跨中国地貌的三大阶梯，面积 180 万 km²，高度从江源的海拔 5 400 m 处降至吴淞口海平面。流域内面积广大，地貌类型复杂，地面高低悬殊。流域内地貌可划分为西部高原高山区（第一大地貌阶梯）、中部中山低山区（第二大地貌阶梯）与东部丘陵平原区（第三大地貌阶梯）。在宜昌以上的长江上游和中游，长江一直在山谷中穿行，沿途汇集众多支流。由于地形切割强烈，长江宜昌以上基本为区域地下水的排泄基准面，山体岩石或山间谷地中赋存的少量地下水向长江排泄。宜昌以下，长江进入平原和丘陵区，河道曲折，水流迟缓，造成大量泥沙淤积，河床日益抬高，荆江洪水位可高出地面 10 多米。但总体上，仍以河水位低于地下水位，地下水向江水排泄为主。地下水补给河水的另外一个原因是，长江下游为我国著名的鱼米之乡，地表水引水灌溉面积广阔，地下水开采量很小，这使得地下水位一直较高。

2.2.2.3　澜沧江—湄公河流域

湄公河干流全长 4 180 km，发源于中国青海省玉树藏族自治州杂多县。流经中国西藏自治区、中国云南省、老挝、缅甸、泰国、柬埔寨和越南，于越南胡志明市以南省份流入南海。湄公河在旱季及雨季的流量有极大变化，并且主干流有不少激流及瀑布，造成湄公河的航运能力差。目前湄公河只有下游 550 km 可通航。

湄公河上游在青藏高原及以下的横断山脉之间，落差较大，河谷中没有较大的地下水盆地，只在下游的湄公河三角洲发育了较大的平原。由于湄公河泥沙的淤积，湄公河三角洲每年向西南海边延伸 60 ~ 80 m。三角洲内地多为稻田和热带丛林，前江和后江之间是平坦肥沃的平原，河渠密如蛛网。由于地势低平，加之河渠灌溉发达，地下水开采量较小，总体上仍为地下水补给地表水，地表水只在洪水季节对地下水有补给。但随着近年来地下水开采量的增大，地下水位明显下降，并且引起了地面沉降等灾害（Erban et al.，2014），在局部地区地表水与地下水的相互转化关系已经转变（IUCN，2011）。

2.2.2.4　印度河和恒河流域

印度河和恒河均为南亚的主要河流，两河均发源于青藏高原，向南和东南分别注入阿拉伯海和孟加拉湾。

印度河流上源为狮泉河（森格藏布），它发源于冈底斯山脉冈仁波齐峰东北方向的切日阿弄拉山口西侧，源头位于中国西藏阿里地区革吉县境内，源头溪流名为邦果贡。从喜马拉雅山脉朝西北方向流入克什米尔，调头向南流入巴基斯坦，在信德省的卡拉奇附近流进阿拉伯海。河流总长度 3 180 km，流域面积 1 001 549 km²。印度河每年的流量约有 207 km²，是世界流量第 21 名的河流。桑噶河是位于拉达克的左岸支流，在进入平原后，印度河的左岸支流是奇纳布河，奇纳布河的四个主要支流分别是杰赫勒姆河、拉维河、比亚斯河及象泉河。印度河的主要右岸支流有什约克河、吉尔吉特河、喀布尔河、戈马尔河及古勒姆河。印度河的沿岸有温带森林、平原及干旱乡村等不同的生态系统。

恒河是南亚的一条主要河流，流经印度北部及孟加拉。恒河源头帕吉勒提河（the Bhagirathi R.）和阿勒格嫩达河（Alaknanda）发源自印度北阿坎德邦的根戈德里等冰川，它横越北印度平原（即恒河平原），流经北方邦，汇合其最大支流亚穆纳河，再流经比哈尔邦、西孟加拉邦，最后它分为多条支流注入孟加拉湾，其中一条是加尔各答附近的胡格利河，而主要的一条是进入孟加拉国的博多河，进入孟加拉国后，汇合布拉马普特拉河（中国境内为雅鲁藏布江），在孟加拉国境内的下游贾木纳河，注入孟加拉湾，其入海河段称为梅格纳河。支流布拉马普特拉河及其以上部分不算在内，恒河长为 2510 km，流域面积 91 万 km²。

由于印度河和恒河流域均为连续的河谷，两河干流和各支流从上游到下游逐渐下降，因此在天然条件下河谷是地下水的排泄基准点，即一直为地下水补给河水。

但是，印度河和恒河流域为世界上人口最多居住的河流流域，共有 4 亿以上人口居住于恒河流域，人口密度达每平方英里（1 英里≈1.609 km）1000 人以上，这里也是世界上最贫困的地区之一。由于近几十年来农业灌溉面积增加，地下水开采量激增，水位明显下降，在印度河和恒河平原的许多部位已经变为地表水补给地下水。水量均衡计算结果表明，在 1975~2000 年期间，地下水对恒河水的补给已经减少了 60%（Mall et al.，2006）。

除上述外流河外，在干旱的亚洲内陆，还有多条内流河。内流河往往在山区发源和接受补给，向下游流经干旱的平原逐渐消耗，最终在尾闾湖消失。河流在中部的干旱平原受地貌影响，往往发生多次的地表水–地下水相互转换。

其中，中国河西走廊的黑河就是一条这样的代表性河流。黑河发源于南部祁连山区，分东西两支：东支为干流，上游分东西两岔，东岔俄博河又称八宝河，源于俄博滩东的锦阳岭，自东向西流长 80 余千米，西岔野牛沟，源于铁里干山，由西向东流长 190 余千米，东西两岔汇于黄藏寺折向北流称为甘州河，流程 90 km 至莺落峡进入走廊平原，始称黑河，上述流域为黑河（干流）的上游。西支源于陶勒寺，上游称讨赖河，也有东西两岔，于朱龙庙附近汇合，称北大河（或临水河）。黑河从莺落峡进入河西走廊，于张掖市城西北 10 km 附近，纳山丹河、洪水河，流向西北，经临泽、高台汇梨园河、摆浪河穿越正义峡（北山），进入阿拉善平原。莺落峡至正义峡流程 185 km，河床平均比降 2‰，为黑河（干流）的中游。黑河流经正义峡谷后，在甘肃金塔县境内的鼎新与北大河汇合，北流 150 km 至内蒙古自治区额济纳旗境内的狼心山西麓，又分为东西两河，东河（达西敖包河）向北分八个支流（纳林河、保都格河、昂茨河等）呈扇形注入东居延海（索果淖尔）；西河（穆林河）向北分五条支流（龚子河、科立杜河、马蹄格格河等）注入西居延海（嘎顺淖尔）。

黑河上游祁连山区降水较多，又有冰川融水补给，下垫面为石质山区且植被良好，是黑河径流形成区。祁连山出山口以上径流量占全河天然水量的 88.0%。中游河西走廊和下游阿拉善高平原南部，降水少而蒸发强烈，下垫面是深厚的第四系沉积层，成为良好的地下贮水场所，一般强度的降水均耗散于蒸发，偶尔一次强度较大的降水，也下渗补给了地下水，所以基本上不产流。黑河流入山前冲积扇后，一部分被引入灌溉渠系和供水系统，消耗于农业、林业的灌溉以及人畜饮用、工业用水，其余则沿河床下泄，并沿途渗入地下，补给了地下水。被引灌的河水，除作物吸收蒸腾、渠系和田间蒸发外，相当一部分下渗补给了地下水，地下水以远比地面平缓的水面坡度向前运动，在细土平原一带出露成为泉水，或者再向前回归河流，或者再被引灌，连同打井抽取的地下水，再进行一次地表、地下水转化（周兴富，2008）。在中游非灌溉引水期的 12 月~翌年 3 月，由于前期灌溉水回归河道，正义峡断面的径流量较莺落峡断面大 2.5 亿~3.0 亿 m³。水资源多次转换并被多次重复利用。

参 考 文 献

陈葆仁 . 1981. 地下水起源 . 水文地质工程地质，6：60-61.

陈志明 . 2010a. 亚洲与邻区陆海板块造貌图 1∶1400 万 . 北京：测绘出版社 .

陈志明. 2010b. 亚洲与邻区陆海地貌全图 1∶800 万. 北京：测绘出版社.

黄锡荃. 1993. 水文学. 北京：高等教育出版社.

王大纯，张人权，等. 1995. 水文地质学基础. 北京：地质出版社.

张元禧，施鑫源. 1998. 地下水水文学. 北京：中国水利水电出版社.

张宗祜，李烈荣. 2004. 中国地下水资源（综合卷）. 北京：中国地图出版社.

周曼宇. 2013. 我国地下水形成特点. 农业与技术，8，33（8）：51-52.

周兴富. 2008. 干旱区水资源制度创新研究：以黑河流域为例. 北京：人民出版社.

Al-Saud M, Teutsch G, Schüth C, et al. 2011. Challenges for an integrated groundwater management in the Kingdom of Saudi Arabia. International Journal of Water Resources and Arid Environments, 1 (1)：65-70.

Erban L E, Gorelick S M, Zebker H A. 2014. Groundwater extraction, land subsidence, and sea-level rise in the Mekong Delta, Vietnam. Environmental Research Letters, 9 (8)：084010.

Food and Agriculture Organization of the United Nations (FAO). 2009. Groundwater Management in Saudi Arabia, Draft Synthesis Report, Rome.

IUCN (International Union for Conservation of Nature). 2011. Groundwater in the mekong delta.

Mall R K, Gupta A, Singh R, et al. 2006. Water resources and climate change：An Indian perspective. Current Science, 90 (12)：1610-1625.

Misra A K. 2011. Impact of Urbanization on the Hydrology of Ganga Basin (India). Water Resources Management, 25 (2)：705-719.

Rakhmatullaev S, Huneau F, Kazbekov J, et al. 2010. Groundwater resources use and management in the Amu Darya River Basin (Central Asia). Environmental Earth Sciences, 59 (6)：1183.

Rakhmatullaev S, Huneau F, Kazbekov J, et al. 2008. Groundwater resources and uses in Central Asia：Case study of Amu Darya River Basin. Paper presented at the 36th IAH Congress, Integrating Groundwater Science and Human Well-being, Toyama, Japan, 27-31 October, 2008.

Stevanovic Z, Iurkiewicz A. 2009. Groundwater management in northern Iraq. Hydrogeology Journal, 17 (2)：367-378.

第3章 亚洲地下水系统

3.1 地下赋存类型与空间分布

地下水主要包括包气带水和饱水带水。

包气带水来源于大气降水的入渗，地表水体的渗漏，地下水面通过毛细上升输送的水分以及地下水蒸发形成的气态水。从包气带在地层剖面中的位置看出，它是饱水带与地表水圈、大气圈、生物圈以及人类活动发生联系的必经之路。包气带中空隙壁面吸附有结合水，细小空隙中含有毛细水，未被液态水占据的空隙中包含空气及气态水。包气带的赋存与运移受毛细力与重力共同影响。重力使水分下移，毛细力将水分输向细小空隙，还常将包气带下部水分向上部输送以供蒸发。饱水带通过包气带获得大气降水、地表水的补给，也通过包气带蒸发、蒸腾方式排泄于大气圈。饱水带岩石空隙全部为液态水所充满。水体是连续分布的，能够传递静水压力，在水头差的作用下，可发生连续运动。饱水带中的重力水是开发利用的主要对象。

赋存于饱水带岩土空隙中的水，是水文地质学长期以来着重研究的对象，也是开发利用的主要对象。不同的学者出于不同的目的或从不同的角度提出了许多分类原则和方法。其中，地下水的赋存特征对其水量、水质时空分布具有决定意义，最重要的是埋藏条件和含水介质类型。由于地下水处在不同的自然、地质环境之中，所受影响因素众多，其特征多种多样。根据含水介质的类型（赋存空间），可将地下水划分为松散沉积物孔隙水、碳酸盐岩岩溶水、裂隙孔隙水和其他岩类裂隙水（王大纯等，1995）。

3.1.1 松散沉积物孔隙水

松散沉积物孔隙水主要包括：洪积物中的地下水、冲积物中的地下水、湖积物中的地下水、干旱内陆盆地孔隙水、干旱半干旱黄土高原孔隙水及半干旱平原孔隙水（肖长来等，2010）。

孔隙水的埋藏分布和运动规律主要受地貌及第四纪沉积规律控制，在不同地貌单元和不同类型的第四系沉积物中，地下水具有不同的分布规律。松散沉积物孔隙水主要赋存于非固结的松散沉积物中。平原和盆地中普遍发育第四纪松散沉积物，砂砾构成含水层，黏性土构成弱透水层，其中赋存的孔隙水，是工农业和生活用水的重要供水水源。松散沉积物孔隙水主要呈层状分布，空间上连续均匀，含水系统内部水力联系良好。

从沉积物堆积时起一直到今天，区域的自然地理背景（如气候、地貌）和地质背景（如基底构造、现代构造运动）以各种方式直接或间接地影响松散沉积以及赋存于其中的地下水的特征。因此，回溯挽近时期地质发展史，恢复沉积时的水动力条件，乃是掌握松散沉积物沉积规律并借以认识孔隙水形成与分布规律的关键所在（林学钰等，2004）。特定沉积环境中形成的成因类型不同的松散沉积物，受到不同的地质构造和水动力条件控制，从而呈现岩性与地貌有规律的变化，决定着赋存于其中的地下水的特征。在山前地带形成的洪积扇内，近山处的卵砾石层中有巨厚的孔隙潜水含水层；到了平原或盆地内部，由于砂砾层和黏土层交互成层，形成承压孔隙含水层。由于河水冲刷及沉积过程，在平原河流的中、下游地区河床相的砂砾层中，存在着宽度和厚度不大的带状孔隙水含水层。在湖泊成因的岸边缘相的粗粒沉积物中，多形成厚而稳定的层状孔隙水含水层。在冰川消融水搬运分选而形成的冰水沉积物中，有透水性较好的孔隙水含水层。其含水层基本成层状分布，在天然状态下，地下水自由水面与其层状埋藏形态一致，含水量均匀（陈梦熊等，2002）。

松散沉积物孔隙水分布广泛。①主要分布在大平原，平原规模大、地形平坦，巨厚的松散沉积物的岩性主要为砂及砂砾石，结构松散，多呈层状分布。诸如西西伯利亚松散平原、松嫩平原、黄淮海平原、恒河平原等广阔平原地区。②分布在山间盆（谷）地冲积层的孔隙水。由于山区局部受构造控制作用形成断陷盆地，经河流冲刷及松散沉积物的逐步堆积，出现规模较小、沉积厚度不等的山间盆（谷）地，这里松散沉积物孔隙水分布广泛，且水量较丰富。诸如科雷马河谷底、四川盆地等地。③分布在滨海平原冲、海积层的孔隙水，主要在沿海地带。诸如渤海湾、恒河河口三角洲等地。④在内陆盆地广泛分布的孔隙水。盆地边缘地域辽阔，冲洪积物沉积巨厚。广布的山前倾斜平原，顶部常为戈壁砾石层。各盆地周边多为高山环绕，山顶终年积雪，为盆地的地下水补给提供了优越条件。诸如河西走廊、塔里木盆地、准噶尔盆地等地。⑤在黄土高原分布的黄土层孔隙水，主要集中区域是黄河中下游地区，其特点是沉积厚度大且连续。黄土层中孔隙水的分布与降水有关，并严格受黄土地貌的制约。⑥沙漠风积沙丘孔隙水。主要集中在北部和西北部的内陆盆地中部地区。在沙漠边缘地带埋藏有古冲积平原和古河湖平原，沉积有巨厚的第四纪松散沉积，赋存着浅承压水，水质良好，诸如阿拉伯半岛等地。

3.1.2　碳酸盐岩岩溶水

岩溶水赋存于碳酸盐岩类的可溶性岩层的溶蚀裂隙和溶洞中。其发育程度和分布特征决定了它最明显的特点是分布极不均匀，在地下水径流带，多发育有地下暗河和岩溶大泉。

岩溶地下水的补给、径流、排泄条件是一个比较复杂的问题。地层及岩性的组合关系、地质构造、水文网与地貌在空间上的组合情况，不仅决定了岩溶地下水的形成与赋存条件，同时也控制了岩溶地下水的补给、径流、排泄条件。碳酸盐岩分布广泛，主要分布于石灰岩、白云质灰岩和白云岩地区。裂隙十分发育，地下水动力条件为管道、廊道集中径流运动，含水极不均一，是地下水良好的赋存空间。以地下河、岩溶泉为主要排泄特征。亚洲的可分为热带喀斯特、亚热带喀斯特、温带喀斯特、寒带喀斯特和干旱地区喀斯特。主要分布在西南地区亚热带喀斯特地区、中国北方温带隐伏岩溶区、西伯利亚寒带喀斯特地区，其特点是水量丰富，分布不均匀，区域及时空变化均很大。

3.1.3　碎屑岩裂隙孔隙水

裂隙孔隙水包括碎屑岩裂隙孔隙水和熔岩裂隙孔隙水等。赋存于侏罗系和白垩系碎屑岩中的裂隙孔隙水，特别是分布在中生代沉积盆地的裂隙孔隙水，如鄂尔多斯、准噶尔、海拉尔、华南红层等盆地已查明具有良好的供水前景，再有远东的勒拿—维柳伊盆地、青藏高原、伊朗高原、呵叻高原的盆地也具备裂隙孔隙水的供水远景，水质一般较好。裂隙孔隙水分布广泛，主要分布在亚洲地区高原、山地、山间盆地。含水层受裂隙、孔隙发育影响，地下水赋水条件差异较大。岩性、厚度、埋藏深度变化较大，富水性极不均一。丘陵、高原形成碎屑岩裂隙水。碎屑岩沉积时所形成的粒间孔隙的大小、形态和发育程度主要受碎屑岩的结构（粒径、分选、磨圆和堆积程度等）的影响。碎屑岩类主要包括砂岩、砂砾岩、页岩等。岩石结构极密，且较脆硬，抗风化能力强，风化裂隙不甚发育，透水性微弱。但在构造作用下，往往产生延伸性较大的构造裂隙，从而有利于地下水的富集，出现富水地带。其富水程度大小与构造带的特征以及地貌有直接关系。熔岩台地裂隙孔隙水主要是玄武岩孔洞富含优质地下水。实践证明，如果破碎带和裂隙带的规模大、延伸远、裂隙密集，以及所处地貌位置低时，其水量就相对较为丰富。

3.1.4　其他岩类裂隙水

其他岩类裂隙水包括岩浆岩裂隙水、变质岩裂隙水等。为赋存于固结和半固结岩石中的裂隙中的地下水。在这些岩石中，由于裂隙发育程度不同，裂隙水的分布不均匀，往往没有统一的水力联系。其含水层的分布受到岩层裂隙发育程度的制约。

裂隙水的富水程度受岩石裂隙发育程度和充填物质的特性所控制，不同含水层岩性和补给条件性质对岩层富水程度起重要的影响作用。因此，中国西北山区虽地处降雨稀少、蒸发强烈的干旱地区，但高山顶颠终年积雪的融水成为裂隙水的丰富补给源；东南丘陵山地处于湿润气候区，降雨充沛，但碎屑岩多夹页岩，且含泥质较多，断裂带常被充填，造成岩层透水性弱，所以断裂带处反不易形成富水带，如东南亚地区、中国南方地区均有此例。而变质岩裂隙水分布区域多为泥质岩层，储水、导水性能均欠佳。一般裂隙发育较差，但遇有夹大理岩的岩层时，普遍形成富硼的含水岩层。如中国东南沿海的花岗岩地区，抗风化能力弱。风化后多成砂、亚黏土，含水微弱，透水性差。德干高原西部被覆大面积的厚层玄武岩层，风化层保水性能良好形成相对富水带。菲律宾群岛大部分是由山地、高原和丘陵构成，多火成岩，地表水丰富，地下水以裂隙含水层和火山裂隙孔洞含水层为主。

3.2　地下水系统与特征

自 20 世纪 40 年代 Ludwig von Bertalanffy 提出一般系统论以来，系统思想与系统方法广泛渗透到各学科领域。自 20 世纪 80 年代国际水文地质界提出"地下水系统"一词以来，这一理念随着认识的深度和广度增加，理论与实用价值不断升华。1940 年，赫伯特（M. K. Hubbert）提出地下水存在垂向运动，但一直不为人们接受。1963 年，托特（J. Tóth）利用解析解绘制了均质各向同性潜水盆地中理论的地下水流系统，才发展了赫伯特理论。1980 年，托特提出"重力穿层流动"将流动系统理论全面推广到非均质介质场。1984 年，英格伦（G. B. Engelen）进一步分析了地下水流动系统的物理机制，正式建立了"地下水流动系统"的概念和方法。

地下水系统的概念正是在综合"含水层系统"和"地下水流动系统"理论的基础上形成的。荷兰阿姆斯特丹自由大学教授英格伦（G. B. Engelen）认为"地下水系统"可以看作是具有不同形式的能量输入、代谢和输出的有机体，并且有发生、发展和最终消亡的过程。它主要表现出以下特性：①边界类型的模式；②容积；③结构；④阻力或势能转换能力；⑤流出系统；⑥相邻系统之间的联系；⑦水质类型和模式；⑧地下水系统的发展"历史"。

1982 年，美国 R. C. 希思按照地下水系统的五个特征将美国划分为 14 个区，五个特征是：①系统的组成要素，包括含水层、弱透水层、隔水层及其组合关系；②主要含水层含水空隙性质，包括原生的与次生的；③主要含水层岩性，包括可溶的与不可溶的；④主要含水层储水与导水性；⑤主要含水层补排条件。

美国地质调查局水资源处拉尔夫·C. 海斯认为："地下水系统"这一术语，指的是从潜水面到岩石裂隙带底部的这一部分地壳，是地下水赋存和运动的场所，由含水层（作为地下水运动的通道）和围闭层（阻碍地下水运动）所组成。美国学者多米尼克在《地下水水文学的概念与模型》一书中也有类似的提法，认为地下水系统是具有某种性质的岩石集合体，它能自由地容纳水和运移水，并与其他不能自由容纳水和运移水的岩石相邻接。

中国陈梦熊院士 1984 年在《地下水系统的基本概念与研究方法》一文指出：①地下水系统是由若干具有一定独立性而又互相联系、互相影响的不同等级的亚系统或次亚系统所组成。②地下水系统是水文系统的重要组成部分，与降水和地表水系统存在密切联系，互相转化；地下水系统的演变很大程度上受地表水输入与输出系统的控制。③每个地下水系统都具有各自的特征与演变规律，包括各自的含水层系统、水循环系统、水动力系统、水化学系统等。④含水层系统与地下水系统代表两种不同的概念，前者具有固定的边界，而后者的边界是自由可变的。⑤地下水系统的时空分布与演变规律，既受天然条件的控制，又受社会环境特别是人类活动的影响而发生变化。王贵玲教授在《中国北方地下水系统》一书中将地下水系统定义为：在一定的环境下，由若干相对独立的地下水补给、径流、排泄和水化学演化的相互联系、相互影响的要素组成的集合。

至今，地下水系统尚未形成不同尺度系列的、完整的、统一的概念，仍在不断完善之中。

1∶800 万《亚洲地下水系列图》对亚洲水文地质构造、地下含水层组集合体、气候地貌的控制作用进行了系统分析，认为：洲际地下水系统是宏观尺度的大系统，建立在地质板块基础上，以亚洲水文地质构造、气候地貌、地表水系和水文地质含水层组的空间结构，来考虑系统的集合性、关联性、目的性和整体性等特性，兼顾地下水系统的边界性质，空间的整合特征。

3.2.1　洲际尺度地下水系统划分原则

（1）地下水系统的划分符合系统要素的集合性、关联性和宏观目的性原则。

（2）遵循区域自然地理分带，考虑气候地貌、水文地质构造域的主体含水层系统空间分布的自然属性原则。

（3）地下水系统相对独立，符合水循环系统、水动力系统、水化学系统的完整性原则。

（4）兼顾社会属性，有利于洲际尺度地下水系统资源评价与管理的原则。

以系统理论归纳为划分原则，将亚洲划分为 11 个一级地下水系统和 36 个二级地下水系统（图 3-1）。

3.2.2　亚洲地下水系统的特征

Ⅰ 北亚台地及高原寒温带半湿润地下水系统包括：西西伯利亚平原鄂毕河流域、中西伯利亚高原叶尼塞河流域、中西伯利亚高原勒拿河流域与东西伯利亚科雷马河流域。

西西伯利亚平原位于北亚西部，介于乌拉尔山脉与叶尼塞河之间，南接哈萨克丘陵，北濒喀拉海。平原面积广大，约有 $200 \times 10^4 \mathrm{km}^2$，大部地面海拔不到 100 m，在古老的基底上，平铺着侏罗系至古近系的海相地层。漫淹该区的白垩纪海，曾由土尔盖古海峡向南通古地中海。第四纪因受大陆冰川影响，该区河流曾南流注入咸海和里海。冰期以后，土尔盖古海峡地区隆起成为分水岭，使该区河流改向北流，今在土尔盖谷地，仍有古河道遗迹。

中西伯利亚高原位于叶尼塞河和勒拿河之间，南接萨彦岭和雅布洛诺夫山脉。地形主要为海拔 600 ~ 700 m 的台地，构造基础主要为古地块的褶皱基底，由于中生代以来，经历多次升降（以上升最占优势），故河流切割强烈，河谷纵横，阶地广布，如下通古斯卡河和安加拉河的河谷中，有 9 ~ 14 级阶地。普托拉纳（Путорана）山主要由暗色岩和火山凝灰岩所构成，海拔 1 701 m，为该高原的最高点。

东西伯利亚科雷马河流域，西侧为勒拿河流域，东到太平洋沿岸，主要指亚纳—科雷马高原。东西伯利亚绝大部分地区是海拔 500 m 以上的山地，由于远离大西洋，太平洋和印度洋的暖风又被山脉阻断，使东西伯利亚具有最典型的大陆性气候特点。具体表现为冬夏温差巨大，昼夜温度剧烈变化。在北冰洋的直接影响下，东西伯利亚成为世界上最寒冷的地区之一，夏短冬长，春天化冻晚，而秋天上冻早。在冬季长达 9 ~ 10 个月的北部地区，河流和土壤只在夏季有限的两三个月里解冻，依偎地面热气的植物匆忙开花结果，很多植物的生长过程往往延续几年，甚至几十年。

Ⅱ 东北亚山地及平原温带半湿润地下水系统包括：黑龙江（阿穆尔河）流域、辽河平原—朝鲜半岛与东北亚群岛。

东北平原丘陵山地属湿润—半湿润气候，自南东向北西，年降水量由 800 mm 衰减至 300 mm。以中国东北大平原为主体，北中部被山地所围，东北高纬度多年冻土地质环境包

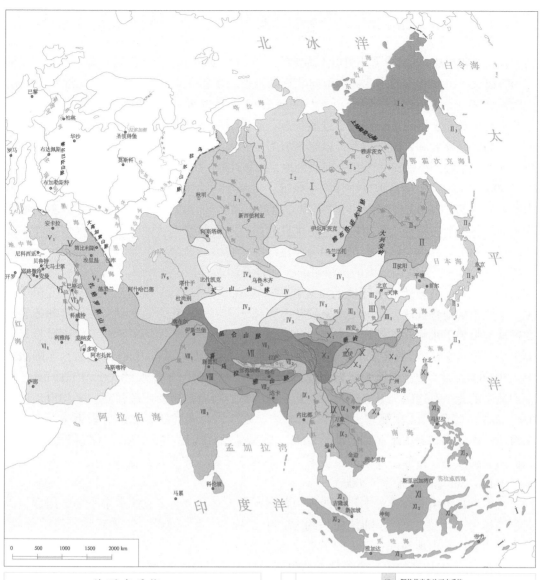

地 下 水 系 统		
一级系统		二级系统
I	北亚台地及高原寒温带半湿润地下水系统	I₁ 西西伯利亚平原鄂毕河地下水系统
		I₂ 中西伯利亚高原叶尼塞河地下水系统
		I₃ 中西伯利亚高原勒拿河地下水系统
		I₄ 东西伯利亚科雷马河地下水系统
II	东北亚山地及平原温带半湿润地下水系统	II₁ 黑龙江（阿穆尔河）地下水系统
		II₂ 辽河平原—朝鲜半岛地下水系统
		II₃ 东北亚岛群地下水系统
III	华北平原、山地及黄土高原温带半干旱地下水系统	III₁ 黄淮海平原—山东半岛地下水系统
		III₂ 晋冀山地山间盆地地下水系统
		III₃ 鄂尔多斯—黄土高原地下水系统
IV	内陆盆地及丘陵山地温带干旱地下水系统	IV₁ 蒙古高原地下水系统
		IV₂ 河西走廊地下水系统
		IV₃ 伊犁河—准噶尔盆地地下水系统
		IV₄ 塔里木盆地地下水系统
		IV₅ 柴达木盆地地下水系统
		IV₆ 哈萨克丘陵—图兰平原地下水系统
V	伊朗高原—小亚细亚半岛亚热带干旱、半湿润地下水系统	V₁ 小亚细亚半岛（安纳托利亚高原）地下水系统
		V₂ 伊朗高原地下水系统
VI	阿拉伯半岛—美索不达米亚平原热带干旱地下水系统	VI₁ 阿拉伯半岛地下水系统
		VI₂ 美索不达米亚平原地下水系统
VII	青藏高原高寒地下水系统	VII₁ 克什米尔—喜马拉雅—羌唐高原冻融地下水系统
		VII₂ 藏南谷地地下水系统
VIII	南亚两河平原—德干高原热带湿润—半湿润地下水系统	VIII₁ 印度平原地下水系统
		VIII₂ 恒河平原地下水系统
		VIII₃ 印度半岛地下水系统
IX	中南半岛山地丘陵热带湿润地下水系统	IX₁ 怒江—萨尔温江山地河谷平原地下水系统
		IX₂ 澜沧江—湄公河山地平原地下水系统
		IX₃ 红河山地平原地下水系统
X	华南山地丘陵及平原亚热带湿润地下水系统	X₁ 秦岭—大别山地下水系统
		X₂ 川西高原斜坡地下水系统
		X₃ 四川盆地地下水系统
		X₄ 长江中下游丘陵平原地下水系统
		X₅ 华南岩溶山地地下水系统
		X₆ 华南滨海丘陵山地、岛屿地下水系统
XI	东南亚岛群赤道湿热地下水系统	XI₁ 马来半岛地下水系统
		XI₂ 东南亚岛群地下水系统

图 3-1　亚洲地下水系统图

括大兴安岭北端及其北部伊勒呼里山以北地区，为高纬度多年冻土区。属寒温带气候，大部分为海拔 500~1 000 m 的山区，由南向北逐渐降低。多年冻土层发育，厚度北部为 120 m，向南减至 30 m，再向南为岛状分布，厚度减至 10 多米以至几米。由于永冻层的存在，地表水不易下渗，土壤表层长期处于过湿状态，形成沼泽化。大小兴安岭、长白山山地，呈一弧形的大兴安岭和吉黑褶皱系，以岩浆岩为主，大兴安岭中段为南北走向的中低山，海拔 1 000 m 左右，小兴安岭西部为剥蚀台地，海拔 400~700 m，东部为低山丘陵；长白山海拔 500~1 000 m。全区地处中纬度季风带，年降水量由大兴安岭西坡的 400 mm 至长白山东坡的 1 000 mm 以上。呼伦贝尔高原，地势东高西低，海拔 500~850 m，以剥蚀堆积为主的层状地形为特征，草原广阔，是优良牧场，地表多覆盖沙丘，低洼地区多沼泽。三江—兴凯湖平原为黑龙江、松花江和乌苏里江冲积而成。平原堆积物厚达千米以上。一般海拔 80~100 m，是我国最大的沼泽平原，也是石油远景区。排水疏干沼泽、合理开发利用沼泽地，是改造当地地质环境的重要措施。松辽平原以第四纪巨厚的砂砾石沉积层为主。平原中部地势低洼，盐碱化现象较普遍。林甸县和安达县的低平原，农安县和乾安县的低洼地带地下水氟含量较高，个别水井达 20 mg/L 以上。下辽河平原地下水铁微量元素异常，大于 0.3 mg/L 的高铁水面积约 19 200 km²。燕山山地海拔 1000 m 左右，年降水量为 400~600 mm。胶辽山地主要为海拔 200~400 m 的丘陵，年降水量 600~1 000 mm。属中朝地台的北、东边缘，基底隆起，北北东向的郯庐断裂带活动比较强烈，平均滑动速率 0.4 mm/a，曾发生 14 次强震。区内以岩浆岩、变质岩、碳酸盐岩和碎屑岩为主。朝鲜半岛多山，山地和高原占半岛总面积的 80%，属温带季风气候，南部海洋性气候特点明显，北部向大陆性气候过渡。夏季高温多雨，冬季寒冷干燥。年平均气温 8~12℃，年平均降水量 1 120 mm（林学钰等，2000）。

日本群岛山由北海道、本州、四国、九州 4 个大岛和其他 6 800 多个小岛屿组成，因此也被称为"千岛之国"。陆地面积约 37.79 万 km²。地处温带，气候温和，四季分明。日本境内多山，山地约占总面积的 70%，大多数山为火山，其中著名的活火山富士山海拔 3 776 m，是日本最高的山，也是日本的象征。日本地震频发，每年发生有感地震 1 000 多次，是世界上地震最多的国家，全球 10% 的地震均发生在日本及其周边地区。

Ⅲ 华北平原、山地及黄土高原温带半干旱地下水系统包括：黄淮海平原—山东半岛、晋冀山地山间盆地和鄂尔多斯—黄土高原。

黄淮海平原是我国最大的平原，北起燕山南麓，西邻太行山、伏牛山，南到大别山北坡，东向黄海、渤海倾斜，地势低洼，海拔在 100 m 以下，为总面积 285 500 km² 的巨型簸箕状平原，黄河以北为干旱、半干旱气候区，年降水量 500~600 mm，黄河以南为暖温带半湿润区，降水量 600~800 mm。位于中朝地台东部，主要由第四纪冲积物组成。山前倾斜平原松散含水层厚度大，地下水赋存条件良好，富水程度高。黄河流域黄土高原，面积约 40 万 km²，海拔 1 500 m 到 2 000 m，年均气温 6~14℃，年均降水量 200~700 mm。从东南向西北，气候依次为暖温带半湿润气候、半干旱气候和干旱气候。黄土高原除少数石质山地外，高原上覆盖深厚的黄土层，黄土厚度为 50~80 m，最厚达 150~180 m。地下水分布不均，一般富水程度较弱。黄土颗粒细，土质松软，含有丰富的矿物质养分，利于耕作，盆地和河谷农垦历史悠久，是中国古代文化的摇篮。但由于缺乏植被保护，加以夏雨集中，且多暴雨，在长期流水侵蚀下地面被分割得非常破碎，形成沟壑交错其间的塬、墚、峁。

Ⅳ 内陆盆地及丘陵山地温带干旱地下水系统包括：蒙古高原、河西走廊、伊犁河—准噶尔盆地、塔里木盆地、柴达木盆地和哈萨克丘陵—图兰平原。

位于西西伯利亚平原与图兰平原之间的哈萨克丘陵，是一个久经侵蚀的古老低山和分布着盐沼和沙丘的单调台地，海拔一般仅 300～500 m，地表平坦，只有个别的起伏和悬崖。

图兰平原是一个广大的内陆盆地，面积约 150 万 km²，地势低洼，大部海拔不及 100 m，且有不少地面的高度低于海平面。古近纪以前该区尚被古地中海所淹没，中新世以后成为干陆，现代里海、咸海等都是海侵的遗迹。由于该区气候干燥，故少流水侵蚀地形，大部分为风沙吹积的沙丘，介于里海和阿姆河之间的卡拉库姆沙漠与阿姆河和锡尔河之间的克齐尔库姆沙漠是中亚两大沙漠。

蒙古高原是一个古老的内陆高原。它东起大兴安岭，南至阴山山脉，西有阿尔泰山，北接萨彦岭、肯特山和雅布洛诺夫山脉。高原平均海拔 1 580 m，古老的侵蚀面可分三级，杭爱准平面海拔 3 000 m 左右，蒙古准平面 1 800 m 左右，戈壁准平面 1 500 m 左右。高原地形除西北部多山地外，其他大部分为台地，地表结构比较单一，主要为岩石裸露的垄岗与浅平洼地相结合。垄岗相对高度多为 50～100 m，是由基底岩石构成的侵蚀面；浅平洼地或干涸盐湖洼地，主要为白垩纪至第四纪堆积层。高原南部气候十分干旱，荒漠风化和风力作用强烈，地面既有垄岗岩丘，也有卵石、碎石和花岗岩屑组成的石质戈壁。

Ⅴ 伊朗高原—小亚细亚半岛亚热带干旱、半湿润地下水系统包括：小亚细亚半岛（安纳托利亚高原）和伊朗高原。

安纳托利亚高原地质环境：此高原又名小亚细亚高原，为山间高原。北侧克罗卢山脉岩性主要为石灰岩，由许多平行山脉组成，海拔为 2 500～2 800 m；南侧托罗斯山脉，主要由始新世和白垩纪石灰岩构成，亦分成许多平行山脉，海拔多为 3 000～3 500 m。高原本身是一个台地性的山间内陆高原，海拔约有 1 300 m。高原内部气候干燥，形成一大盐滩和广大的半荒漠。

伊朗高原位于帕米尔高原和亚美尼亚火山高原之间，在构造地形上系由南北两侧的边缘山地和夹在当中的山间高原与盆地所构成，是一个封闭性的，并具有许多小型内陆盆地的山间高原。北部边缘山地主要有厄尔布尔士山脉和兴都库什山脉，一般高度约 3 300 m，德马万德山是一个死火山，海拔 5 604 m，为伊朗最高峰。南部边缘山地主要有扎格罗斯山脉和苏来曼山脉等。扎格罗斯山脉大致与美索不达米亚平原和波斯湾岸平行，山势高大，全长 1 000 km，宽约 300 km，一般海拔多为 3 000 m，与山间高原的比高也有 1 200～1 800 m，由于西斜面比高较大并且降水较多，故侵蚀剧烈，峡谷基部石灰岩层裸露，呈壮年期地貌。苏来曼山脉也颇高峻，成为印度河流域和伊朗高原内陆水系分水岭，印度河支流喀布尔河在穿过山地时，形成横谷开伯尔山口，为巴基斯坦和阿富汗间的交通孔道。伊朗高原内部，地面比较平坦，大部海拔为 900～1 500 m。

Ⅵ 阿拉伯半岛—美索不达米亚平原热带干旱地下水系统包括：美索不达米亚平原和阿拉伯半岛。

阿拉伯台地是一个古老地块。寒武纪以来，这里几乎没有受到褶皱影响，因此在古地质时代所形成的沉积岩层都保持平整，仅具有近于水平的单斜构造。第四纪初，在东非、红海、死海形成大断裂地沟带的同时，该区西部沿断层线有大量的基性岩浆冲破花岗岩和砂岩等岩层喷出，形成广大的熔岩台地，如麦加以北的开巴熔岩，面积有 160 万 km²，具有熔岩沙漠地貌。台地西侧有大规模断裂和熔岩喷出活动，致使地势发生自西南向东北的倾动，红海东岸附近的山岭峭起最高可达 3 760 m。但台地整体比较单调平坦，仅边缘部分多陡峭的断崖。由于气候干燥，无常流河，故多干谷，中南部沙漠广布。

美索不达米亚平原位于西南亚中部，东西介于伊朗高原和叙利亚台地之间，南北介于阿拉伯半岛和亚美尼亚火山高原之间。平原地势由西北向东南延伸，在构造上与印度大平原相似，同属于新褶皱山脉前缘地带。平原前身曾是波斯湾一部分，后来主要由于接受底格里斯河和幼发拉底河的冲积作用，形成今日的冲积平原。"美索不达米亚"，意为"两河之间的地区"。这里地势低平，海拔多在 200 m 以下，两河河口不断冲积，海岸不断外伸，平原不断延展，如两河下游西岸的巴士拉，在公元前 4 世纪，还在波斯湾中，但今日已距海岸 100 km 以上。

亚美尼亚火山高原又名亚美尼亚山汇，新期火山活动非常剧烈，是一个多火山的熔岩高原。高原以大阿勒火山峰为中心，由四条山岭汇合而成，海拔一般在 4 000 m 左右，大阿勒峰是一个死火山峰，最高为 5 165 m。该区由于岩浆活动剧烈，故亦多温泉、间歇泉和地震等现象。高原南部的凡湖系由熔岩堵塞而成，湖面海拔超过 1 600 m，为世界高湖之一。高原西部向风多雨，雪水下注形成河源，流于纵谷侵蚀强烈。

Ⅶ 青藏高原高寒地下水系统包括：克什米尔—喜马拉雅—羌塘高原和藏南谷地。

帕米尔高原位于亚洲大陆中部，东邻塔里木盆地，西邻图兰平原，南以兴都库什山脉为界，北以阿拉依山脉为界。在构造地形上帕米尔高原是在古近纪和新近纪造山运动中形成的高大山汇（山结），一般海拔 4 000 m 以上，共产主义峰海拔 7 495 m。帕米尔高原东部绝对高度在 5 000 m 以上，但相对高度却多为 1 000 ~ 1 500 m，因长期被冰川覆盖，冰川地貌典型。西部因气候湿润，河流侵蚀作用强烈，山地多陡峭尖峰，相对高度很大。

青藏高原雄踞亚洲大陆中南部，周围为巨大山系围绕，北为昆仑山、阿尔金山和祁连山，南为喜马拉雅山脉，西为喀喇昆仑山，东为横断山脉。青藏高原具有一个广阔的波状起伏的高平原面，一般可分两级，较高一级为山原面，是由海拔 5 000 ~ 5 200 m 的浑圆丘顶面或山顶面组成的夷平面，形成于古近纪，渐新世至中新世中期的喜马拉雅运动把它抬升起来，受到流水、风力、冰川、冰缘融冻等外力作用剥蚀，被夷平的最新地层为古近纪砂页岩。较低一级为湖盆宽谷高原面，它由现代湖盆宽谷及其间波状起伏的坡地所组成，海拔一般为 4 500 ~ 5 000 m，出露的最新地层是新近纪湖相层，主要是一个堆积面。第四纪以来，高原大幅度上升，在山麓、湖滨广泛发育早更新世巨厚的砂砾岩层，同时高原四周的河流向高原溯源侵蚀，所以外流区的高原面就受到切割破坏，而在内流区气候干燥，河流较少，高原面保存较完整。

青藏高原的巨大山系是另一个地形特点。高原山系主要有近东西向和近南北向的两组。东西向的山脉占据高原大部地区，从南向北主要有喜马拉雅山脉、冈底斯—念青唐古拉山脉、喀喇昆仑—唐古拉山脉和昆仑山脉等。南北向山脉主要为横断山脉。喜马拉雅山脉巍峨蜿蜒于高原的最南缘，海拔超过 7 000 m 的高峰就有 50 多座，是全球最雄伟高大的一条东西向弧形山系。喜马拉雅山脉在地质构造上可分为三带：北部带系由古生代初期至新近纪的岩层组成，雪线约在 5 300 m；中部带为高峰带，露出岩石主要为花岗岩和片麻岩，现代冰川和雪峰甚多，由于降水丰富，雪线可达 4 900 m；南部带位于印度大平原和喜马拉雅山脉之间，主要为低矮山麓，海拔约 1 000 m，岩层主要为古近纪和新近纪沉积岩。按照板块构造学说，喜马拉雅山脉是印度板块和亚洲板块互相顶撞造成的，因印度板块以很小的角度斜插到亚洲板块之下，两个板块重叠，乃形成青藏高原巨厚的地壳和高峻的地势。

Ⅷ 南亚两河平原—德干高原热带湿润—半湿润地下水系统包括：印度河—恒河平原和印度半岛德干高原。

印度河—恒河平原构造上属于新褶皱山脉前缘地带，前身为孟加拉湾和阿拉伯海的一部分。平原东西长约 3 000 km，宽 250～300 km，主要由印度河、恒河冲积而成，为世界著名大平原之一。第四纪印度半岛不断抬升，侵蚀加剧，加上气候转暖，降水很多，这样就使印度河、恒河及布拉马普特拉河等的冲积作用特别强烈，最终形成具有 300 m 厚冲积层的大平原。整个平原除近山麓和荒漠中有些丘陵起伏和在个别地方偶有花岗岩丘外，大部为低平区，印度河与恒河之间的分水岭，海拔不过 240 m。

德干高原为印度半岛的主体，也是一古老地块，久经侵蚀，地势西高东低，平均海拔约 600 m。西高止山构成高原西部边缘，海拔有 1 000～1 500 m。东高止山构成高原东部边缘，高度有 500～600 m。白垩纪末，在德干高原西北部喷出广大面积的熔岩，约占高原面积 1/3，熔岩平均厚度约 500 m，最厚可达 1 800 m，说明这次岩浆活动规模很大。

Ⅸ 中南半岛山地丘陵热带湿润地下水系统包括：怒江—萨尔温江山地河谷平原、澜沧江—湄公河山地平原和红河山地平原。

中南半岛中部高原又名掸邦高原，是半岛的古老核心，主要由古生代和中生代石灰岩层构成，其核心有大量花岗岩体侵入。与花岗岩侵入体接触部分，为片麻岩、结晶片岩、结晶石灰岩等变质岩。高原海拔约 1 500 m，高原上岩溶地貌发育，同时由于它距古近纪和新近纪褶皱带很近，多受断层作用影响，如在高原西侧与萨尔温江河谷平原之间，即有一南北延长约 700 km、高出平原约 1 000 m 的大断层壁。掸邦高原被南北纵行河流切割为几部分，在湄公河以东与红河之间为老挝高原，平均高度 1 200 m；湄公河与萨尔温江之间为清迈高原，多纵行山脉和纵谷地形；萨尔温江与伊洛瓦底江之间为东缅高原，由于接近新褶皱山地，在新地质年代有隆起，萨尔温江深蚀下切，造成深约 1 000 m 的大纵谷。他念他翁山脉是掸邦高原向南延续部分，山势南北走向，至克拉地峡，宽仅 56 km。

Ⅹ 华南山地丘陵及平原亚热带湿润地下水系统包括：秦岭—大别山地、川西高原斜坡、四川盆地、长江中下游丘陵平原、华南岩溶山地和华南滨海丘陵山地及岛屿。

华南山地丘陵—长江中下游平原位于中国南部，包括淮阳山地和长江中下游及其以南的广大区域。以丘陵山地为主，一般海拔小于 500 m，属湿热季风气候，年降水量普遍大于 1 000 mm，自然条件相当优越，河湖众多，素有"鱼米之乡"之称，是我国重要的商品粮基地。北部的长江中下游平原为第四纪松散沉积物分布区，西部以碳酸盐岩为主，东部为变质岩、碎屑岩和岩浆岩混合分布的地区。除台湾断裂系活动强烈外，其他活动断裂平均位移速率每年小于 1 mm。地震活动也是如此，台湾地区强震频度非常高，其他地区总体上是一个少震、弱震区。

华南岩溶山地广泛分布于华南山地丘陵及洼地地区。位于华南亚热带气候的珠江流域，气候炎热，雨量充沛，适于岩溶发育。碳酸盐岩分布广，岩层厚、质纯，岩溶发育十分强烈，地表形态以峰丛、峰林、溶蚀洼地、溶洞、漏斗和石芽等为主，地下河广泛发育，俗称天上下雨地下流，常以大泉、暗河形式集中排泄，但水量分布不均，补排迅速。同时，在热带、亚热带湿润、半湿润气候条件和岩溶极其发育的背景下，受人为活动的干扰，地表植被遭受破坏，导致土壤严重流失，产生溶岩大面积裸露或砾石堆积的土地退化现象。形成石漠化，是岩溶地区土地退化的极端形式。

长江中下游平原包括：江汉平原、洞庭湖、鄱阳湖、太湖和长江三角洲。地势自西向东由海拔 40 m 渐变至 2 m。以第四纪河、湖、海相淤泥质黏性土沉积为主，软土的累计厚度为 3 ~ 6 m。气候湿润、温暖。自然资源丰富。东汉以来，特别是唐代以后，人类围垦活动强烈。长江上游输沙量不断增大，导致河道变迁、河床淤塞、湖泊衰缩。

湘桂低山丘陵包括：罗霄山、珠江三角洲以西，雪峰山以东，是我国亚热带岩溶发育区，以巨厚、质纯和相对单一结构的碳酸盐类岩层为其特色，发育有峰丛、峰林景观。

淮阳山地—东南丘陵山地包括：南阳盆地、襄阳谷地、大洪山、桐柏山、大别山和长江中下游平原以南的地区。区内地形以丘陵山地为主，其间分布规模不等的山间盆地和河谷平原。属华南褶皱系，以变质岩、碎屑岩和岩浆岩为主。东南沿海发育有挽近活动断裂。

台湾岛为中国最大的岛屿，以山地为主，森林密布，森林覆盖率超过 50%。丘陵平原上盛产热带水果，甘蔗种植历史悠久，有东方"糖库"之称。矿藏丰富，东部有金、铜等金属矿，西部有煤和石油，北部大屯火山群为天然硫磺和地热资源分布区。以碎屑岩为主，西部海岸为第四纪松散沉积物。发育有台湾断裂带，平均滑动速率为 12.8 mm/a，地震活动十分强烈，频率高，强度较大，是我国地震活动最强烈的地震带。

海南岛是我国得天独厚的宝岛，地处热带、亚热带，自然条件优越。岛上西北部为玄武岩台地和海相沉积，地势平坦，中部为海拔 600 ~ 1 000 m 的山地，以花岗岩为主。

XI 东南亚岛群赤道湿热地下水系统包括：马来半岛和东南亚群岛。

菲律宾—马来西亚—印度尼西亚群岛，中新世岛弧火山岩发育。气候跨度大，由高纬度寒带向南过渡到赤道热带雨林气候带，受太平洋季风气候影响明显。

菲律宾群岛西濒南中国海，东临太平洋，是一个群岛国家，共有大小岛屿 7 107 个。这些岛屿像一颗颗闪烁的明珠，星罗棋布地镶嵌在西太平洋的万顷碧波之中，菲律宾也因此拥有"西太平洋明珠"的美誉。菲律宾陆地面积 29.97 万 km^2，其中吕宋岛、棉兰老岛、萨马岛等 11 个主要岛屿占全国面积的 96%。菲律宾海岸线长达 18 533 km，多天然良港。菲律宾属季风型热带雨林气候，高温多雨，年平均气温 28℃，植物资源十分丰富，森林面积为 1 585 万 hm^2，覆盖率达 53%。

马来西亚位于东南亚，地处太平洋和印度洋之间。全境被南中国海分成东马来西亚和西马来西亚两部分。西马来西亚为马来亚地区，位于马来半岛南部，北与泰国接壤，西濒马六甲海峡，东临南中国海，东马来西亚为沙捞越地区和沙巴地区的合称，位于加里曼丹岛北部。海岸线总长约 4 192 km。属热带雨林气候。内地山区年均气温 22 ~ 28℃，沿海平原为 25 ~ 30℃。马来西亚境内崎岖多山，有八条大体平行的山脉纵贯南北。其中如塔汉山，海拔 2 190 m；克罗克山脉主峰基纳巴卢山，海拔 4 101 m，是马来西亚的最高峰，也是东南亚的最高峰。从远远的海上望去，锯齿形的群峰，俨若堡垒雉堞，雄踞南天。高山峡谷间溪流湍急，多险滩瀑布。森林覆盖面积大，占全国总面积的 74%，靠近赤道，且多为原始热带雨林，又是半岛，所以高温多雨。降雨虽多，但雨下得骤，停得也快，极少有连阴雨。马来西亚是一个拥有永恒夏天和永恒阳光的地方，全年气温变化很小。

印度尼西亚处于亚欧大陆和太平洋板块的接触带，火山活跃，地震频繁。地热资源丰富，境内有火山 400 多座，其中活火山 120 多座，是世界上火山活动最多的国家之一，约占世界活火山的 1/6。爪哇岛火山最多，地震最为频繁。由太平洋和印度洋之间 18 110 个大小岛屿组成，主要有加里曼丹岛、苏门答腊岛、伊里安岛、苏拉威西岛和爪哇岛。各岛内部多崎岖山地和丘陵，仅沿海有狭窄平原，并有浅海和珊瑚环绕。加里曼丹岛，山地从中部向西面伸展，沿海平原广阔，南部多沼泽。苏门答腊岛，山脉自西北向东南斜贯，山脉东北侧为丘陵和较宽的沿海冲积平原，平原东部多沼泽。苏苏拉威岛，大多为山地，仅沿海有狭窄平原。爪哇岛，北部是平原，南部是熔岩高原和山地，山间多宽广的盆地。伊里安岛，西部高山横亘，有印度尼西亚最高峰查亚峰，海拔 5 030 m；南部平原较宽广。大部分地区属热带雨林气候，终年高温多雨，湿度大。年平均气温 25 ~ 27℃，温差很小，无寒暑季节变化。年平均降水量在 2 000 mm 以上，河流众多，水量丰沛。

3.3 亚洲跨界含水层分布与特征

如同国际河流一样，跨界含水层（系统）涉及国家或地区之间的关系。在亚洲存在着一批跨越两个或多个国家的跨界含水层（系统）。有些跨界含水层（系统）是伴随河流通过数个国家的，如湄公河、恒河和黑龙江—阿穆尔河。亚洲跨界含水层（系统）的研究对于管理相邻国家之间共享的地下水资源具有重要意义。以地下水系统分析为基础，通过对亚洲水文地质图和中国地下水资源图的研究，结合已经发表的文献资料，归纳了亚洲的 49 个具有重要意义的跨界含水层（系统)(表 3-1)。18 个局部跨界含水层（系统）见表 3-2。作为联合国教科文组织国际水文计划的成果，亚洲这些含水层（系统）对于建设持久和平、共同繁荣的和谐社会具有重要的意义。

表 3-1 亚洲跨界含水层（系统）

序号	跨界含水层（系统）名称	跨界含水层（系统）国家	含水层（系统）类型	面积/km²
1	北加里曼丹含水层（系统）	文莱，马来西亚	①	6 246
2	澜沧江下游含水层（系统）	中国，缅甸	②，③	39 509
3	红河平原含水层（系统）	中国，越南	①，②，③	60 805

续表

序号	跨界含水层（系统）名称	跨界含水层（系统）国家	含水层（系统）类型	面积/km²
4	湄公河中游含水层（系统）	越南，老挝，泰国	①，②，③	106 816
5	呵叻高原含水层（系统）	老挝，泰国	①，②	90 837
6	湄公河三角洲含水层（系统）	柬埔寨，越南	①，②	223 422
7	雅鲁藏布江中游含水层（系统）	印度，中国	①，②	35 905
8	喜马拉雅山南部含水层（系统）	印度，不丹	①，②	29 717
9	恒河平原含水层（系统）	印度，孟加拉	①	180 384
10	喜马拉雅山脉南部含水层（系统）	印度，尼泊尔	①，②	311 589
11	印度河平原含水层（系统）	印度，巴基斯坦	①	394 625
12	古近纪—白垩纪含水层（系统）	沙特阿拉伯，也门，阿曼，阿联酋，科威特，伊拉克，约旦，叙利亚	①，②，③	2 135 251
13	东地中海含水层（系统）	以色列，约旦，黎巴嫩，巴勒斯坦，叙利亚	①，②，③	15 000
14	上耶瑞扎含水层（系统）	土耳其，叙利亚，伊拉克	①	100 000
15	贝瑞那—乌尔含水层（系统）	乌兹别克斯坦，土库曼斯坦	①，③	60 000
16	前塔什干含水层（系统）	乌兹别克斯坦，哈萨克斯坦	①	20 000
17	楚盆地含水层（系统）	哈萨克斯坦，吉尔吉斯斯坦	①	13 148
18	伊犁河谷含水层（系统）	哈萨克斯坦，中国	①，②	45 015
19	塔城盆地含水层（系统）	哈萨克斯坦，中国	①	22 381
20	额尔齐斯河平原含水层（系统）	哈萨克斯坦，中国	①，③	30 233
21	布尔干河盆地含水层（系统）	蒙古，中国	②	8 060
22	西阿尔泰含水层（系统）	哈萨克斯坦，俄罗斯	①	85 699
23	乌布苏湖盆地含水层（系统）	蒙古，俄罗斯	①，②，③	10 500
24	丹寒柯金塞尔含水层（系统）	蒙古，中国	②	12 679
25	阿彻海尔哈那塞尔含水层（系统）	蒙古，中国	①，②	12 896
26	扎尔特盆地含水层（系统）	蒙古，俄罗斯	②	5 599
27	门彻河盆地含水层（系统）	蒙古，俄罗斯	②	5 100
28	乌勒兹河盆地含水层（系统）	蒙古，俄罗斯	①	6 243
29	额尔古纳河含水层（系统）	中国，俄罗斯	①	4 913
30	克鲁伦河盆地含水层（系统）	中国，蒙古	①，②	7 229
31	哈拉哈河盆地含水层（系统）	中国，蒙古	①	3 588
32	泽亚河盆地含水层（系统）	中国，俄罗斯	①	76 689
33	黑龙江—阿穆尔河中游盆地含水层（系统）	中国，俄罗斯	①	113 574
34	鸭绿江盆地含水层（系统）	中国，朝鲜	②	20 534

续表

序号	跨界含水层（系统）名称	跨界含水层（系统）国家	含水层（系统）类型	面积/km²
35	朝鲜半岛中部含水层（系统）	朝鲜，韩国	①，②	12 731
36	纽穆哈格河盆地含水层（系统）	中国，蒙古	②	6 185
37	扎门乌德盆地含水层（系统）	中国，蒙古	②	11 687
38	德勒格尔大河盆地含水层（系统）	蒙古，俄罗斯	②	22 813
39	希希黑德河盆地含水层（系统）	蒙古，俄罗斯	②	19 745
40	贝尔基河盆地含水层（系统）	蒙古，俄罗斯	②	9 094
41	南缅甸含水层（系统）	缅甸，泰国	①，②，③	33 715
42	湄公河上游含水层（系统）	缅甸，泰国，老挝	①，②，③	31 841
43	喀布尔河含水层（系统）	巴基斯坦，阿富汗	①，②	6 219
44	洽特库—库曼含水层（系统）	哈萨克斯坦，乌兹别克斯坦	①	20 000
45	哈润和阿拉伯含水层（系统）	约旦，沙特阿拉伯，叙利亚	②	48 000
46	特丝河盆地含水层（系统）	蒙古，俄罗斯	①	7 900
47	特修河盆地含水层（系统）	蒙古，俄罗斯	②	3 974
48	鄂嫩河盆地含水层（系统）	蒙古，俄罗斯	②	4 465
49	阿拉扎尼河含水层（系统）	阿塞拜疆，格鲁吉亚	①，③	3 050

注：①代表孔隙水；②代表裂隙水；③代表岩溶水

表 3-2 亚洲局部跨界含水层（系统）

序号	跨界含水层（系统）名称	跨界含水层（系统）国家	含水层（系统）类型	面积/km²
1	艾格斯特福—艾布耶克含水层（系统）	阿塞拜疆，亚美尼亚	②	500
2	帕姆贝克—待贝特含水层（系统）	格鲁吉亚，亚美尼亚	②	<3 000
3	阿拉斯河中下游含水层（系统）-1	阿塞拜疆，伊朗	②	<3 000
4	凯瑞套格含水层（系统）	乌兹别克斯坦，塔吉克斯坦	①	328
5	托什干河盆地含水层（系统）	中国，吉尔吉斯斯坦	①，②	<3 000
6	黑尔特河盆地含水层（系统）	蒙古，俄罗斯	①，②	1 168
7	帝士杰克吉安塞尔含水层（系统）	中国，蒙古	①，②	2 838
8	查干克吉安塞尔含水层（系统）	中国，蒙古	②	2 319
9	图们江三角洲含水层（系统）	中国，俄罗斯，朝鲜	②	2 329
10	在若什跨界含水层（系统）	乌兹别克斯坦，塔吉克斯坦	①	88
11	扎佛依含水层（系统）	乌兹别克斯坦，塔吉克斯坦	②	<3 000
12	达尔佛依含水层（系统）	乌兹别克斯坦，塔吉克斯坦	①，②	<3 000
13	色莱普塔—巴特肯—乃—艾克佛含水层（系统）	塔吉克斯坦，吉尔吉斯斯坦	①，②	891
14	撒克含水层（系统）	乌兹别克斯坦，吉尔吉斯斯坦	①	<3 000

序号	跨界含水层（系统）名称	跨界含水层（系统）国家	含水层（系统）类型	面积/km²
15	奥什艾若未吉含水层（系统）	乌兹别克斯坦，吉尔吉斯斯坦	①	<3 000
16	莫伊修弗含水层（系统）	乌兹别克斯坦，吉尔吉斯斯坦	①	1 760
17	奥姆—沃侬含水层（系统）	乌兹别克斯坦，吉尔吉斯斯坦	①，②	<3 000
18	阿拉斯河中下游含水层（系统）-2	阿塞拜疆，伊朗	②	<3 000

注：①代表孔隙水；②代表裂隙水；③代表岩溶水

综上所述，跨界含水层（系统）地下水具有以下特征：

第一，跨界含水层（系统）纵横交错，没有国界。如：图们江三角洲含水层（系统）由中国、俄罗斯、朝鲜共有。跨界含水层与各国相互联系，从而形成利害相关的密切关系，构成它最主要的特点，而该特点决定了跨界含水层（系统）需要共同开发与保护。

第二，跨界含水层（系统）同跨界地表水一样，具有两重属性。因为从整体而言，跨界含水层（系统）同一切跨界水域都应该是国际法管辖的对象；而从每个河段和地下水系的一个部分而言，它则属于对这部分领土享有主权的国家所有且应受其直接管辖。正是由于跨界含水层（系统）存在两重性，在每个国家对地下水都只有主权权利却没有国际义务的情况下则会因此埋下直接利害冲突的种子。

第三，跨界含水层（系统）具有多种功能。因为地下水的功能是以生活用水为主，兼及工农业用水。然而，在一定条件下，地下水又能起破坏作用，如：引起土地盐碱化，淹没矿井等。另外，跨界含水层（系统）在特定情况下还可以作为跨界河流的补充，从而成为全面开发跨界水域的一个组成部分，并且它对于平衡国家之间的供水也有一定缓和作用。尤其重要的是，在地表水供应不足的境况下，则更加突出了地下水的重要性。

第四，跨界含水层（系统）具有隐蔽性。由于含水系统存在于地下，它不像地表水系那样可以直接观察到，所以要掌握其准确的资料、数据的难度就很大。另外，由于地质结构复杂且分布面广，各国的技术力量又有很大的差别，从而使调查测量地下水资源方面，有很多困难，跨界含水层（系统）涉及的范围更广，并且有国界和各国法令制度的种种限制，则整个调查工作需要有关国家的共同协作，并需要调动巨大的财力、物力以及技术力量。由此可见，跨界含水层（系统）遭破坏后是很难被发现的，而等到发现时，为时已晚。

第五，地下水的纵横交错成为多国共享水体。Julio Barberis 描绘了地下水可能与许多国家共享的水系相联的四种情况：一是含水层（系统）穿过本身是国际水资源的国际边界；二是含水层（系统）位于一国之内，但在水文上与本身是共享资源的国际河流相联；三是含水层（系统）位于一国之内，但在水文上与在另一国内发现的含水层（系统）相联（可能通过半可渗透的岩层），于是使整个构造成为共享系统；四是含水层（系统）位于一国之内，但在另一国内发现补给区域，Julio Barberis 认为该补给区域的水资源就是共同资源。结果，一国与跨界河流或含水层（系统）有关联的行动，可能对另一国水资源的质量或数量造成有害影响。当确定跨界流域的范围，以及流域一部分采取的行动与另一部分之间的因果关系时，认定这些情况的重要性显而易见。总的说来，跨界含水层（系统）

尽管日益受到国际社会的重视，然而至今仍是未被完全认识的领域。今后，能否组织各方面的力量，并通过国际合作，全面调查跨界含水层，将成为保护和开发跨界含水层（系统）的关键。

参 考 文 献

陈梦熊，马凤山，等．2002. 中国地下水资源与环境．北京：地震出版社．

陈梦熊，许志荣，等．1984. 地下水系统的基本概念与研究方法．地下水系统研究论文选编，1-13.

林学钰，陈梦熊，等．2000. 松嫩盆地地下水资源与可持续发展研究．北京：地震出版社．

林学钰，廖资生，赵勇胜，等．2004. 现代水文地质学．北京：地质出版社．

王大纯，张人权，史毅虹，等．1995. 水文地质学基础．北京：地质出版社．

王贵玲，杨会峰，等．2010. 中国北方地下水系统．北京：地质出版社．

肖长来，梁秀娟，王彪．2010. 水文地质学．北京：清华大学出版社．

Engelen G B. 1984. Hydrological systems analysis：A regional case study. Water Science and Technology Library，20：1-192.

Hubbert M K, 1940. The theory of groundwater motion. J Geol, 48（8）：785-944.

Tóth J. 1963. A theoretical analysis of groundwater flow in small drainage basins. J Geoph Res, 68（16）：4795-4812.

Tóth J. 1978. Gravity-induced cross-formational flow of formation fluids，Red Earth Region，Alberta，Canada：Analysis，patterns and evolution. Water Resources Research，14（5）：805-843.

第4章 亚洲地下水资源

4.1 地下水资源评价方法

对地下水资源的定义向来有多种解释，《英国大百科全书》给出的是指全部自然界任何形态的水，包括气态水、液态水和固态水；《中国大百科全书》中说地下水资源是地球表层可供人类利用的水，包括水量（水质）、水域和水能资源，一般指每年可更新的水量资源。广义上包括地下淡水、卤水、矿水、热水等。狭义上指人类生活和工农业生产必需的地下淡水。地下水资源的特点可概括为：流动性、可恢复性、可调节性、系统性。而地下水资源分为补给资源、储存资源、可开采资源三类。

地下水资源评价是在一定的天然和人工条件下，对地下水资源的质和量在使用价值和经济效益等方面进行综合分析、计算和论证。评价的主要内容是定量评价地下水补给资源量、储存资源量，估算可开采资源量。计算地下水可开采资源量是地下水资源评价的核心问题。目前，已有二三十种地下水资源评价的方法。而现阶段被广泛采用的地下水资源评价的方法主要有水量均衡法、开采试验法、解析法、数值法和径流模数法等。

亚洲地区复杂的自然地理环境和地质条件形成了极其复杂的水文地质条件，含水层结构以及边界条件比较复杂，数值法、开采试验法、解析法等方法的使用就有了局限性，根据收集资料情况，本次工作选用了地下水径流模数法来评价亚洲地下水资源。

在查明水文地质条件的基础上，充分利用水文测流资料和测流控制区的含水层面积，直接求出地下径流模数（补给模数），即单位时间单位面积含水层的补给量或地下径流量。

根据地下径流模数，可以间接推算区域地下水的天然补给量或地下径流量：

$$Q = M \cdot F$$

式中，Q 为地下径流量，m^3/s；M 为地下径流模数，$m^3/(s \cdot km^2)$；F 为含水层面积，km^2。

由此可知，地下径流模数是评价区域地下水资源的重要指标，它受区域地下水的补给、径流、排泄条件所控制。因此结合不同的水文地质特征采用不同的方法进行评价：

（1）地下河系发育的岩溶区。根据这种水文地质特征，可选择有控制性的地下河出口或泉群，测定其枯水期流量，同时圈定对应的地下流域面积，取流量和地下流域面积之比，就是要求的地下径流模数。

（2）地表河系发育的非岩溶区。对于裂隙水和积极交替带的孔隙水，补给量形成地下径流后，直接排入河谷变成河水流量的组成部分，故可充分利用水文站已有的河流水文图来确定地下径流模数。

河水通常是由大气降水和地下水补给。在枯水期，河水流量几乎全部来自地下水，但洪水期大部分河水流量为降水补给，地下水补给量相对减少，甚至河水倒流补给地下水。

因此，利用河流水文图时，必须从实际水文地质条件出发，将地下径流量分割出来。目前，分割界限常由经验确定。

①对岩性单一，集水面积较小的水文站，在流量过程图上涨部分的起涨点至退水部分的退水转折点之间连线，把该线以下部分作为基流量。

②对岩性非均一，集水面积大的水文站，以枯水期平均流量代表基流量。

③在没有水文站时，也可沿河流上下游断面布置简易测流法，利用上下游断面的流量差可求得控制区的地下径流量和相应的地下径流模数。

④当一个含水层和另一个径流模数已知的含水层一起被河流排泄时，可按下式计算未知含水层的模数：

$$M_2 = \frac{Q - M_1 F_1}{F_2}$$

式中，M_2 为未知含水层的径流模数，$m^3/(s \cdot km^2)$；F_2 为对应 M_2 的含水层面积，km^2；Q 为含水综合体排泄地段上的基流量，m^3/s；M_1 和 F_1 为已知的含水层面积和径流模数。

在水文地质条件复杂、研究程度相对较低的地下水系统内，如基岩山区，岩溶水系统、裂隙水系统或者是水文地质条件复杂的大区域中，用这种方法评价简单有效。

4.2　地下水天然补给资源量

地下水天然补给资源量，是指天然条件下增加的地下水水量，包括降水渗入、地表水渗入和相邻水文地质单元或相邻含水层地下水的流入量。主要来自于大气降水，降水到达地面后，一部分以地表径流的方式流出，另一部分入渗地下，对地下水进行补给。

地下水天然补给资源量的形成和大小受外界补给条件制约，随水文气象周期变化而变化，而影响天然补给资源量的最主要因素是大气降水，亚洲地区的降水在时空上分布极其不均匀，大致从湿润的东南部向干燥的西北部递减，在中亚和西亚出现最干旱的荒漠地区。降水的时空分布极不均匀，导致亚洲地下水天然补给资源量的时空分布的不均匀性。

为了宏观掌握亚洲地下水天然资源的空间分布规律，定量表示出亚洲不同区域地下水天然补给资源量变得尤为重要。由于亚洲地区的地形地貌、多年平均降水量、水文、包气带岩性、含水层介质等入渗补给条件差异性极大，本书采取补给模数的方法计算出亚洲不同含水层系统的地下水天然补给资源量。

首先根据地形地貌、多年平均降水量、水文、包气带岩性、含水层介质等入渗补给条件的不同，做出地下水入渗系数分区，并统一将地下水补给强度（mm/a）换算成统一的地下水天然补给（径流）模数，同时，考虑地表水与地下水的转换关系，在平原盆地的地表水补给区做出评价，特别是在季节性冻结层的冻融交替融水补给量明显的西伯利亚平原岗地，根据地下水流运动连续性，可以将含水层划分为三种类型：①平原、山间盆地松散沉积连续含水层；②丘陵、山地基岩断续含水层；③其他零星含水层。并将这 3 种含水层的地下水天然补给模数划分成为五个等级：$<10 \times 10^4 m^3/(a \cdot km^2)$、$(10 \sim 20) \times 10^4 m^3/(a \cdot km^2)$、$(20 \sim 30) \times 10^4 m^3/(a \cdot km^2)$、$(30 \sim 50) \times 10^4 m^3/(a \cdot km^2)$、$>50 \times 10^4 m^3/(a \cdot km^2)$ 五级。从图4-1中可以看出亚洲地区东部以及东南沿海地区主要为地下水天然补给模数

$(20 \sim 30) \times 10^4 \mathrm{m}^3 / (\mathrm{a} \cdot \mathrm{km}^2)$ 的丘陵、山地基岩断续含水层，而分布在中部地区以及西南沿海地区的为地下水天然补给模数小于 $20 \times 10^4 \mathrm{m}^3 / (\mathrm{a} \cdot \mathrm{km}^2)$ 的其他零星含水层，北部地区主要为地下水天然补给模数小于 $30 \times 10^4 \mathrm{m}^3 / (\mathrm{a} \cdot \mathrm{km}^2)$ 的平原、山间盆地松散沉积连续含水层。这种差异分布主要是由亚洲地区复杂的地形地貌条件和大气降水的不均匀性造成的。运用径流模数的方法得到三种类型含水层的地下水天然资源量（详见表4-1）。

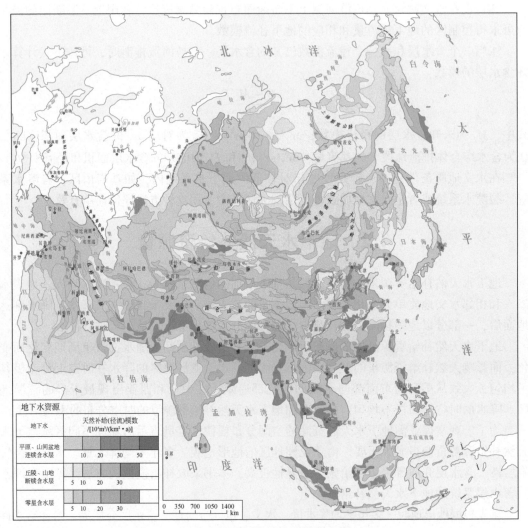

图4-1 亚洲天然补给模数分区图

表4-1 亚洲地下水含水层天然资源量汇总表

地下水含水层	天然补给资源/$(10^9 \mathrm{m}^3 / \mathrm{a})$	天然补给资源量所占比例/%
平原、山间盆地松散沉积连续含水层	2 424.65	52
丘陵、山地基岩断续含水层	1 866.95	40
其他零星含水层	386.14	8
合计	4 677.74	100

从表 4-1 中可以看出亚洲地区地下水天然资源量分布极其不均匀，其中其他零星含水层的地下水天然补给资源量仅为 $386.14 \times 10^9 \, \text{m}^3/\text{a}$，仅占亚洲地区地下水天然资源总量的 8%，而平原、山间盆地松散沉积连续含水层和丘陵、山地基岩断续含水层的地下水天然补给资源量分别占亚洲地区地下水天然资源总量的 52% 和 40%。平原、山间盆地松散沉积连续含水层中的天然补给资源最多，占亚洲的总天然补给资源量的 52%，这是由亚洲地区分布有大片平原、山间盆地松散沉积连续含水层，并且平原、山间盆地松散沉积连续含水层的地下水补给模数较大所决定的。

本书首创性地将亚洲从宏观尺度上分为 11 个一级地下水系统和 36 个二级地下水系统。通过分析各个一级含水层系统所在区域的降水资料，然后根据该区域的地形地貌、多年平均降水量、水文、包气带岩性、含水层介质的不同，将各个一级地下水系统的平均地下水补给强度转化成该区域的平均补给模数，然后运用径流模数法得到各个一级地下水系统的天然补给量（详见表 4-2）。

表 4-2　亚洲地下水系统平均补给模数表

代号	地下水系统	地下水系统所覆盖的主要区域	平均补给模数 /$[10^4 \text{m}^3/(\text{a} \cdot \text{km}^2)]$
I	北亚台地及高原寒温带半湿润地下水系统	西西伯利亚平原鄂毕河、中西伯利亚高原叶尼塞河、中西伯利亚高原勒拿河与东西伯利亚科雷马河	8.12
II	东北亚山地及平原温带半湿润地下水系统	黑龙江（阿穆尔河）、辽河平原—朝鲜半岛与东北亚岛群	8.89
III	华北平原、山地及黄土高原温带半干旱地下水系统	黄淮海平原—山东半岛、晋冀山地山间盆地和鄂尔多斯—黄土高原	12.83
IV	内陆盆地及丘陵山地温带干旱地下水系统	蒙古高原、河西走廊、伊犁河—准噶尔盆地、塔里木盆地、柴达木盆地和哈萨克丘陵—图兰平原	11.67
V	伊朗高原—小亚细亚半岛亚热带干旱、半湿润地下水系统	小亚细亚半岛（安纳托利亚高原）和伊朗高原	5.76
VI	阿拉伯半岛—美索不达米亚平原热带干旱地下水系统	美索不达米亚平原和阿拉伯半岛	5.35
VII	青藏高原高寒地下水系统	克什米尔—喜马拉雅—青藏高原和藏南谷地	23.8
VIII	南亚两河平原—德干高原热带湿润—半湿润地下水系统	印度河平原、恒河平原和印度半岛德干高原	15.44
IX	中南半岛山地丘陵热带湿润地下水系统	怒江—萨尔温江山地河谷平原、澜沧江—湄公河山地平原和红河山地平原	10.03
X	华南山地丘陵及平原亚热带湿润地下水系统	秦岭—大别山地、川西高原斜坡、四川盆地、长江中下游丘陵平原、华南岩溶山地和华南滨海丘陵山地及岛屿	11.68
XI	东南亚岛群赤道湿热地下水系统	马来半岛和东南亚岛群	15.34
		亚洲整体区域	10.55

　　表4-2中的补给模数表示单位面积的地下水系统中赋存的地下水天然资源补给量，全亚洲范围内的补给模数平均为$10.55×10^4 m^3/(a·km^2)$，阿拉伯半岛—美索不达米亚平原热带干旱地下水系统，即美索不达米亚平原和阿拉伯半岛地区，径流模数最小，仅为$5.35×10^4 m^3/(a·km^2)$，这和该区域内干旱的气候，极强的蒸发量和极小的降水息息相关。覆盖克什米尔—喜马拉雅—青藏高原和藏南谷地地区的青藏高原高寒地下水系统的补给模数最大，为$23.08×10^4 m^3/(a·km^2)$。该地区由于有丰富的由降水形成的冰川资源，形成该区域丰富的地下水补给资源，使得面积不大的地下水系统却有极大地下水补给模数。

　　表4-3中亚洲地区的地下水天然补给资源量总量为$4\ 677.74×10^9 m^3/a$，其中北亚台地及高原寒温带半湿润地下水系统的地下水天然补给资源量占亚洲地下水天然补给资源总量的22%，为拥有最多地下水天然补给资源量的地下水系统。由于该地下水系统分布面积最大，并且所在区域的气候较为严寒，蒸发量较小，降水补给量相对而言较大，所以地下水天然补给资源量最大。而占据最少地下水天然补给资源量的地下水系统为伊朗高原—小亚细亚半岛亚热带干旱、半湿润地下水系统，仅占亚洲地下水天然补给资源总量的3%。这是由该地下水系统的覆盖面积较小，所在区域的气候干旱，蒸发量大，降水补给量相对较小而造成的。

表4-3　亚洲地下水系统天然补给资源量表

代号	地下水系统	面积/$10^4 km^2$	平均补给模数/$[10^4 m^3/(a·km^2)]$	地下水天然补给资源量/$(10^9 m^3/a)$
I	北亚台地及高原寒温带半湿润地下水系统	1 240.76	8.12	1 007.45
II	东北亚山地及平原温带半湿润地下水系统	363.90	8.89	323.42
III	华北平原、山地及黄土高原温带半干旱地下水系统	129.23	12.83	165.86
IV	内陆盆地及丘陵山地温带干旱地下水系统	724.70	11.67	845.67
V	伊朗高原—小亚细亚半岛亚热带干旱、半湿润地下水系统	273.22	5.76	157.51
VI	阿拉伯半岛—美索不达米亚平原热带干旱地下水系统	399.42	5.35	213.60
VII	青藏高原高寒地下水系统	206.33	23.8	490.96
VIII	南亚两河平原—德干高原热带湿润—半湿润地下水系统	380.76	15.44	587.80
IX	中南半岛山地丘陵热带湿润地下水系统	201.20	10.03	201.66
X	华南山地丘陵及平原亚热带湿润地下水系统	265.41	11.68	309.90

续表

代号	地下水系统	面积/10⁴km²	平均补给模数 /[10⁴m³/(a·km²)]	地下水天然补给资源量/(10⁹m³/a)
XI	东南亚岛群赤道湿热地下水系统	233.08	15.34	357.45
	总计	4 418.01	10.55	4 661.28

4.3　地下水的可开采资源量

地下水作为地球上重要的水体，与人类社会有着密切的关系。地下水的储存有如在地下形成一个巨大的水库，以其稳定的供水条件、良好的水质，而成为农业灌溉、工矿企业以及城市生活用水的重要水源，成为人类社会必不可少的重要水资源。由于地下水开发利用费用较低，使用方便，相比地表水不易受到污染，一般用作公共供水。世界许多地区把地下水作为可靠的淡水水源，随着世界经济的发展，工业、农业等对地下水的需求越来越强烈。近年来，亚洲地下水开发利用存在很多问题，主要有区域地下水水位持续下降、地面沉降、海水入侵等，这些问题极大地制约了亚洲地区以地下水为供水资源的城市的经济发展。因此，定量地计算出亚洲地区的地下水可开采资源将引导亚洲各国合理地开采地下水资源，减少不合理开采地下水而导致的地质灾害的发生。

计算地下水的可开采量是地下水资源评价的核心问题。地下水可开采量的大小，主要取决于补给量，还与开采的经济技术条件及开采方案有关。在本章中，根据亚洲地区不同地下水系统所在区域的水文地质条件、地下水开采条件以及地下水开采利用情况，在该地下水系统的天然补给资源量的基础上乘以平均开采经验系数0.7，得到该地下水系统的可开采资源量，详见表4-4。

表 4-4　亚洲一级地下水系统地下水资源量一览表

代号	一级地下水系统	地下水资源量/(10⁹ m³/a)	
		天然补给资源量	可开采资源量
I	北亚台地及高原寒温带地下水系统	1 007.45	705.21
II	东北亚山地及平原温带半湿润地下水系统	323.42	226.39
III	华北平原、山地及黄土高原温带半干旱地下水系统	165.86	116.10
IV	内陆盆地及丘陵山地温带干旱地下水系统	845.67	591.97
V	伊朗高原—小亚细亚半岛亚热带干旱、半湿润地下水系统	157.51	110.26
VI	阿拉伯半岛—美索不达米亚平原热带干旱地下水系统	213.60	149.52
VII	青藏高原高寒地下水系统	490.96	343.67
VIII	南亚两河平原—德干高原热带湿润—半湿润地下水系统	587.80	411.46
IX	中南半岛山地丘陵热带湿润地下水系统	201.66	141.16
X	华南山地丘陵及平原亚热带湿润地下水系统	309.90	216.93
XI	东南亚岛群赤道湿热地下水系统	357.45	250.21

从表 4-4 中可以看出，亚洲地下水可开采资源量为 3 274.40×10⁹ m³/a，其中北亚台地及高原寒温带地下水系统可开采资源量为 705.21×10⁹ m³/a，占总可开采资源量的 21.5%。该地区面积广大，约占总面积的 28.1%，河流发育，且独特的大陆气候使得地下水多为连续冻结和断续冻结状态，从而该地下水系统中赋存大量的地下水资源，也为该地下水系统所在区域提供丰富的可开采资源。伊朗高原—小亚细亚半岛亚热带干旱、半湿润地下水系统可开采资源量为 110.26×10⁹ m³/a，占总可开采资源量的 3.4%，该地区面积占总面积的 6.2%。包括小亚细亚半岛（安纳托利亚高原）和伊朗高原，为亚热带干旱、半湿润气候。安纳托利亚高原内部气候干燥，形成盐滩和半荒漠地貌；伊朗高原位于帕米尔高原和亚美尼亚火山高原之间，是一个封闭性的高原，虽然西斜面比高较大和降水较多，但是补给于地下水的资源却偏小，所以该地下水系统的可开采资源偏小。

若从地下水流运动连续性研究亚洲含水层，可以将亚洲含水层分为：①平原、山间盆地松散沉积连续含水层；②丘陵、山地基岩断续含水层；③其他零星含水层。针对这三种不同的含水层的水文地质条件以及可开采的条件，利用该含水层的天然补给资源量乘以经验值 0.7，得到该含水层的可开采地下水资源量。根据表 4-5 中数据可看出平原、山间盆地松散沉积连续含水层的可开采资源量最大，占总量的 51.8%。平原、盆地是地下水的富集区，地下水主要赋存于松散沉积物和固结程度较低的岩层之中，一般水量比较丰富。其次为丘陵、山地基岩断续含水层，占比为 39.9%。基岩山区地下水只有在构造破碎带等局部地带富水性较好，大部分地区水量较贫乏，一般不适宜集中开采。再次为其他零星含水层，占比为 8.3%。

表 4-5　亚洲地下水含水层资源量汇总表

地下水含水层	天然补给资源量/(10⁹ m³/a)	可开采资源量/(10⁹ m³/a)
平原、山间盆地松散沉积连续含水层	2 424.65	1 697.25
丘陵、山地基岩断续含水层	1 866.95	1 306.86
其他零星含水层	386.14	270.29
合计	4 677.74	3 274.40

4.4　地下含水系统补偿功能

地下含水系统具有补偿功能是指在水循环过程中，一部分地下水将储存在透水岩层和土壤空隙中，形成地下水含水系统中的储存量，并且地下水储存量在地下水的交替运动和地下水开采过程中起到调解的作用。所以地下水含水系统中的储存量的大小决定该地下水含水系统补偿功能的大小。地下水含水系统的储存量的大小主要取决于该系统补给量大小，还与地下水系统的储水结构息息相关。

地下水的补给量主要取决于大气降水，而亚洲地区的降水在时空上的分布极其不均匀。

亚洲东部和南部热带亚热带湿润季风气候区，大气降水主要受太平洋和印度洋暖湿气流影响，降水量大，对地下水补给丰沛，该地区地下水补给量也相对丰富。亚洲东南部，印度半岛、中南半岛、中国东南部、朝鲜半岛、日本群岛和西伯利亚东部沿海,因受季风影响,夏季多雨,冬季干燥,年降水量从南向北渐减,多为 600～1 000 mm,是亚洲著名的季风夏雨区。马来群岛及其附近的热带雨林区,因处于赤道海洋气团控制下,常年阳光直射或近于直射,温度高、湿度大,年降水量超过 2 000 mm。由于太阳直射一年有两次越过赤道南北移动,因此雨量分配在一年中也有两次高峰,但总的来看,降水季节分配比较均匀。另外,个别地区,冬季风从海上吹来,又受地形抬升影响,也有很多降水,如日本群岛的西部、我国东南沿海、中南半岛东部、印度半岛东部沿海等都属冬雨较多的地区。地下水补给资源量因此相对丰富。

西亚和中亚少雨区。内陆区和西亚的干旱半干旱气候,降水量大多小于 200 mm/a,而蒸发量往往是降水量的数倍,荒漠盆地大气降水补给十分匮乏,地下水主要补给来源于山地的地形降水形成的地表径流转化,地下水资源相对贫瘠,形成广大的荒漠化盆地景观,地下水补给资源量相对贫乏。

北亚的西伯利亚大部分地区属温带,北部沿海和北冰洋中的岛屿,终年严寒,属极地气候。北亚降水分布,随着距离大西洋的远近而从西向东递减,西部降水量在 500 mm 左右,其他地区大部不超过 350 mm,东北部则减到 200 mm。西伯利亚,面向北冰洋,一般是少雨区域。受气候影响,该地区多分布季节性冻土和常年冻土。北亚降水分布,随着距离大西洋的远近而从西向东递减,西部降水量在 500 mm 左右,其他地区大部不超过 350 mm,东北部则减到 200 mm;但到太平洋沿岸一带,受海洋季风影响,则降水又较多,受到降水的影响,地下水补给资源量的分布与降水量多少呈正相关。

综上所述,可以看出大气降水在亚洲地区空间分布上具有较强的不均匀性。由于各个含水系统之间具有一定的水力联系,那么将会导致地下水水头升高,并且地下水补给资源丰富的地下水系统补给地下水补给资源较不丰富的地下水系统。而大气降水在时间上也有很强的不均匀性,在一个水文年中,亚洲大部分地区都是春季和夏季多降水,而秋季和冬季的降水少。若该水文年的年平均降水量小于多年平均降水量时,那么该水文年将为枯水年,平水年和丰水年的概念与之相似。如果处于丰水年或者是平水年,那地下水的补给资源量较枯水年的丰富。因此,枯水年的用亏水量将从其他年份特别是丰水年中所获得储存量得到补偿。

大气降水的时空分布的不均匀性导致了地下水补给资源的时空不均匀性,也导致了地下水储存量时空分布的不均匀性,最终形成了各地下水含水系统的补偿功能的差异性。

定量地表示各个含水系统的储存量的大小,可以让人们定量地了解地下水补偿功能的大小,也将指导人们合理地开采地下水资源。

研究区地下水类型主要分为松散岩类孔隙水、碳酸盐岩岩溶水、碎屑岩类裂隙孔隙水和其他岩类裂隙水 4 种类型。它们具有不同的空间分布特征以及不同的储水结构,这加剧了亚洲地区地下水补偿功能的差异性。在本书中主要是利用降水资料采用频率分析的方法,计算研究期内不同的地下水系统的保证率为 $p=95\%$ 条件下枯水年降水补给量年平均值,以及在研究期内保证率为 $p=75\%$ 条件下的平水年降水补给量年平均值。两者的差值即为研究期内地下水系统地下水储存量年平均值,从而分析出不同的地下水系统的补偿功能。

从表 4-6 中可以看出研究期内不同的地下水系统的地下水储存量年平均值相差甚远，亚洲地区的研究期内地下水储存量年平均值为 1 385.06×10^{9}m^3/a，其中最小的为阿拉伯半岛—美索不达米亚平原热带干旱地下水系统，覆盖美索不达米亚平原和阿拉伯半岛，研究期内地下水储存量平均值仅为 15.75×10^{9}m^3/a，占整个亚洲研究期内地下水储存量的 1%，这是由于该地区气候干燥，无常年性河流，多干谷，中、南部沙漠广布，那么该地区的降水补给量偏小，蒸发量又比较大，所以该地区的储存量为最小。而北亚台地及高原寒温带半湿润地下水系统在研究期内地下水储存量年平均值占整个亚洲的 36%，该地下水系统覆盖了西西伯利亚平原鄂毕河、中西伯利亚高原叶尼塞河、中西伯利亚高原勒拿河与东西伯利亚科雷马河流域。该区域内的降水补给量最大，且该区域气候原因使得该区域的蒸发量偏小，所以该区域的地下水储存量最大。

表 4-6　研究期内亚洲地下水系统平均地下水储存量分析表 1

地下水系统		平水年降水补给量 年平均值/(10^{9}m^3/a)	枯水年降水补给量 年平均值/(10^{9}m^3/a)	地下水储存量年 平均值/(10^{9}m^3/a)
I	北亚台地及高原寒温带半湿润地下水系统	1 511.18	1 007.45	503.73
II	东北亚山地及平原温带半湿润地下水系统	388.12	323.42	64.7
III	华北平原、山地及黄土高原温带半干旱地下水系统	199.13	165.86	33.27
IV	内陆盆地及丘陵山地温带干旱地下水系统	1 014.81	845.67	169.14
V	伊朗高原—小亚细亚半岛亚热带干旱、半湿润地下水系统	173.26	157.51	15.75
VI	阿拉伯半岛—美索不达米平原热带干旱地下水系统	234.96	213.60	21.36
VII	青藏高原高寒地下水系统	638.25	490.96	147.29
VIII	南亚两河平原—德干高原热带湿润–半湿润地下水系统	705.36	587.80	117.56
IX	中南半岛山地丘陵热带湿润地下水系统	242.12	201.66	40.46
X	华南山地丘陵及平原亚热带湿润地下水系统	402.97	309.90	93.07
XI	东南亚岛群赤道湿热地下水系统	536.18	357.45	178.73
	总计	6 046.34	4 661.28	1 385.06

从表 4-7 中可以看出平原、山间盆地松散沉积连续含水层在研究期内的地下水储存量年平均值最大，占全亚洲的 86%，这不仅是由于该含水层拥有大量的天然地下水资源，也是由于平原、山间盆地松散沉积连续含水层可以提供一个稳定的储水结构，便于地下水储存于该含水层中而不是从该含水层中流出。

表 4-7　亚洲地下水含水层平均地下水储存量分析表 2

地下水含水层	平水年降水补给量年平均值/($10^9\,m^3/a$)	枯水年降水补给量年平均值/($10^9\,m^3/a$)	地下水储存量年平均值/($10^9\,m^3/a$)
平原、山间盆地松散沉积连续含水层	3 636.98	2 424.65	1 212.33
丘陵、山地基岩断续含水层	2 053.65	1 866.95	186.7
其他零星含水层	397.72	386.14	11.58
合计	6 088.35	4 677.74	1 410.61

参 考 文 献

曹剑锋，迟宝明，王文科，等.2006.专门水文地质学.北京：科学出版社.

陈梦熊，马凤山.2002.中国地下水资源与环境.北京：地震出版社.

邓伟，何岩.1999.水资源：21世纪全球更加关注的重大资源问题之一.地理科学，19（2）：97-101.

郭孟卓，赵辉.2005.世界地下水资源利用与管理现状.中国水利，3：59-62.

黄永基，陈晓军.2000.我国水资源需求管理现状及发展趋势分析.水科学进展，11（2）：215-220.

钱家忠，吴剑锋.2001.地下水资源评价与管理数学模型的研究进展.科学通报，46（2）：99-104.

钱正英，张光斗.2000.中国可持续发展水资源战略研究综合报告——中国工程院"21世纪中国可持续发展水资源战略研究"项目组.中国工程科学，2（8）：1-17.

汪党献，王浩，尹明万.1999.水资源水资源价值水资源影子价格.水科学进展，10（2）.

王大纯，张人权，史毅红.1980.水文地质学基础.北京：地质出版社.

薛禹群，吴吉春.1979.地下水动力学.北京：地质出版社.

张发旺，程彦培，董华，等.2012.亚洲地下水系列图.北京：中国地图出版社.

张人权.2004.地下水资源特性及其合理开发利用.水文地质工程地质，30（6）：1-5.

张宗祜，李烈荣，等.2004.中国地下水资源（综合卷）.北京：中国地图出版社.

Margat J, Van der Gun J. 2013. Groundwater around the world: a geographic synopsis. CRC Press.

Zektser I S, Lorne E. 2004. Groundwater resources of the world: and their use//IhP Series on groundwater. Unesco, (6): 1-346.

第 5 章　亚洲地下水质量

地下水质量的好坏不仅取决于其本身的物理性质、化学组成及生物特性，而且与其具体用途有关，各种用途的供水均有自己的质量标准。此处讨论的是针对人体健康的地下水质量情况，参考了世界卫生组织和我国最新的饮用水水质标准的要求。

本书研究的地下水为浅层地下水，即参与现代水循环交替积极的、第一层隔水底板以上具有自由水面的地下水。通过分析不同水文地球化学作用下的地下水中特定元素的水平分带和垂直分带，运用层次分析法对地下水质量进行评价，研究了亚洲水文地球化学特征、地下水水质分带和地下水质量分布情况。

亚洲地下水质量分布具有较大的空间差异性，总体上呈现出从高低纬度向中纬度地区逐渐变差的趋势，由山麓至盆地中心或由山前至滨海逐渐变差。北亚地区大部分属寒温带，蒸发较弱，季节性和永久性冻土广布，冻融交替作用积极，水文地球化学作用不强，水化学成分较为简单，水质化学分带主要为重碳酸盐型淡水，地下水质量较好。东亚和南亚为热带亚热带湿润季风气候和大陆性季风气候，大气降水对地下水补给充沛，地下水循环交替作用强烈，水中的化学组分溶滤迁移作用充分，含盐量一般较低，地下水水质较好。滨海地带和环洋岛屿的海陆交替海水混合作用，对沿海地区地下水水质咸化有相应的影响。中亚和西亚为干旱半干旱气候，蒸发作用强烈，水循环交替作用滞缓，水中化学组分溶滤迁移作用一般，含盐量较高，地下水质量普遍较差，苦咸水分布较多。亚洲地下水质量也具有时间差异性，随着人类社会的工业等对地下水环境压力的加剧，近年来地下水质量有显现变差趋势，只有西西伯利亚平原等人口稀少地区水质保持稳定。

5.1　亚洲地下水环境背景

亚洲的地理纬度和地势的显著差异对地下水的环境背景产生巨大影响，北亚大部及中低纬的高山、高原地区（如青藏高原）的气候大陆性较强，长期受西伯利亚寒流及蒙古高压控制，地温常处于零度或负温，土层上部常发生周期性冻融或处于永久冻结状态，使岩石遭受破坏，冻土层发生变形，形成石河、石海、冰丘和热融沉陷等冻土地貌，水文地球化学作用不强。就地下水物理作用而言，不仅有低海拔高纬度多年连续或岛状冻结带分布，冰丘水对地下径流起到很好的调节作用，而且在青藏高原分布着高海拔低纬度多年岛状冻结层，高寒冰冻融水对地下水起到积极的补给作用（张发旺等，2012；沈照理等，1993）。图 5-1 为亚洲地下水环境背景图。

地下水的化学组分受水岩交替作用影响，主要体现在水质的变化，地形降水对水循环产生巨大影响，山区地下水的溶滤迁移作用强烈，水质环境良好；亚洲中纬度半湿润半干旱地带，如西西伯利亚平原、黄淮海平原、松辽平原及规模不等的山间盆地，地下水由山前补给区至下游低洼处水化学水平分带明显，水质由良好逐渐变差。特别是西伯利亚南部

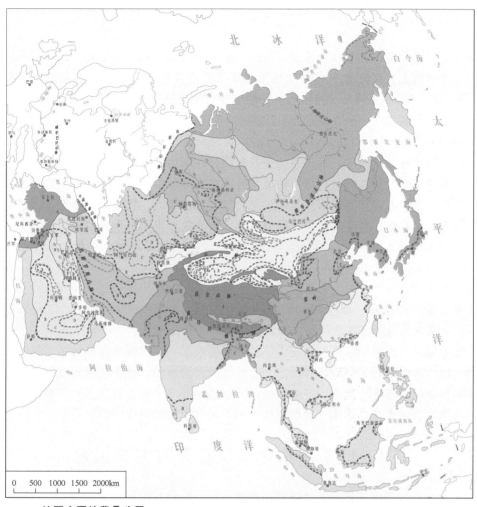

地下水环境背景分区

高寒山原、台地冻融迁移与湖盆积盐作用为主
- 青藏、帕米尔高原高寒冻融溶滤迁移作用
- 藏南谷地冻融溶滤迁移作用
- 北亚连续冻结固化作用
- 北亚断续冻融溶滤迁移作用

荒漠盆地蒸发盐化作用为主
- 里海、咸海周边溶滤迁移—蒸发盐化作用
- 阿拉伯半岛蒸发盐化作用
- 内流山间盆地溶滤迁移—蒸发盐化作用

山地、平原溶滤迁移—蒸发—滨海平原海水混合作用为主
- 美索不达米亚平原溶滤迁移—蒸发—海水混合作用
- 黄河中下游—华北平原溶滤迁移—蒸发—海水混合作用
- 印度河—恒河平原溶滤迁移—蒸发—海水混合作用

高原、山地、平原溶滤迁移作用为主
- 伊朗高原溶滤迁移作用
- 地中海—黑海周边山地溶滤迁移作用
- 秦巴—云、贵、川山地溶滤迁移作用
- 阿拉伯高原山地溶滤迁移作用
- 西西伯利亚台地溶滤迁移作用
- 东北山地、平原溶滤迁移作用

丘陵、山地溶滤迁移—滨海三角洲海水混合作用为主
- 德干高原山地溶滤迁移—海水混合作用
- 华南丘陵山地、平原溶滤迁移—海水混合作用
- 中南半岛山地溶滤迁移—海水混合作用
- 环太平洋岛屿溶滤迁移—海水混合作用

主要水文地球化学分带	
水文地球化学作用分带	地下水主要水质类型
A　溶滤作用	重碳酸盐淡水
B　溶滤迁移作用	重碳酸盐硫酸盐、硫酸盐重碳酸盐微咸水
C　交替混合作用	重碳酸盐氯化物、氯化物重碳酸盐半咸水—咸水
D　浓缩盐化作用	硫酸盐氯化物、氯化物硫酸盐咸水

图 5-1　亚洲地下水环境背景图

和中亚等地广泛分布古近系和新近系石膏层，地下水溶解膏盐 SO_4 浓度升高。黄河中游地区分布的深厚黄土，在流水和风力交互作用下，形成各种类型的侵蚀沟和各种沟间地貌（塬、墚、峁、坪等），黄土层内地下水，就地补给就地排泄，径流途径短，地下水含盐量的高低取决于气候及黄土中易溶盐含量的多少。如宁夏南部的苦水河，就是地下水溶解富含硫化物组分所致。

同时，古地理环境对地下水垂直分带具有明显控制作用，在浅层淡水分布区封存有地下咸水，而在咸水分布区的有利部位还埋藏有淡水或微咸水透镜体，这对当地供水有重要意义。亚洲中部广大内陆和西南亚气候干旱，气温日差较大，物理风化盛行，风沙作用就成为干旱地区塑造地形的主要营力，形成各种风沙地貌。由于地形控制水汽通量，水循环滞缓，地下水蒸发浓缩作用强烈，盐分聚积使地下水含盐量增加，一般为地下水含盐量 $1 \sim 3$ g/L 微咸水，在盆地的中部多为大于 5 g/L 的咸水。

东南亚热带和亚热带地区，高温多雨，气候潮湿，淋滤作用强烈，化学风化强烈，厚层红色风化壳广泛发育，那里河网密，地表径流强，地面蚀低率很大（爪哇每年可达 3 mm），河流成为塑造流域地形的主要营力，形成各种流水地貌。中南半岛和中国云贵高原、广西地区具有深厚的二叠纪和三叠纪的石灰岩地层，在温暖多雨条件下，进行化学溶蚀过程，使可溶性岩石遭到破坏和改造，形成各种岩溶地貌。地下水循环交替积极，水中的化学组分溶滤迁移作用充分，一般为地下水含盐量小于 1 g/L 的淡水。滨海地带和环洋岛屿的海陆交替海水混合作用，对沿海地区地下水水质咸化有相应的影响。

5.2　地下水水化学特征及其影响因素

地下水的化学组成及其分布是地下水资源开发利用和规划的主要依据之一，也是地下水质量的主要内容。地下水的化学组成及浓度分布是在长期的地质历史发展过程中，与环境–自然地理、地质背景以及人类活动长期相互作用的产物，因此表现为空间（垂向和水平方向）上的带状分异和时间上的涨落演替。一个地区地下水的化学面貌，反映了该地区地下水的历史演变，反映了其水文地质历史和地下水的起源与形成（陈梦熊等，2002）。

5.2.1　地下水水化学特征

地下水化学物质组分与地壳岩石化学组分及水的特殊性质有关，地下水直接参与地壳表层的化学作用，在其循环过程中，不同的水动力状态对化学组分的形成有重要影响，特别是地下水的化学特征，受气候、大气降水及地质、地貌条件控制明显，具有水平分带和垂直分异的特点（国家地质总局水文地质工程地质研究所，1979；李家熙和吴功建，1999）。

亚洲的气候与地貌控制大陆水汽通量，同时中高周低的地形结构和纵横分布的庞大山带加剧了气候类型的复杂程度，促进了大陆性气候和典型季风气候的形成，使得大气降水时空分布不均匀，大致形成了从湿润的东南部向干燥的西北部递减的趋势，在中亚和西亚出现最干旱的荒漠地区。山地高原形成的独特的气候类型和复杂的垂直气候带导致不同区域地下水的相对循环更新速度快慢不一，地下水化学组成以青藏—帕米尔高原、图兰平原、阿拉伯半岛西南部等为中心向四周呈带状展布，即由重碳酸盐型为主的低矿化淡水过渡为重碳酸盐–硫酸盐为主的微咸水再到重碳酸盐–氯化物为主的半咸水—咸水直至硫酸盐–氯化物型咸水。

地下水水化学组成在区域上的水平分带性表现为从山区到平原、由山麓至盆地中心或由山前至滨海的水化学组成的规律性带状分异。

地下水中分布最广、含量较多的离子共七种，即：氯离子（Cl^-）、硫酸根离子（SO_4^{2-}）、重碳酸根离子（HCO_3^-）、钠离子（Na^+）、钾离子（K^+）、钙离子（Ca^{2+}）以及镁离子（Mg^{2+}）。一般情况下，随着溶解固体总量（total dissolved solid，TDS）的变化，地下水中占主要地位的离子成分也随之发生变化。低矿化水中常以 HCO_3^- 及 Ca^{2+}、Mg^{2+} 为主；高矿化水以 Cl^- 及 Na^+ 为主；中等矿化的地下水中，阴离子常以 SO_4^{2-} 为主，阳离子则可以是 Na^+ 或 Ca^{2+}。

亚洲基岩出露的山区：为地下水补给区，水文地球化学作用以溶滤为主，水化学类型多为 HCO_3–Ca（Ca·Mg）或 HCO_3–Ca·Na 型淡水。中亚干旱地区山地：硫酸盐含量升高，属 HCO_3·SO_4–Na·Mg 型水，荒漠山地水化学类型复杂。广大平原区或盆地山前倾斜带：为地下水的径流区，水交替作用频繁，水文地球化学作用以溶滤为主，水质随着含水介质和微地貌的变化而变化，水化学类型多为 HCO_3–Ca·Mg，HCO_3–Na·Mg 和 HCO_3·SO_4–Na·Mg 型的溶滤—径流地下水。平原中部至沿海低平原及内陆盆地中部，地下水径流速度逐渐减弱，甚至滞留，蒸发排泄作用较强。水文地球化学作用以滞留蒸发浓缩作用和海水的混合作用为主，含盐量逐渐升高，出现咸、淡水互层，水化学类型的水平变化依次为 HCO_3·Cl–Na·Mg，SO_4·HCO_3–Na·Mg，SO_4·Cl–Na 或 Cl·HCO_3–Na（Na·Mg）型微咸—咸水。沿海地区则为 Cl–Na 型海水混合作用形成的咸水。以上五大区域构成亚洲地下水化学组分复杂多变的基本特征。

5.2.2　地下水化学成分形成的主要影响因素

地下水化学成分是在漫长的地质历史时期中形成的，其总体分布特征是地质历史中各种因素综合作用结果的反映。概括亚洲地下水化学成分分布认为，气候变化、水文过程、地形地貌、地质构造、地层岩性及人类活动影响等是其水化学成分形成的主要影响因素（李家熙等，2000）。

亚洲地域辽阔，自然地理景观差异显著，地质构造格局控制着自然地理分区。亚洲中部的伊朗高原和帕米尔—青藏高原是大陆性气候和海洋性季风气候的分界，直接影响各区域的气候变化、水文地质、生态环境等，也使地下水化学组成产生分异。区域构造控制下的地形地貌，如青藏高原、伊朗高原、蒙古高原、阿拉伯高原、德干高原、图兰盆地、西伯利亚平原、华北东北平原等自然景观使气候变化具有地区差异性，影响环境演化，进而对地下水化学成分的形成与演变产生影响。

1. 气候对地下水化学成分特征的控制作用

在太阳辐射、大气环流和下垫面等因素的综合影响下形成了亚洲气候的主要特征，具有大陆性气候强烈、季风气候典型、气候带俱全和气候类型复杂等突出特征，对亚洲地下水化学成分的形成起着最重要的控制作用。亚洲大陆主要受冬季西伯利亚高压、夏季印度低压、全年存在于北太平洋的阿留申低压和夏威夷高压所控制。气温随纬度增加而递减，水汽含量和降水量亦有近似特征，尤其是远离海岸的中亚、西亚内陆盆地及丘陵山地、黄土高原以及紧靠印度洋的阿拉伯半岛、伊朗高原地区，降水量少，蒸发量大。地下水化学成分的分布特征与亚洲的气候分带变化特点呈现良好对应关系，既有随纬度的变化，又有沿东西经度的规律性变化（张发旺等，2012）。

亚洲的大气降水特点是：时空分布不均匀，大致从湿润的东南部向干燥的西北部递减，在中亚和西亚出现最干旱的荒漠地区。亚洲东部和南部为热带亚热带湿润季风气候区，大气降水主要受太平洋和印度洋暖湿气流影响，中部隆起地貌控制水汽通量，沿东亚的日本群岛—朝鲜半岛—中国秦岭—青藏高原—德干高原一线朝向太平洋和印度洋大于 800 mm/a 雨量线范围，大气降水对地下水补给充沛，水循环交替作用强烈，水中的化学组分溶滤迁移作用充分，含盐量一般较低，水质较好。亚洲中部内流区及盆地（主要为中亚和西亚）的干旱半干旱气候，广袤的荒漠盆地受周围高原山地包围，大洋水汽通道被高大山系阻隔，降水量大多小于 200 mm/a，而蒸发量往往是降水量的数倍，荒漠盆地大气降水补给十分匮乏。北亚的西伯利亚大部分地区属温带，北部沿海和北冰洋中的岛屿，终年严寒，属极地气候。北亚降水分布，随着距离大西洋的远近而从西向东递减，西部降水量在 500 mm 左右，其他地区大部不超过 350 mm，东北部则减少到 200 mm。北亚气候寒冷，蒸发较弱，冻土广布，虽降水较少，但仍为冷湿环境，其水循环交替作用较弱，水中化学组分溶滤迁移作用一般，水质较好。

2. 地下水补径排条件对地下水化学组分的影响

亚洲大陆的 3/4 是山地，地表水向外呈发散状径流入海。在四季分明的地区，枯水期出山口的地表径流量基本代表山区地下水的天然排泄量；而在季节区分不明显的热带雨林地区则不然，水资源十分丰富，地下水的开发利用较少。平原盆地的河流与地下水的相互转化明显，一般是旱季河流排泄地下水，雨季补给地下水，特殊情况的黄河下游悬河段，河水常年补给地下水；还有区域地下水超采地区如华北平原地下水位持续下降，基本上处于有河无水的情况，主要靠降水补给；而西伯利亚平原第四系陆相及海相沉积呈厚达 100~200 m 的完整盖层，几乎覆盖了台地全区。在西西伯利亚冰川作用以外的南部（北纬 60° 以南），于更新世开始了黄土（冰期）和古土壤层（间冰期）以及湖相、冲积相沉积层的形成，构成包括叶尼塞河、鄂毕河、额尔齐斯河、托博尔河等大河的众多河谷阶地。由南向北河系主要径流，其路径周期性地产生在冰川堤的一侧，冰壳边缘为宽阔而轮廓复杂的堰塞湖水域，地下水主要接受鄂毕河与叶尼塞河水和冰川融化水供给。由于西西伯利亚平原的地形非常平坦，这里的河流流速也就非常缓慢。每年春季，由南向北流的鄂毕河总是上游先解冻，鄂毕河水系纵贯全境，河网密布（约有 2 000 条大小河流），湖泊众多，沼泽连片。而北方的下游此时还是冰封状态，结果是上游来水无法顺利通过，造成冰水泛滥。年复一年的这种情况，导致地下水常年处于饱和状态，在这里形成了大片的沼泽和湿地。

地下水化学成分的形成除受补给条件的制约外，还受区域地质环境、地貌条件和含水岩性的影响，水化学类型复杂，地域性变化明显。如在中国的黄土高原地区，地下水具有原地补给、就近排泄、径流途径短等特点，水化学成分变化取决于补给条件和黄土层中易溶盐含量。沿海地区及岛屿，其地下水因受海水入侵等作用影响，地下水含盐量升高。特别是地下水开发利用程度较高地区，超量开采地下水，地下水水位下降导致海水入侵，引起水质恶化，形成了含盐量大于 10 g/L 的重碳酸盐-氯化物型或氯化物型咸水。内陆平原或盆地的中心区域，受深部咸水或卤水向上顶托补给造成局部地下水化学成分发生变化，含盐量增高。

3. 人类活动对地下水化学成分的影响

人类活动对地下水化学成分形成的影响广泛，最直接和最主要的有三方面：一是开采地下水往往引起包气带及饱水带氧化还原条件变化，进而诱发或加快污染组分通过开采区进入含水层，或通过层间越流、海水入侵、咸水混染以及地下侧向径流等方式污染地下水；二是生产、生活排放的污染物对地下水产生污染，主要有排污河渠、排污管道、坑、井污水的下渗，固体废物淋滤液入渗，农田污灌水入渗，化肥、农药残余入渗，以及酸雨作用等；三是固体、液体和气体矿产资源的开发利用对地下水造成干扰等。

总之，亚洲地下水化学成分的形成是一个复杂的过程，影响因素众多，主要受气候变化、自然地理条件及人类活动等因素影响，并通过对地下水补、径、排条件的改变影响地下水化学类型及其分布。

5.3 亚洲地下水质量评价及分布规律

地下水水质的演变具有时间上继承的特点，自然地理与地质发展历史对地下水的化学面貌产生了深刻影响，因此必须从水与环境长期相互作用的角度去揭示地下水化学演变的内在依据与规律。针对人体健康的地下水质量情况，参考了世界卫生组织和我国最新的饮用水水质标准的要求，并以 TDS 数值为主要分级依据，将特殊化学组分的异常分布区进行降级，运用层次分析法进行赋值叠加分析，综合评定地下水质量等级。

5.3.1 亚洲地下水质量研究现状

国外关于地下水质量的研究和图件编制基本上是以溶解性固体总量为评价指标对本国区域地下水的说明或评价。如：2013 年德国联邦地球科学和自然资源研究院编制完成的50 多幅水文地质图件，其中包含苏联（苏联地质部，1982a、b、c）、蒙古（蒙古地质与矿产资源研究所，2003）、印度（印度地质调查局，2002）、伊朗（伊朗矿产能源部水资源调查局，1989）、泰国（泰国工业部矿产资源局地下水部，1983）等国家的地下水盐分分布情况；2006 年由 UNESCO 牵头编制的 *Genesis map of saline groundwater of the world* （IGRAC，2009），此图件十分简略地勾画出地下水不同等级盐分在世界各大洲的分布情况，具体内容有待验证和深入推敲。

中国关于地下水质量评价的大比例尺图件首先是冯小铭等编制的《中国地下水质量评价及污染防护分级图》（冯小铭等，1999），此图主要以 90 年代的地下水化学分析资料为依据进行地下水质量评价，表现地下水质量演变的主要特征和基本态势，反映自然和人为因素对地下水质量的双重影响和共同作用。2006 年孙继朝等以新一轮全国地下水资源评价成果为基础编制的《中国地下水环境图》（1：400万）（张宗祜和孙继朝，2006），系统地反映了我国地下水环境质量的空间分布，地下水环境状况和发展趋势。区域尺度地下水质量的研究工作不断进行（廖资生等，2003；汪珊等，2004；文冬光等，2012），但是对于小比例尺特别是洲际尺度的地下水质量研究工作仍较少。

因此，大区域洲际尺度的地下水质量研究和评价工作处于起步阶段，研究亚洲的地下水质量及水文地球化学情况可以为亚洲各国自然资源开发利用、水资源规划与保护提供科学依据，为国际水文地质学研究提供研究资料。

5.3.2　地下水质量标准及评定方法

5.3.2.1　地下水质量评定标准

地下水化学元素标准主要参照现行的世界卫生组织《饮用水水质准则》（后简称"世卫准则"）（世界卫生组织，2005）和最新的《中华人民共和国生活饮用水卫生标准》（GB 5749-2006）（后简称"中国标准"）（国家技术监督局，1994，2006）。其中，GB 5749-2006中表示：采用地表水为生活饮用水水源应符合GB 3838要求，采用地下水为生活饮用水水源应符合GB/T 14848要求。

1. TDS

主要参照世卫准则（1 g/L）和中国标准中溶解固体总量（TDS，0.45 g/L），当TDS水平大于1000 mg/L时，饮用水的口感明显变差并越来越不好。

含盐量分类以溶解固体总量为标准，统一规定：淡水<1 g/L，微咸水1~3 g/L，半咸水3~5 g/L，咸水>5 g/L四个等级（表5-1）。

表5-1　标准溶解固体总量等级

按含盐量分类	淡水	微咸水	半咸水	咸水
溶解固体总量/(g/L)	<1	1~3	3~5	>5

2. 氟（F）

主要参照世卫准则（1.5 g/L）和中国标准中氟化物含量（F^-，1.0 g/L）。氟是重要生命元素，饮用水的氟化物阈值为0.5~1.0 mg/L（表5-2）。

表5-2　氟化物含量评价分级标准

氟化物评价分级	低氟	适宜氟	高氟
F^-/(mg/L)	<0.5	0.5~1.0	1.0

氟是一种重要的生命必需微量元素，在天然水中分布较广，其含量大于1 mg/L者称为高氟地下水。饮用高氟地下水会导致地方性氟中毒，氟化物低于0.5 mg/L也会致病，地方病严重威胁人类生命健康。

3. 砷（As）

主要参照世卫准则（0.01 mg/L）和中国标准中砷含量（As^{3+}、As^{5+}, 0.01 mg/L），均规定饮用水标准中砷的浓度不得高于 10 μg/L（表 5-3）。

表 5-3　砷含量评价分级标准

砷评价分级	适宜	较不适宜	不适宜	严重不适宜
As^{3+}、As^{5+}/（μg/L）	<10	10 ~ 50	50 ~ 400	>400

世界卫生组织 1993 年根据仪器之监测极限与人体风险评估，将饮用水砷浓度标准由 50 μg/L 降至 10 μg/L，国际癌症研究组织（International Agency for Research on Cancer，IARC）也将砷列为致癌物之一。中国饮用水砷（As）的标准为 ≤50 μg/L，当水中砷元素大于 50 μg/L 为高砷水文地球化学环境，饮用水中砷最高容许浓度为 400 μg/L。

世界卫生组织认为，长期饮用含砷量超过 10 μg/L 的水可导致砷中毒，这是一种导致皮肤紊乱、坏疽以及肾癌和膀胱癌的慢性病。慢性饮水型砷中毒对人体多系统功能均可造成危害，包括高血压、心脑血管病、神经病变、糖尿病、皮肤色素代谢异常及皮肤角化，影响劳动和生活能力，并最终发展为皮肤癌，可伴膀胱、肾、肝等多种内脏癌的高发。高砷地下水是威胁地区居民身体健康和生活水平提高的重大环境地质问题之一。

4. 铁（Fe）锰（Mn）

主要参照世卫准则（Fe^{2+}、$Fe^{3+} \leqslant 0.3$ mg/L，$Mn^{2+} \leqslant 0.1$ mg/L）和中国标准中铁锰含量（Fe^{2+}、$Fe^{3+} \leqslant 0.1$ mg/L，$Mn^{2+} \leqslant 0.05$ mg/L）（表 5-4）。

表 5-4　铁含量评价分级标准

评价分级	适宜	不适宜	严重不适宜
Fe^{2+}、Fe^{3+}/（mg/L）	<0.1	0.1 ~ 1.5	>1.5
Mn^{2+}/（mg/L）	<0.05	0.05 ~ 1.0	>1.0

地下水中的铁锰一般是在还原环境共生的二价离子，饮用水中铁（Fe）锰（Mn）含量超标，降低质量，口感差，锈色影响洗涤和食品加工。

5. 氡（^{222}Rn）

地壳是天然放射性核素的重要储存库，与其他放射性元素共生，有关研究表明地质背景是燕山晚期超单元花岗岩岩体，且岩体内分布有断裂构造带和大量酸性岩脉，正长花岗岩地面放射性核素 ^{238}U 明显偏高，使得地面放射性核素浓度与平均浓度水平相比总体属于偏高区。尤其是原生放射性核素多储存于岩浆岩中，土壤的地理位置、地质来源、水文条件、气候以及农业历史等都是影响土壤中天然放射性核素含量的重要因素。氡释放于地下水中，氡是镭在衰变过程中产生的一种弱放射性气体，氡本身是惰性气体，易溶于水、油和脂肪中，更易溶于空气。氡也是具有两面性的放射性元素。一方面，在医疗上的应用，一般浴疗、饮疗和吸收法并用。进入人体的氡主要靠放射出来的各种射线起作用，刺激人体功能，能促使皮肤血管收缩和扩张，调整心血管功能，因此可以治疗高血压及某些心血管疾病。另一方面，若长期生活在含氡量高的环境里，人的呼吸系统、血液循环系统可能会受到损害，如白细胞和血小板减少，严重的还会导致白血病（林年丰，1991）。

从地质和医疗方面综合考虑，本研究确定地下水中放射性氡异常值下限为 45 Bq/L，上限为 135 Bq/L，大于上限即为高值（异常）区，特别对容易产生放射性氡的地质环境做出适当警示。

5.3.2.2　层次分析法赋值等级评定

以 TDS 数值为主要分级依据（好，TDS≤1 g/L；一般，1 g/L≤TDS≤3 g/L；较差，3 g/L≤TDS≤5 g/L；差，5 g/L≤TDS），将特殊化学组分的异常分布区进行降级（降级原则见表5-5），运用层次分析法进行赋值叠加分析，综合评定地下水质量等级。

地下水质量优劣等级分为：好；较好；一般；较差；差（表5-5）。

表 5-5　地下水质量评级

地下水质量等级	好		较好		一般		较差		差
TDS/（g/L）	≤1		≤1，且异常值=1		1~3		3~5		≥5
异常分值	分值	降级	分值	降级	分值	降级	分值	降级	—
降级评定	≥1	1	TDS≤1，且异常分值=1		≥3	1	≥5	1	—
	≥3	3			≥5	2	—	—	—
	≥5	4			—	—	—	—	—

特殊化学组分根据对人类健康影响危害程度进行经验赋值，其赋值情况为：砷离子含量，5（超标为5，不超标为0，以此类推）；氟化物含量，3；铁、锰离子含量，1。特殊化学组分超标危害分值：将各化学组分的权重分值进行叠加。

5.4　地下水水文地球化学作用分带

地下水的物理、化学性质及其变化规律均有明显的区域性特征，主要集中反映在地下水含盐量与化学类型上，这种呈带状的空间分异现象称为水质分带。地下水化学物质组分与地壳岩石化学组分及水的特殊性质有关，特别是地下水化学特征及其水质分带，受区域性气候、水文、地形地貌及沉积环境（地层岩性）等因素控制明显，具有地理纬度上水平分带规律和地势上垂直分异特征（李家熙等，2000）。

5.4.1　地下水中含盐量区域分布

地下水含盐量受地势和气候控制，有明显的地带性特点。除北亚外，亚洲其他地区含盐量与降水量呈负相关。亚洲地下水含盐量总体上的特点为从南北向中纬度地区逐渐增多。图 5-2 为亚洲地下水含盐量图。

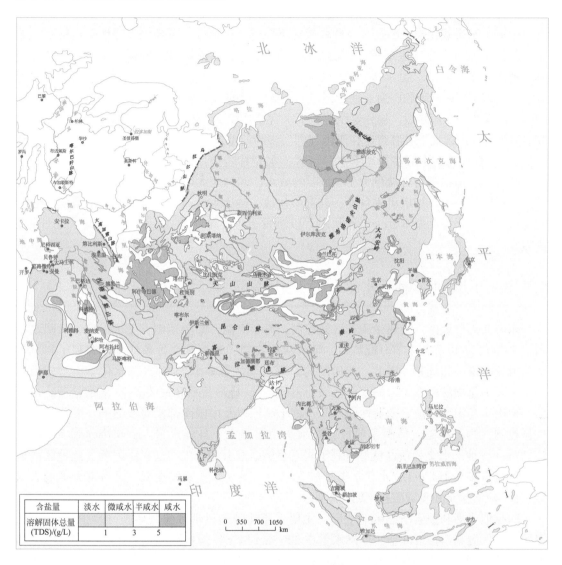

含盐量	淡水	微咸水	半咸水	咸水
溶解固体总量 (TDS)/(g/L)		1	3	5

图 5-2　亚洲地下水含盐量图

　　北亚大部及中低纬的高山、高原地区（如青藏高原）受西伯利亚寒流及蒙古高压控制，地温常处于零度或负温，土层上部常发生周期性冻融或处于永久冻结状态，低海拔高纬度的冰丘水以及高海拔低纬度的高寒冰冻融水对地下起到补给和径流调节作用，但水文地球化学作用不强，含盐量基本 <1 g/L。但青藏高原高寒气候特殊的自然地理环境，区外输入水汽甚少，羌塘湖区地表水多为短小的内陆河流，在盐湖周围发育有多层地下含水层，并有泉水出露，其含盐量大于 3 g/L。

　　东亚与东南亚的湿润亚热带及热带地区，受太平洋和印度洋暖湿气流影响，雨量极其充沛，水的强烈交替作用为盐分淋滤创造良好条件，水中的化学组分溶滤迁移作用充分，地下水含盐量往往与降水成分接近，普遍为含盐量小于 1 g/L 的淡水。

滨海地带和环洋岛屿的海陆交替海水混合作用，对沿海地区地下水水质咸化有相应的影响，特别是在河流的入海三角洲地区，如长江、恒河、印度河、湄公河和幼发拉底河等，地下水水质咸化作用明显。且这些地区仍保留了更新世以来海水入侵埋藏型咸水，地下水含盐量向海洋方向逐渐增高，由含盐量 1 ~ 3 g/L 的微咸水递增到 3 ~ 5 g/L 的咸水，部分地区大于 5 g/L。

亚洲中部广大内陆和西南亚地区，缺乏暖湿气流的水汽补充，且蒸发强烈，气候干旱，地下水蒸发浓缩作用强烈，盐分聚积使地下水含盐量增加，地下水含盐量一般为 1 ~ 5 g/L。在基岩出露的山区地下水溶滤迁移作用强烈，多为溶滤水，水质环境良好，含盐量一般小于 1 g/L。在盆地的中部多是地下水滞流区，水交替缓慢，地下水在强烈蒸发作用下，盐分不断浓缩，通常多为含盐量大于 5 g/L 的咸水，多构成大陆盐渍化地下水区。在一些封闭或半封闭洼地中，如塔里木盆地、准噶尔盆地、柴达木盆地、图兰平原和里海低地的局部地区，地下水运动基本处于停滞状态，以蒸发为主要排泄方式，形成含盐量大于 5 g/L 的盐水。

5.4.2 不同地区地下水水化学作用类型

东南亚岛群地区：受热带雨林气候控制，终年高温，潮湿多雨，无干旱期，年降水量可达 2 000 mm 以上，季节分配均匀，河流纵横交错，地下水交替条件良好有利于岩石易溶盐成分的淋失与迁移。因此，此地区的地下水含盐量多小于 1 g/L，水化学类型较为单一，主要为重碳酸盐型，沿海部分区域为重碳酸盐–硫酸盐型和重碳酸盐–氯酸盐型。

中南半岛山地丘陵、南亚两河平原、德干高原以及中国南部沿海及岛屿：受热带季风气候控制，终年高温，旱雨季明显，降水集中在雨季，且降水量大，年降水量为 500 ~ 2 000 mm，地下水交替条件良好有利于岩石易溶盐成分的淋失与迁移。因此，此地区的地下水含盐量多小于 1 g/L，水化学类型较为单一，主要为重碳酸盐型，沿海部分区域为重碳酸盐–硫酸盐型和重碳酸盐–氯酸盐型。

阿拉伯半岛和美索不达米亚平原：主要受亚热带和热带沙漠气候控制，少雨、少云、日照强、气温高、蒸发旺盛，年降水量在 200 mm 以下，但由于四周被阿拉伯海、红海和地中海所环绕，有相当程度的地下水量，分布有含盐量由小于 1 g/L 到大于 5 g/L 的地下水。主要为重碳酸盐型、重碳酸盐–硫酸盐型和重碳酸盐–氯酸盐型。

日本、韩国南部以及中国华南山地丘陵、平原地区：受亚热带海洋性季风气候控制，潮湿多雨，年平均降水量多在 1 500 mm 以上，河流纵横交错，地下水交替条件良好有利于岩石易溶盐成分的淋失与迁移。因此，此地区的地下水含盐量多小于 1 g/L，水化学类型较为单一，主要为重碳酸盐型。

东北亚山地、平原以及中国华北平原、黄土高原：受温带季风气候的控制，冬季寒冷干燥，夏季暖热多雨，年降水量多为 500 ~ 1 000 mm，年蒸发量 1 000 ~ 2 000 mm，随着纬度的增高，冬、夏气温变幅相应增大，而降水逐渐减少。受气候、地形地貌的综合影响，这些地区的地下水含盐量较高，尤其在华北和东北平原的中东部地区，随地下水运移途径的增长，以及蒸发、浓缩作用的增强，地下水的含盐量由小于 1 g/L 逐渐升高到 3 g/L，水化学类型也由重碳酸盐型转为重碳酸盐–硫酸盐型至滨海区的氯化物型。

青藏高原：受高原山地气候控制，此地区海拔高，气温低，日照丰富，降水少，迎风坡降水多，雪线低；背风坡降水少，雪线高，雪线高度与气温成正比，与降水成反比，年均降水量在 700 mm 以下。青藏高原是一个特殊的构造单元，它是大陆壳经过多次缝合后，在始新世陆内汇聚、南北挤压形成新的活化构造体系。随着新生代区域性气候变化和高原抬升，大气环流几经垂直和水平分异的变化，导致湖盆水体盐度、沉积物的变化，新生代湖相地层相当发育，有较为广泛的成盐盆地分布。

亚洲内陆盆地、丘陵山地以及北亚台地、高原：主要受温带大陆性气候控制，冬寒夏暖，气温年较差与日较差大，降水稀少且集中在夏季，年降水量 600 mm 以下。受地形地貌影响强烈，地下水有冻融迁移、蒸发盐化和溶滤迁移等作用，水化学类型复杂，包含重碳酸盐型、重碳酸盐–硫酸盐型、重碳酸盐–氯酸盐型和硫酸盐–氯化物型。地下水主要以蒸发和蒸腾方式排泄，导致盐分在地下水和土壤中聚集，形成水化学成分环带状变化规律。干旱区地下水含盐量及水化学成分的变化比较复杂。除干旱少雨、强烈蒸发影响干旱区地下水化学成分外，微地貌、岩性、地表水的渗入等作用，都能改变地下水的埋藏状况、循环条件，进而改变地下水的化学成分。

5.4.3　亚洲地下水质量分布规律

亚洲的气候、地质构造、地层岩性、地形地貌、水文过程及人类活动决定并影响地下水质量的形成和时空分布。地下水质量的演变具有时间上的继承性，自然地理和地质发展历史以及人类活动影响了地下水的化学面貌，因此须从地下水与环境长期相互作用的角度来揭示地下水质量演变的内在依据与规律（张发旺等，2012）。

亚洲地下水质量分布具有较大的空间差异性，总体上呈现出从高低纬度向中纬度地区逐渐变差的趋势，由山麓至盆地中心或由山前至滨海逐渐变差，内陆干旱区和沿海三角洲地区的地下水质量较差且化学成分复杂。图 5-9 为亚洲地下水质量略图。

北亚大部分地区属寒温带，北部沿海和北冰洋中的岛屿属极地气候。北亚大部受西伯利亚寒流及蒙古高压控制，气候寒冷，蒸发较弱，季节性和永久性冻土广布，虽降水较少，但仍为冷湿环境。降水分布随着距离大西洋的远近而从西向东递减，西部降水量在500 mm 左右，其他地区大部不超过 350 mm，东北部则减到 200 mm。盆地松散沉积物被许多河网切割成河间地块，特别是在多年冻结层发育区，冻结层上水是通过河谷和透水融区进行排泄，冻融交替作用积极，地下水的补给受季节性冻融影响显著，在季节性冻结层分布的冻融交替带构成地下水较好的补给区。在多年冻结层分布区，通过冰丘调节对地下水的补给，冻结层下水具备径流条件。水文地球化学作用不强，水化学成分较为简单，部分地区有少量氡元素的分布，含盐量基本小于 1 g/L，水质化学分带主要为重碳酸盐型淡水，地下水质量较好。

东亚和南亚为热带亚热带湿润季风气候和大陆性季风气候，大气降水主要受太平洋和印度洋暖湿气流影响。亚洲中部青藏高原的隆起地貌控制水汽通量，沿东亚的日本群岛—朝鲜半岛—中国秦岭—青藏高原—德干高原一线朝向太平洋和印度洋>800 mm/a 雨量线范围，大气降水对地下水补给充沛。地下水循环交替作用强烈，水中的化学组分溶滤迁移作用充分，含盐量一般较低，地下水水质较好，地下水含盐量一般为小于 1 g/L。滨海地带和环洋岛屿的海陆交替海水混合作用，对沿海地区地下水水质咸化有相应的影响，地下水含盐量一般大于 3 g/L。水质化学分带主要为重碳酸盐淡水，以及滨海和河流三角洲的硫酸盐型和氯化物型半咸水—咸水。地下水化学组分较为复杂，氡、氟、铁锰元素广布，砷元素广泛分布于河流三角洲地区。东亚和南亚地区的地下水质量大部分较好，滨海地区、环洋岛屿以及河流三角洲地区水质较差。

中亚和西亚为干旱半干旱气候，降水量大多小于 200 mm/a。蒸发量往往是降水量的数倍，荒漠盆地大气降水补给十分匮乏，地下水主要补给来源于山地的地形降雨形成的地表径流转化补给地下，水循环交替作用滞缓，水中化学组分溶滤迁移作用一般，地下水蒸发浓缩作用强烈，含盐量较高，地下水一般为含盐量 1 ~ 3 g/L 微咸水，在盆地的中部多为含盐量大于 5 g/L 的咸水。水质化学分带主要为重碳酸盐、硫酸盐、氯化物为主的微咸水—半咸水—咸水，地球化学组分较为复杂，在盆地中部及流域三角洲有砷的分布，部分地区分布氟、氡、铁锰敏感元素。中亚和西亚地区地下水质量普遍较差，部分盆地中部及河流三角洲地区更为严重。

5.4.4　地下水水质分带特征

地下水循环交替条件决定着地下水的溶滤淡化和浓缩盐化作用的程度，具有水质分带特征，其空间分布特征主要是由南北向中间的阶梯状地势、海岸带走向和气候的综合影响的结果。

在地质地貌控制下，地下水水质分带表现为从山区到平原、由山麓至盆地中心或由山前至滨海的水化学组成的规律性带状分异。

气候因素中，降水和蒸发对地下水的分带起主导作用。因为地下水主要由大气降水补给，所以降水的丰富程度与地下水的补给量有着密不可分的关系，况且降水的强度对岩石的淋溶—溶滤具有重要作用。亚洲的气候与地貌控制大陆水汽通量，同时地形与降水也对区域水循环产生巨大影响。亚洲大陆以帕米尔—青藏高原为中心，山脉向三面延伸，跨寒、温、热三大气候带，气候类型复杂多样、季风气候典型和大陆性显著，其水汽来源有太平洋、印度洋和北冰洋。亚洲的大气降水特点是：时空分布不均匀，大致从湿润的东南部向干燥的西北部递减，在中亚和西亚出现最干旱的荒漠地区（张发旺等，2012）。

将地下水化学类型、含盐量、降水补给状况和地质环境结合起来，进行相关分析，将亚洲地下水的水质分带划分为四类。图 5-3 为亚洲地下水水文地球化学分带图。

Ⅰ重碳酸盐型为主的淡水带：地下水含盐量绝大部分地区小于 1.0 g/L（仅局部滨海地区为 1.0 ~ 3.0 g/L 或大于 3.0 g/L）。

Ⅱ重碳酸盐、硫酸盐型为主的淡水—微咸水带：地下水含盐量大部分地区小于 1.0 g/L，部分地区为 1.0 ~ 3.0 g/L（局部地区大于 3.0 g/L）。

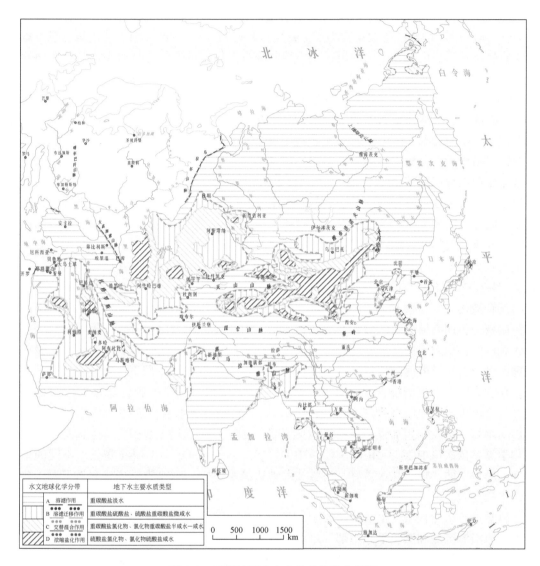

图 5-3 亚洲地下水水文地球化学分带图

Ⅲ重碳酸盐、氯化物型为主的半咸水—咸水带：地下水含盐量大部分地区为 1.0 ~ 3.0 g/L 或大于 3.0 g/L。

Ⅳ硫酸盐、氯化物型为主的咸水带：地下水含盐量大部分地区为 3.0 ~ 5.0 g/L 或大于 5.0 g/L。

重碳酸盐型为主的淡水带：分布于北亚、东北亚、东亚及南亚地区。年降水量大于 400 mm，南亚地区大于 1 000 mm。丰沛的降水为地下水提供了充足的来源，地下水循环交替作用强烈，地下水以溶滤—渗入为主要作用方式。南亚地区亚热带热带季风气候，降水量十分充沛，地表水系发育，岩石物理、化学风化作用强烈，水交替作用频繁，地下水含盐量一般小于 1 g/L，以 HCO_3-Ca·Na 型水为主。亚洲的碳酸盐岩分布广泛，可分为热带喀斯特、亚热带喀斯特、温带喀斯特、寒带喀斯特和干旱地区喀斯特，特点是水量丰富，时空分布不均匀。水化学组成在石灰岩地区以 HCO_3-Ca 型水为主，白云岩分布区则为 $HCO_3-Ca \cdot Mg$ 型水，含盐量均小于 1 g/L，表现为化学组分浓度值与降水量、泉流量的增长成反比关系。但是在中国的川、滇中部的晚古生代及中生代含盐地层，被水系切割后的沟壑常成为地下水的天然排泄通道，往往出现大于 2 g/L 的咸水泉及大于 10 g/L 的盐泉，对局部地段水化学成分产生重大影响。

重碳酸盐、硫酸盐型为主的微咸水带：主要分布在西亚的阿拉伯半岛中部、伊朗高原中部、图兰平原北部，中亚的哈萨克丘陵地区、蒙古高原周边区域和青藏高原羌塘湖区。在此气候带中大部分属于半湿润半干旱地区，年降水量一般为 200 ~ 400 mm，在阿拉伯半岛及羌塘西部地区降水量小于 200 mm。地下水在半干旱气候控制下，水质从淡水向微咸水转化，具有渐变过渡特征。由于地貌及含水层岩性的影响，地下水化学类型复杂，地域性差异明显。雨量季节性分配不均，此带西部地区部分受热带海洋性气候影响，东部地区尚能受到季风气候的影响，中低山、丘陵和平原地带的地下蓄水条件一般，水质一般，含盐量大部分为 1 ~ 3 g/L，水化学类型以 $HCO_3-Ca \cdot Na$ 型水为主，其次为 $HCO_3 \cdot SO_4-Ca$（$Ca \cdot Mg$，$Ca \cdot Na$）型的微咸水。

重碳酸盐、氯化物型为主的半咸水—咸水带：主要分布在西亚的阿拉伯半岛沙漠区和两河流域、伊朗高原沿海区域和图兰平原中部，中亚的哈萨克丘陵地区、蒙古高原以及河流入海口的冲积扇平原。平原的局部地区受微地貌和含水层岩性的影响，在低洼地段或冲积扇前缘及古河道的河间地带，地下水径流滞缓，在蒸发浓缩作用下，含盐量在 3 g/L 左右。在滨海地区上更新统含水层分布有相当规模的咸水，其厚度和含盐量向沿海地区加大，甚至出现大于 10 g/L 的 $Cl-Na$ 型咸水。蒙古高原地下水水质总的变化趋势自东向西干燥度增高，蒸发作用加强，含盐量由东部的 1 g/L 向西部增至 3 g/L，局部大于 5 g/L，水化学类型依次呈 $HCO_3 \rightarrow HCO_3 \cdot Cl \rightarrow HCO_3 \cdot SO_4 \rightarrow Cl \cdot SO_4 \rightarrow Cl \cdot Na$ 变化。不同的地貌单元水质也不同，地势高水质好，河谷或盆地边缘水质好，而地势低洼或河谷下游、盆地中部水质变差。

硫酸盐、氯化物型为主的咸水带：主要分布在西亚的阿拉伯半岛沙漠区和两河流域、伊朗高原沿海区域和图兰平原中部，中亚的哈萨克丘陵地区、蒙古高原以及河流入海口的冲积扇平原。年降水量一般小于 200 mm，中国塔里木盆地中部降水量小于 25 mm，为典型的大陆性气候，干燥少雨而多风沙，平原沙漠区夏季酷热，日温差变化极大，蒸发作用强烈。不同的地质、地貌条件下，河流与地下水之间相互转化，平原区地下水主要靠地表水系渗入补给。地下水水质受干旱气候控制，含盐量及水的化学类型变化较大，除高山和山前冲洪积扇平原外，几乎大部分地区被咸水所占据，水化学类型复杂，盐化作用强烈，在内陆盆地中具有各自的水平化学分带，由内陆盆地边缘向中部出现递变的规律。完全封闭的盆地积盐程度较高，盆地中部常有连片的矿化水分布，地下水含盐量多大于 10 g/L，最大达 200 ~ 300 g/L，而半封闭盆地盐分积累相对较低，只有局部地段才分布有较高含盐量地下水。地下水自山前倾斜平原的冲洪积扇前缘，经过窄小的水质过渡带很快进入以氯化物为主的咸水分布区，高含盐量地下水主要见于图兰平原、柴达木盆地、塔里木盆地、准噶尔盆地等内陆腹地。

5.5　地下水特殊组分区域分布特征及成因

5.5.1　浅层高砷地下水

砷（Arsenic，As）为毒性物质，普遍存在于岩石、土壤、水、沉积物和空气中。砷有四种价态，以 As^{3+} 和 As^{5+} 居多。含砷矿物可分为硫化砷、氧化砷和金属砷化物三类。硫化砷矿物经氧化后较易被水溶解，氧化砷矿物及金属砷难溶解。氧化砷以砷酸盐（H_3AsO_4）、亚砷酸盐（H_3AsO_3）的形式存在于水中。由于砷的价态不同，其物理化学性质也不同，在氧化的碱性环境中亚砷酸盐不稳定，而砷酸盐比较稳定。所以 As^{3+} 能够较多地转变为 As^{5+}；在酸性还原环境中，亚砷酸盐较稳定，天然水中的砷以 As^{3+} 为主，可占总砷量的 70% ~ 90%，而 As_2O_3（砒霜）是一种剧毒物，所以砷的这种水文地球化学特性在特定的条件下，对人类健康产生不利的影响。

5.5.1.1　亚洲高砷地下水分布

高砷地下水在世界范围内广泛分布，砷含量大于 50 μg/L 的地下水已经在美国、中国、匈牙利、印度、孟加拉、墨西哥、罗马里亚、越南等十几个国家和地区中发现，而亚洲的中国、印度、孟加拉国、菲律宾、蒙古、越南、泰国等国家的高砷地下水浓度高且分布最为广泛。图 5-4 为亚洲砷元素分布图。

高砷地下水主要分布在干旱—半干旱内陆盆地、河流三角洲地区以及地热异常地区。内陆干旱—半干旱盆地高砷地下水中的 Ca^{2+} 含量低，Na^+ 和 HCO_3^- 的含量高，SO_4^{2-}，pH，Eh 也较高，主要包括图兰平原北部、德干高原、准噶尔盆地、大同盆地、呼包盆地、河套盆地、银川盆地、松嫩盆地等。河流三角洲地区 Ca^{2+} 含量高，Na^+ 的含量较低，NO_3^-，SO_4^{2-}，pH，Eh 也较低，主要包括恒河三角洲、萨尔温江三角洲、湄公河三角洲、红河三角洲、印度尼西亚的加里曼丹岛北部、中国的珠江三角洲、长江三角洲、江汉平原、台湾岛等。高砷出现的地热异常区包括印度河—雅鲁藏布缝合带、富士火山带、贵德盆地、羊八井等。

孟加拉和印度孟加拉州是受高砷地下水危害最严重的地区，主要分布于喜马拉雅隆起带以南，印度洋孟加拉海湾以北的布拉马普特拉河、恒河、梅克纳河 3 条河流形成的全新世冲洪积含水层和三角洲含水层中。该地区地下水中砷的分布和浓度有明显的空间变异性，含水层中沉积物的沉积相特征决定了砷的分布，其浓度范围为 0.5 ~ 3 200 μg/L。据估计，在孟加拉国以砷浓度大于 50 μg/L 地下水为饮水源的人口有 3 000 万 ~ 3 500 万，印度孟加拉州大约有 600 万（Ahmed et al.，2004）。

越南的湄公河和红河流域也分布着原生高砷地下水。在湄公河三角洲地区，地下水砷浓度呈现出明显的季节差异性，在雨季砷的浓度较低，其浓度范围为 1 ~ 1 610 μg/L（平均为 217 μg/L）。在红河三角洲地区，全新世沉积物形成的浅部含水层（10 ~ 15 m）中砷的浓度范围为 1 ~ 3 050 μg/L（平均浓度为 159 μg/L）（Berg et al.，2007）。红河三角洲砷

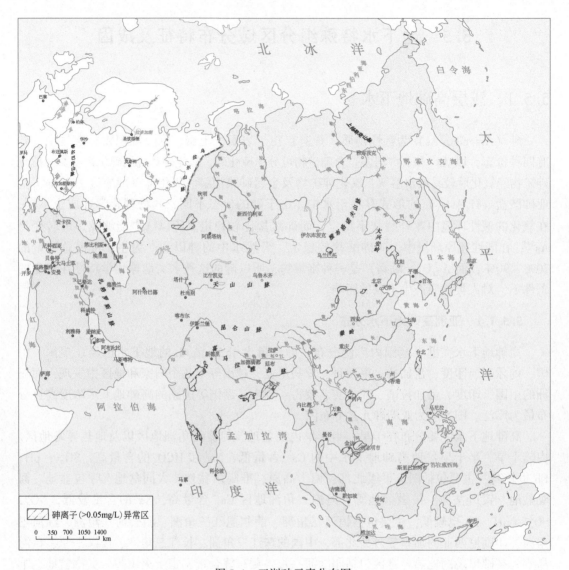

图 5-4　亚洲砷元素分布图

的分布也有较明显的空间差异，有27%的井点超过了世界卫生组织的标准 10 μg/L。含 As 浓度最高的地下水分布在沿红河三角洲平原西北—东南方向的宽 20 km 的带状区域。目前约有 300 万人的饮水水源中 As 浓度超过 10 μg/L，约有 100 万人的饮水水源中 As 浓度超过50 μg/L，城市和农村都受到了 As 的影响（Lenny et al.，2011）。

在湄公河流域的柬埔寨据监测有超过 10 万个基于家庭的饮水井中的地下水受到 As 的污染。污染区域约为 3 700 km²，砷浓度范围为 1～1 340 μg/L，48% 超过 10 μg/L。约有120 万人生活在危害健康的区域，大约 350 人/km² 潜在地受到 As 的慢性毒害作用。地下水的 As 从全新世沉积物中的释放很可能是由于还原性金属氧化物的溶解。区域内 As 浓度高、低的分布与现代的低地势的特征以及西南向的古河道相一致，从西部较高地势地区到东部的浅谷地区逐渐降低（Johanna et al.，2007）。

1. 中国内陆盆地高砷地下水

新疆准噶尔盆地：1980 年，中国首次在新疆奎屯地区发现大面积地方性砷中毒，20 世纪 60 年代当地人开始打井开采并饮用地下水，从而引发砷中毒。在天山以北、准噶尔盆地南部的奎屯 123 团地下水砷污染严重，自流井水中砷质量浓度为 70～830 $\mu g/L$。在北疆地区，高砷水点分布以准噶尔盆地西南缘最为集中，西起艾比湖，东到玛纳斯河东岸的莫索湾（罗艳丽等，2006；郭华明等，2013）。

山西大同盆地：在 19 世纪 90 年代早期发现首例地方性砷中毒患者，该病的流行发生在 19 世纪 80 年代中期居民把饮用水源从 10 m 以内的大口井转变为 20～40 m 的压把井之后的 5～10 年间。2003 年调查显示，所测试的 3 083 口井中 54.4% 超出了 50 $\mu g/L$。高砷地下水的 pH 较高，一般为 7.1～8.7，PO_4^{3-} 质量浓度达 12.7 mg/L，而 SO_4^{2-} 质量浓度较低（一般低于 2 mg/L）。As（Ⅲ）是地下水中砷的主要形态，占总砷的 55%～66%。此地区地下水中的砷主要来自于恒山变质岩的风化作用，且灌溉水的入渗和径流冲洗是控制地下水系统中砷释放的重要过程（王焰新等，2010；郭华明等，2003）。

内蒙古呼和浩特盆地和河套盆地：在内蒙古地区，砷质量浓度大于 50 $\mu g/L$ 的地下水主要存在于克什克腾旗、河套盆地和土默特盆地（呼包盆地）。砷影响区面积达到 300 km^2，超过 100 万居民受到威胁。超过 40 万居民饮用砷质量浓度大于 50 $\mu g/L$ 的地下水，在 776 个村庄中有 3 000 位确诊的地方性砷中毒患者。克什克腾地区的高砷地下水主要是由毒砂矿的开采造成的，而河套盆地和土默特盆地（呼包盆地）高砷水主要是由地质成因引起的，主要存在于晚更新世—全新世冲湖积含水层中（张翼龙等，2010）。

吉林松嫩平原：2002 年在松嫩平原的西南部发现砷中毒新病区，主要分布在通榆县和洮南市，当地居民大多以潜水作为饮水水源，部分饮用承压水。地下水水化学特征具有明显的水平分带性和垂直分带性：在垂向上，砷主要富集在深度小于 20 m 的潜水和深度为 20～100 m 的白土山组浅层承压水中。在水平方向上，地下水中砷质量浓度为 10～50 $\mu g/L$ 的潜水主要分布在山前倾斜平原的扇前洼地及与霍林河接壤的冲湖积平原内（汤洁等，2010）。

宁夏银川盆地：宁夏银川盆地于 1995 年发现有地方性砷中毒病区和砷中毒病人。地下水中砷质量浓度为 20～200 $\mu g/L$，主要分布在银川平原北部沿贺兰山东麓的黄河冲积平原与山前洪积扇地带，呈 2 个条带分布于冲湖积平原区。在垂向上，地下水中砷质量浓度随深度增加而降低，高砷地下水一般赋存于 10～40 m 的潜水含水层（砷质量浓度从小于 1 $\mu g/L$ 到177 $\mu g/L$），且砷质量浓度随水位改变呈现出动态变化特征；第一、二承压水大部分地区未检出砷或检出砷质量浓度低于 10 $\mu g/L$。高砷地下水呈中性—弱碱性，为 HCO_3-Na-Ca、Cl-HCO_3-Na、Cl-HCO_3-Na-Ca 型水，氧化还原电位较低。此地区特殊的古地理环境特征、地下水径流条件、氧化还原环境等被认为是地下水中砷富集的重要因素（金银龙等，2003）。

2. 中国河流三角洲高砷地下水

珠江三角洲：2009 年珠江三角洲地区地下水污染调查中发现，地下水中砷质量浓度为

$2.8 \sim 161\ \mu g/L$。地下水处于还原环境，且呈中性或弱碱性。该地区高砷地下水的显著特点是，NH_4^+ 和有机质质量浓度高（分别为 390 mg/L 和 36 mg/L），而 NO_3^- 和 NO_2^- 质量浓度低。有些专家认为，地下水中砷的主要来源为含水介质中原生砷的释放以及地表灌溉污水的入渗补给，而 Wang 等认为沉积物中有机物的矿化以及 Fe 羟基氧化物的还原性溶解是地下水中砷富集的主要过程（郭华明等，2013）。

长江三角洲：20 世纪 70 年代以来，相继发现长江三角洲南部南通—上海段第一承压水中砷质量浓度大于 $50\ \mu g/L$。这一带地下水的还原性相对较强。高砷地下水中 Fe^{2+} 质量浓度普遍较高，多数大于 $10\ \mu g/L$。高砷的主要成因是在还原环境中，AsO_4^{3-} 还原为 AsO_3^{3-}，而且与砷酸盐相结合的高价铁还原成比较容易溶解的低价铁形式。于平胜研究表明，在长江南京段，沿岸 5 km 内地下水中砷质量浓度普遍高于远离长江的地下水（金银龙等，2003；郭华明等，2013）。

江汉平原：江汉平原在 2005 年首次发现高砷水源和首例地方性砷中毒病例。其中，仙桃市和洪湖市是江汉平原砷中毒最为严重的地区。调查表明，仙桃市 848 口井中有 115 口井砷质量浓度超过 $50\ \mu g/L$，地下水中砷质量浓度最高达 $2010\ \mu g/L$。此地区属于亚热带季风气候，降水充沛，地下水埋深浅，地下水以 HCO_3–Ca–Mg 型为主。相对于内陆干旱盆地，地下水溶解固体总量（TDS）较低（$0.5 \sim 1$ mg/L）（甘义群等，2014）。

5.5.1.2　高砷地下水的控制因素

近年来，砷富集机理的普遍观点认为，有机物–微生物协同作用下铁氧化物矿物的异化还原以及伴随的 As（V）异化还原，高砷地下水的分布是由沉积物中是否存在可交换态的砷以及有机物含量决定。高砷地下水的成因和控制影响因素较多，主要有以下 7 种。

（1）风化作用。中国的内陆盆地如河套盆地、大同盆地、呼和浩特盆地和银川盆地等的地下水均位于全球平均硅酸盐风化区。这表明，盆地附近泥质变质岩和硅质火山岩的非全等溶解是这些盆地地下水化学成分的主要控制因素。江汉平原地下水位于全球平均碳酸盐风化区附近，主要受碳酸盐风化和硅酸盐风化双重作用的控制。西孟加拉盆地高砷地下水化学成分主要来自于碳酸盐风化和硅酸盐风化过程。此外，珠江三角洲地下水位于蒸发岩风化附近，主要受蒸发岩风化作用的影响（Chandrasekharam，2010）。

（2）蒸发浓缩作用。处于干旱—半干旱的内陆盆地除了受风化作用影响外，还受到蒸发浓缩作用的影响，因水分蒸发使离子富集、浓度增加，如大同盆地、准噶尔盆地、乌拉尔河上游、蒙古高原、河套平原、印度河平原等。在中国的河套盆地、呼和浩特盆地、大同盆地和银川盆地受蒸发浓缩作用影响很大，但是，这些地区高砷地下水中 Cl^- 和砷质量浓度之间的相关性并不显著，这表明地下水中砷质量浓度受蒸发浓度作用的影响有限。

（3）阳离子交换吸附作用。阳离子交换吸附作用主要是指地下水中的 Ca^{2+} 和 Mg^{2+} 被吸附到含水层沉积物中，而 Na^+ 和 K^+ 被解析出来。阳离子交换吸附作用对地下水的化学成分有显著影响。这与内陆盆地及冲积平原地下水流动速度慢、滞留时间长是相关的。

（4）还原作用。高砷地下水一般处于还原环境中，氧化还原条件对地下水中砷的富集起着至关重要的作用，尤其是在干旱区，在冲积和湖积环境下的含水层沉积物常常伴随强碱性和（或）高盐。在干旱和半干旱区域封闭的氧化碱性环境中，高 pH 会导致砷从矿物氧化物中的碱性解析；并且含水层在强烈减少的情况下，砷的释放与沉积物中耐受砷的铁氧体的还原性溶解有关。在其他地区，如台湾岛，砷的释放还与缺氧含水层有关（Luis et al. , 2013）。

地下水中氧化还原电位越低，砷质量浓度相应越高。有研究表明，砷质量浓度大于 50 μg/L 的地下水主要位于氧化还原电位小于−50 mV 的区域。高砷地下水一般形成于硝酸根–硫酸根还原环境，在还原环境中，铁/锰氧化物矿物的还原性溶解被认为是地下水中砷富集的主要原因。在含水介质中，铁/锰氧化物矿物对砷的吸附起主要作用，被认为是地下水系统中砷的主要载体。在还原环境中，这种富砷的矿物可被还原为溶解态组分，进入地下水中；与此同时，矿物上吸附的砷也被释放出来，并在一定条件下在地下水中积累。然而，地下水中砷与铁质量浓度之间的相关性并不显著。

As 因铁锰氧化物或铁（氢）氧化物被还原，其释出机制为：$8FeOOH^- As(s) + CH_3COOH + 14H_2CO_3 \longrightarrow 8Fe^{2+} + As(d) + 16HCO_3^- + 12H_2O$。三价砷与硫有很强的黏合力，因此，$As^{3+}$ 常常被金属硫化物吸附，或与其共沉积，如砷酸盐被 $Fe(OH)_3$ 沉淀物吸附，所以在各类沉积铁矿中常伴有大量的砷。如松嫩平原、台湾岛北部和西部地区、湄公河三角洲等。

（5）有机质含量。高砷地下水中有机质含量一般较高。在内蒙古河套盆地高砷地下水中 TOC（total organic carbon，总有机碳）含量高达 71.7 mg/L，平均为 17.6 mg/L，在西孟加拉盆地高砷地下水 TOC 含量高达 7.04 mg/L，平均为 2.17 mg/L。有机物对砷的富集存在明显促进作用，且其中的溶解有机碳（dissolved organic carbon，DOC）发挥主要作用。一方面溶解性有机质参与 Fe(III) 还原性溶解导致砷的释放，与砷产生竞争吸附来促进砷从矿物表面解吸，还可以与砷发生络合作用从而增强砷的溶解性；另一方面，有机物中的可溶性有机质可为 Fe 还原菌提供碳源，或作为电子传送体强化 Fe 的微生物还原，促进 Fe/Mn 氧化物矿物的还原性溶解。溶解性有机质与含水层砷释放有关的地球化学/生物地球化学过程不仅与有机质的特征、种类和含量密切相关，而且受有机质颗粒大小的影响。此外，有研究表明高砷地下水的有机质与地方性慢性砷中毒有关，如台湾的乌脚病被认为是由高砷地下水中某些具有荧光特性的有机物所引发（Chen and Liu, 2007；陈文福等，2010）。

高砷地下水中的重碳酸根浓度较高，被认为是地下水系统中有机质氧化分解的结果。例如内蒙古河套盆地和西孟加拉盆地，重碳酸根浓度大部分为 400～800 mg/L。重碳酸根一方面可提高地下水 pH，使地下水处于弱碱性环境，降低含水层中沉积物矿物对 As 的吸附，从而有利于 As 的解吸；另一方面，HCO_3^- 可与以阴离子形式存在的 As 形成竞争吸附，使砷从含水层沉积物中释放出来。

地下水补给与流动影响着地下水中溶解有机碳（DOC）和其他与砷释放有关的化学组分的来源、地下水年龄以及不同含水层间地下水是否发生混合作用等，进而影响地下水中砷的浓度。例如，孟加拉国的地下水被广泛用于灌溉，大量的开采活动导致水位不断降低，产生漏斗，形成局部的小流场。此地区属季风气候，每年 7～8 月为雨季，河流湖泊等地表水体水位暴涨，导致地表水补给地下水；旱季时地表水水位下降，地下水补给河水。地下水流场在不同季节发生明显变化，造成含水层氧化还原条件的改变，并对地下水砷含量产生影响（Ahamed et al.，2007）。

（6）硫化矿物。As 会因硫化矿物被氧化，其释出机制：$FeAsS(s)+7O_2(aq)+8H_2O \longrightarrow 2Fe(OH)_3+2H_3AsO_4+4H^+(aq)+2SO_4^{2-}(aq)$。由于三价砷与硫较强的黏合作用，当岩层中含有大量的黄铁矿（FeS_2），往往也是富砷地层，在这种情况下，地下水中砷的浓度往往很高，可以达到中度的剂量。砷还被黏土或其他含铁化合物所吸附，所以局部富含铁的黏土层地区，地下水中含砷量通常较高。如松嫩平原、红河三角洲、德林达依河流域、加里曼丹岛西北部地区等。

（7）地热异常分布。地热水与卤水的含砷量高，因为高温溶解地层中的硫化矿物，如贵德盆地、日本东南部的富士火山带。在贵德盆地典型地热钻孔地下水砷元素含量与深度、温度表现为：随深度的增加，地下水温度升高，砷元素含量增加，且与孔深和水温呈正相关关系。此地高砷地下水平面分布特征总体上与地下热水的分布一致，表明高砷地下水明显受控于地热异常，其热动力地质效应对于砷元素的富集、迁移和转化起到重要的控制作用（石维栋等，2010）。

5.5.2　浅层高氟地下水

5.5.2.1　亚洲高氟地下水分布

在相同的气候、地质、地球化学区域宏观背景上，地区乃至地段上的地貌条件，控制着地下水的渗流场、浓度场以及水热场。在不同的地貌单元，地下水的氟浓度存在明显的差别。主要分布于：①地下水径流缓慢受强烈蒸发的山前平原；②绿洲边缘与沙漠接壤的拗陷洼地及沙漠地带。高氟地下水一般呈弱碱性，水化学类型为 HCO_3-Na 型。竞争吸附、溶解等作用使氟离子从含水层沉积物进入地下水中，而在地下水中聚集（林年丰，1991）。

亚洲浅层高氟地下水主要分布在东亚、南亚和北亚的部分地区，在干旱—半干旱区的松散沉积物中，高氟地下水呈区域性分布，并具有地带性特点；基岩山区的高氟地下水主要出露于温泉和热水孔中。图 5-5 为亚洲氟元素分布图。pH 的升高使钙离子减少，钠离子增多，氟离子含量随之升高。在海陆交互沉积层发育地区，或河湖相及湖相沉积物的地区，其深层地下水的氟含量较高，如黄淮海平原东部、渤海湾及印度平原的滨海平原地带。

5.5.2.2　高氟地下水富集成因

地下水中的氟离子，在多因素的作用下，不断地迁移和富集。其含量的分布规律和特点与地貌、岩性、地下水径流条件、地下水化学类型和水温等密切相关。原生矿物中氟的风化、溶解、淋滤是地下水中氟离子的主要来源，所以第四纪堆积物中所含的氟化物，为地下水提供了氟离子的富集条件；地下水径流条件制约着氟离子的迁移与赋存，即径流条件好有利于氟的运移，径流条件差或滞流地带则有利于氟的富集，其富集程度取决于地下水化学类型的变化。

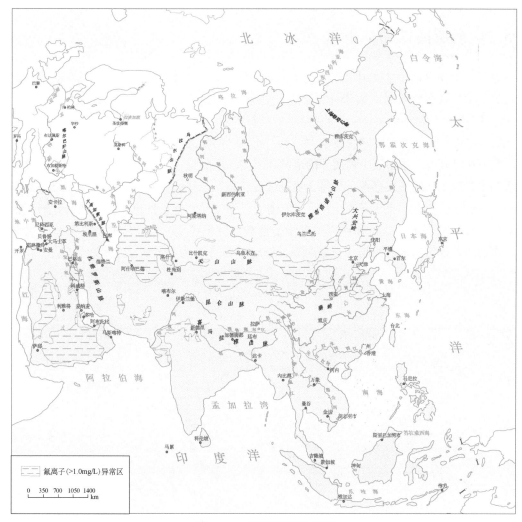

图 5-5 亚洲氟元素分布图

弱碱性条件有利于地下水中氟的富集。一方面，在弱碱性条件中，含水层沉积物矿物对氟的吸附能力降低；另一方面，弱碱性环境中地下水中的重碳酸根含量较高，并且偶尔也会检出碳酸根离子，存在的 HCO_3^-、CO_3^{2-} 和 OH^- 可与 F^- 产生竞争吸附，氟离子极易从含水层沉积物矿物中解析出来，从而在地下水中聚集。王根绪等研究发现，在西北干旱区 $F^->1.0$ mg/L 的水中，其 pH 一般在 8.0 以上，在 pH<7.0 的偏酸性水中很少有水样检测出 F^- 超标（王根绪和程国栋，2000）。

大量研究表明，高氟地下水中 Na/Ca 值较高。对于干旱—半干旱内陆流域的地下水，在同一溶解固体总量（TDS）下，硬度越高，Ca^{2+} 含量越大，F^- 含量越小，F^- 含量与硬度之间的负相关性更为显著。李向全等对太原盆地高氟地下水的化学特征研究表明，F^- 随 $Na^+/(Ca^{2+}+Mg^{2+})$ 的变化存在两种变化趋势：一是氟含量大于 2 mg/L 的地下水，F^- 浓度随 $Na^+/(Ca^{2+}+Mg^{2+})$ 的增加而降低；另一种是氟含量为 1~2 mg/L 的地下水，F^- 浓度随 $Na^+/(Ca^{2+}+Mg^{2+})$ 的增加而升高（李向全等，2007）。

5.5.3　浅层高铁锰地下水

地下水中铁含量超过饮用水质标准（0.3 mg/L）时，水便产生浑浊，并具有铁锈味，称富铁地下水。铁在岩石圈中属于分布最广的元素，但在各类岩石中含量变化大，黏土中为5.5% ~8.5%，砂岩中约1.0%，含铁最少的是石灰岩，约0.5%。岩石和矿物经氧化淋滤后转入天然水中的铁是变价元素，在水中以 Fe^{2+} 和 Fe^{3+} 的状态存在，并且会随着氧化还原条件的改变而相互转变。水溶液中铁离子的溶解和沉淀，主要受 pH 和 Eh 的制约，在弱碱性氧化环境中主要以 Fe^{3+} 的形式存在，其化合物呈沉淀状态，迁移能力很小；在酸性还原环境中主要以 Fe^{2+} 的形式存在，有较强的迁移、富集能力；强碱性氧化条件也能促使铁的分解。在自然环境中富铁地下水的分布和铁离子含量受地貌、沉积环境、岩性特征、水文地球化学环境、水动力条件等因素的控制（李家熙等，2000）。图 5-6 为亚洲铁、锰元素分布图。

图 5-6　亚洲铁、锰元素分布图

亚洲浅层富铁地下水主要分布在东亚和南亚海、湖相沉积的平原、盆地地区的松散沉积物中。在以湖相沉积为主的淤泥质或泥炭的第四纪沉积物内的地下水，如三江平原、松辽平原和内陆地区的蒙古高原、准噶尔盆地、塔里木盆地，铁离子较为富集，由于平原区地下径流滞缓，含水层岩性颗粒细，且含淤泥质层或呈透镜体夹层，加之山区各水系携带岩石中的含铁矿物汇集于平原的中部，使得平原区地下水铁含量较高。如长江中下游平原和中南半岛上的湄公河、萨尔温江及红河等平原地区，受海侵影响的山前平原地带及较开阔的湖积、海积平原，冲洪积河漫滩沉积物中铁离子含量颇高，含水层上下往往有一层至数层淤泥质或含泥炭的黏土层，富含有机质，从冲洪积扇顶部向外缘，随着沉积物颗粒变细，淤泥质夹层增多，水动力条件差，水流滞缓，地下水中铁浓度逐渐增大。青藏高原中部地区铁含量较高，可能是新构造运动之前，该地区处于海相古地理环境，由铁锰结核等沉积物沉积引起的。

5.5.4　地下水氡异常

氡（Rn）是一种放射性气体，它有三种同位素，镭射气氡（^{222}Rn）、钍射气氡（^{220}Rn）和锕射气氡（^{219}Rn）。这三种同位素分别属于铀系、钍系和锕系。三个系的初始同位素分别是^{238}U、^{232}Th 和^{235}U。在自然界原生矿物中，^{238}U 与^{232}Th、^{235}U 相比所占比例很小，但镭射气氡（^{222}Rn）所占比例较大。本书讨论的氡即为^{222}Rn。

5.5.4.1　地下水氡分布

地壳中镭的平均含量为 $1×10^{-9}$。不同性质的岩石中的镭含量也不同，岩浆岩中镭的含量高于沉积岩，岩浆岩中酸性岩为最高，基性岩最低。沉积岩砂岩、黏土质沉积物含量最高，石灰岩含量最低。总的趋势是随着岩石中 SiO_2 和 K_2O 含量的增高，镭的含量也随之增高。

亚洲氡元素主要分布在东亚、东南亚、中亚和东北亚部分地区的山脉丘陵地带。东北亚地区主要分布在俄罗斯的切尔斯基山脉。东亚地区主要分布在俄罗斯的雅布洛诺夫山脉、蒙古的蒙古高原、中国的内蒙古高原、大兴安岭、长白山、胶东半岛、秦岭以及东南丘陵。东南亚地区主要分布在中南半岛东部、马来半岛南部以及中国的云贵高原。中亚地区主要分布在帕米尔高原、喜马拉雅山脉西部和南部以及天山山脉。图 5-7 为亚洲氡元素分布图。

5.5.4.2　地下水氡富集成因

地下水氡浓度受放射性元素射气作用与氡在地下水中的扩散作用等因素制约，高浓度氡水在水交替强烈和开启构造发育的氧化带中形成。

在局部地段水流通道的黏土质裂隙壁上，含吸附态镭，形成镭的次生富集，从而使循环于其中的地下水富集氡。氡自岩石进入地下水取决于岩石的射气系数（达到放射性平衡时，每克岩石放出的氡量与该时刻每克岩石形成的全部氡量之比），其变化范围很大，为 $0.01\%\sim100\%$。影响岩石射气性能因素包括岩石的镭含量、破碎程度、湿度以及气温、

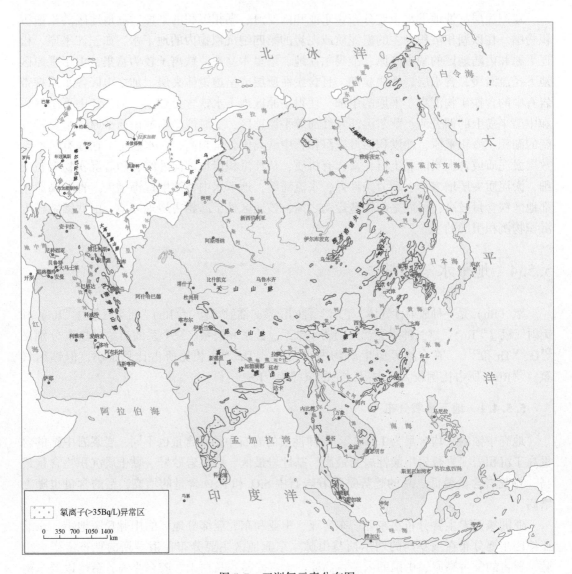

图 5-7　亚洲氡元素分布图

气压等。由于沉积和表生的铀矿物结构疏松，因而比内生矿物具有更高的射气系数。此外，^{222}Rn 寿命短暂（$T = 3.825$ d），向外扩散的能力很小，地下水中氡的迁移距离有限，以原地原生的或次生的放射性母体中释放出来的子体氡为主（李家熙等，2000）。

　　地下水中氡浓度的高低还与水的运动条件、含水岩层的渗透系数、流速、流动的距离以及水温等因素也有一定关系。总的规律是，岩石的渗透系数越小、水的流速越慢，越有利于氡在水中充分地积累，水中的氡浓度就越高，进而达到饱和状态。

　　氡水按地质地球化学环境分为三种类型（李家熙等，2000）：

　　（1）风化壳型氡水。主要分布于酸性岩浆岩风化壳中，岩石十分破碎，普遍埋藏有风化层和构造裂隙水。风化壳型氡水的氡浓度受气温、降水等气候因素以及水文和人为因素影响较明显。在降水和融雪季节，氡浓度由于水的淡化作用而降低。气温和水温的变化也可引起水氡浓度的明显波动，如印度平原、蒙古高原和兴安岭等地区。

（2）构造裂隙型氡水。大多为深部脉状裂隙承压水，往往以泉的形式出现在构造带上。水的来源主要由大气降水经深循环补给，其补给区一般远离泄水区，动态稳定，水温也较高，并具有特殊的化学剂气体成分，以氡温泉和碳温泉最为典型，主要分布于中国的东南沿海、喜马拉雅山脉和天山山脉等地区。

（3）铀矿床氧化带型氡水。当矿区裂隙构造发育，矿床氧化带发育，加之气候湿热，地下水交替强烈，淋滤作用强，大部分铀被地下水带向深处，而不易溶解的次生镭及被风化层吸附的镭则保留于原地，从而使这些地段如长江中下游等地区，形成高浓度氡水异常带。

参 考 文 献

陈梦熊，马凤山，等.2002. 中国地下水资源与环境. 北京：地震出版社.

陈文福，吕学谕，刘聪桂.2010. 台湾地下水之氧化还原状态与砷浓度. 农业工程学报，56（2）：57-70.

德国联邦地球科学和自然资源研究院（BGR）.2013. 德国水文图集 1：200 万. 联邦环境自然保护和核安全部.

冯小铭，方明理，蓝善先.1999. "中国地下水质量评价及污染防护分级图"（1：600 万）的编制特点. 第四纪研究，3：238-245.

甘义群，王焰新，段艳华.2014. 江汉平原高砷地下水监测场砷的动态变化特征分析. 地学前缘，21（4）：38-49.

郭华明，王焰新，李永敏.2003. 山阴水砷中毒区地下水砷的富集因素分析. 环境科学，24（4）：60-67.

郭华明，郭琦，贾永峰.2013. 中国不同区域高砷地下水化学特征及形成过程. 地球科学与环境学报，35（3）：83-96.

国家地质总局水文地质工程地质研究所.1979. 中华人民共和国水文地质图集. 北京：中国地图出版社.

国家技术监督局.1994. 中华人民共和国中国标准《地下水质量标准》（GB/T 14848-93）. 北京：中国标准出版社.

国家技术监督局.2006. 中华人民共和国国家标准《中华人民共和国生活饮用水卫生标准》（GB 5749-2006）. 北京：中国标准出版社.

金银龙，梁超轲，何公理.2003. 中国地方性砷中毒分布调查（总报告）. 卫生研究，32（6）：519-540.

李家熙，吴功建.1999. 中国生态环境地球化学图集. 北京：地质出版社.

李家熙，吴功建，黄怀增.2000. 区域地球化学与农业和健康. 北京：人民卫生出版社.

李向全，祝立人，侯新伟，等.2007. 太原盆地浅层高氟水分布特征及形成机制研究. 地球学报，28（1）：55-61.

廖资生，林学钰，杜新强.2003. 松嫩盆地地下水水质评价图的编图原则与方法. 地球科学进展，18（12）：299-303.

林年丰.1991. 医学环境地球化学. 长春：吉林科学技术出版社.

林年丰.2009. 生态环境系统研究. 长春：吉林大学出版社.

罗艳丽，将平安，余艳华.2006. 土壤及地下水砷污染现状调查与评价——以新疆奎屯123团为例. 干旱区地理，29（5）：705-709.

蒙古地质与矿产资源研究所.2003. 蒙古国水文地质图 1：100 万附说明书.

沈照理，等.1993. 水文地球化学基础. 北京：地质出版社.

石维栋，郭健强，张森琦.2010. 贵德盆地高氟、高砷地下热水分布及水化学特征. 水文地质工程地质，37（2）：36-41.

世界卫生组织. 2005. 饮用水水质准则. 日内瓦.

苏联地质部. 1982a. Map of moduli of exploitable resources of fresh and brackish ground-waters of the USSR（1：7 500 000）. USSR.

苏联地质部. 1982b. Map of the USSR hydrogeochemical structure（1：7 500 000）. USSR.

苏联地质部. 1982c. Scheme of typification of the elements of the USSR hydrogeochemical structure（1：15 000 000）. USSR.

泰国工业部矿产资源局地下水部. 1983. 泰国水文地质图1：100 万.

汤洁, 卞建民, 李昭阳. 2010. 高砷地下水的反向地球化学模拟：以中国吉林砷中毒病区为例. 中国地质, 37（3）：754-759.

汪珊, 孙继朝, 李政红. 2004. 西北地区地下水质量评价. 水文地质工程地质,（4）：96-100.

王根绪, 程国栋. 2000. 西北干旱区水中氟的分布规律及环境特征. 地理科学, 20（2）：153-159.

王焰新, 苏春利, 谢先军. 2010. 大同盆地地下水砷异常及其成因研究. 中国地质, 37（3）：771-780.

文冬光, 林良俊, 孙继朝. 2012. 中国东部主要平原地下水质量与污染评价. 地球科学——中国地质大学学报, 37（2）：220-228.

伊朗矿产能源部水资源调查局. 1989. 伊朗水资源图集（包括地下水开采）1：100 万.

印度地质调查局. 2002. Hydrogeological map of India（1：2 000 000）. Central Ground Water Board.

张发旺, 程彦培, 董华. 2012. 亚洲地下水系列图（1：8 000 000）. 北京：中国地图出版社.

张翼龙, 曹文庚, 于娟. 2010. 河套地区典型剖面下地下水砷分布及地质环境特征研究. 干旱区资源与环境, 24（12）：167-171.

张宗祜, 李烈荣. 2004. 中国地下水资源与环境图集. 北京：中国地图出版社.

张宗祜, 孙继朝. 2006. 中国地下水环境图. 北京：中国地图出版社.

中国科学院长春地理研究所. 1989. 中国自然保护地图集. 北京：科学出版社.

中国科学院南京地理与湖泊研究所, 中国科学院地理研究所. 1989. 中华人民共和国国家农业地图集. 北京：中国地图出版社.

Ahamed S, Hossain M A, Mukharjee A, et al. 2007. 印度 Ganga-Meghna-Brahmaputra 平原及周围地区与孟加拉国地下水砷污染及其对健康影响的19年研究. 付松波译. 中国地方病学杂志, 26（1）：43-46.

Ahmed K M, Bhattacharya P, Hasan M A, et al. 2004. Arsenic enrichment in groundwater of the alluvial aquifers in Bangladesh: An overview. Applied Geochemistry, 19：181-200.

Berg M, Stengel C, Trang P T K, et al. 2007. Magnitude of arsenic pollution in the Mekong and Red river Deltas-Cambodia and Vietnam. Science of the Total Environment, 372：413-425.

Chandrasekharam D. 2010. Scinario of arsenic pollution in groundwater: West Bengal. Geology in China, 37（3）：712-722.

Chen K Y, Liu T K. 2007. Major factors controlling arsenic occurrence in the groundwater and sediments of the Chianan coastal plain, SW Taiwan. Terr Atmos Ocean Sci, 18：975-994.

IGRAC. 2009. Global overview of saline groundwater occurrence and genesis（1：50 000 000）. UNESCO.

Johanna B, Michael B, Caroline S, et al. 2007. Arsenic and manganese contamination of drinking water resources in Cambodia: Coincidence of risk areas with low relief topography. Environ Sci Technol, 41：2146-2152.

Lenny H E W, Pham T K T, Vi M L. 2011. Arsenic pollution of groundwater in Vietnam exacerbated by deep aquifer exploitation for more than a century. Proc Natl Acad Sci USA, 108（4）：1246-1251.

Luis R L, Guifan S, Michael B, et al. 2013. Groundwater arsenic contamination throughout China. Science, 341：866-868.

第6章 亚洲地热及其资源分布概况

6.1 亚 洲 地 热

地热是来自地球内部的一种能量资源，以传导、对流、辐射等形式由地球内部向地表传输，形成火山、温泉等。参与地热活动的水是一种特殊的地下热水资源。地球上火山喷出的熔岩温度高达 1 200~1 300℃，天然温泉的温度大多在60℃以上，有的甚至高达 100~140℃。这说明地球是一个庞大的热库，蕴藏着巨大的热能。这种热量渗出地表，于是就有了地热。地热能是一种清洁的可再生能源，其开发前景十分广阔（汪集旸等，2015）。

亚洲地热分布受到大地构造控制，海底扩张、大陆漂移及板块俯冲与碰撞的明显控制。北欧与北亚板块的旋转碰撞，泛指非洲—阿拉伯板块与欧亚大陆的旋转碰撞，大印度对亚洲的旋转碰撞，以及太平洋板块对东亚的运动变化，褶皱造山带、台地与准地台的盖层及现代火山活动，是亚洲主要的控热构造（图6-1）。

全球大地热流分布呈现显著的横向差异特征（图6-2），高热流区域与板块边界有很好的对应，高热流区主要集中在三大洋中脊、环太平洋火山带、东非裂谷系及非洲板块和欧洲板块的碰撞拼接带（大于 70 mW/m²）；板块内部，特别是稳定的大陆克拉通块体，热流都很低（约40 mW/m²）。大陆热流主要由地壳放射性生热和深部地幔热流构成（汪集旸等，2015）。

地热分类方法有：①地热资源按温度分为高温、中温、低温三级；②按地热呈现形式将地热资源分为蒸汽型、热水型、地压型、干热岩型和熔岩型五大类；③按地热系统，即按照它们的地质环境、水文条件及热量传递机制进行分类，划分为对流型地热系统和传导型地热系统；④按属性划分，一是高温（>150℃）对流型，二是中温（90~150℃）与低温（<90℃）对流型，三是中低温传导型。上述地热分类方法是针对不同研究与应用目的进行的不同分类。本书从亚洲尺度研究地热的区域性宏观分布规律和特征，在吸取前人分类的基础上，按地热成因的地质构造条件，水热地质环境和储热形式分为现代火山型、隆起断裂型和沉积盆地型三种类型区，地热资源按温度分为高温、中温、低温三级（表6-1）。

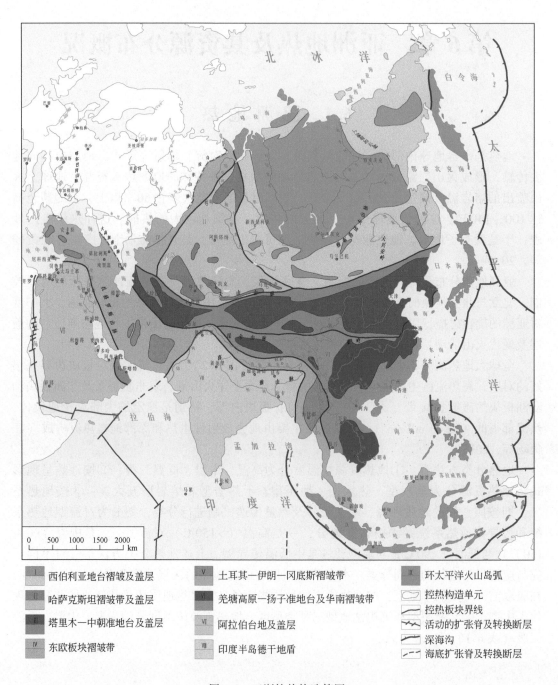

图 6-1　亚洲控热构造简图

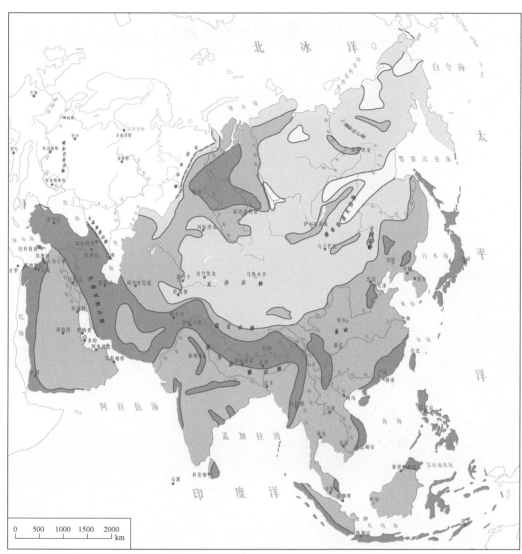

温度/℃ ☐ 0~50 ☐ 50~100 ☐ 100~150 ■ >150 ☐ 3000 m地温等值线

图 6-2 亚洲 3000 m 深度地温场简图

表 6-1 地热资源温度分级

温度分级		温度 t 界限/℃	主要用途
高温地热资源		$t \geqslant 150$	发电、烘干
中温地热资源		$90 \leqslant t < 150$	工业利用、烘干、发电
低温地热资源	热水	$60 \leqslant t < 90$	采暖、工艺流程
	温热水	$40 \leqslant t < 60$	医疗、洗浴、温室
	温水	$25 \leqslant t < 40$	农业灌溉、养殖、土壤加温

6.2　亚洲地热资源

按地热成因类型，亚洲地热资源主要赋存于现代火山型、隆起断裂型和沉积盆地型三种类型区内，其形成与分布有各自的规律（图6-3）。

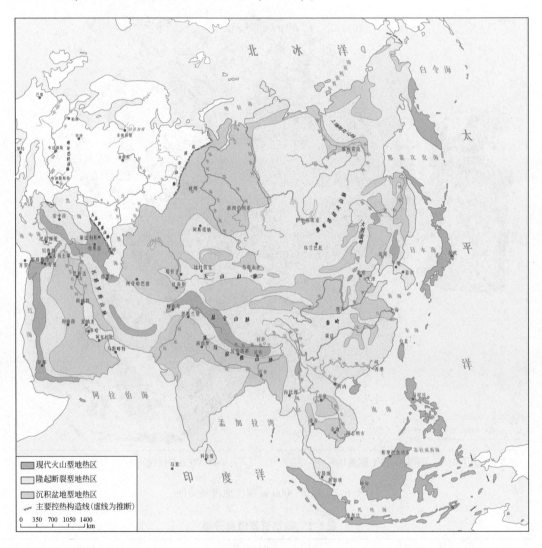

图 6-3　亚洲地热图

6.2.1　现代火山型地热资源

亚洲的火山主要集中在西太平洋、印度尼西亚向北经缅甸、喜马拉雅山脉、中亚、西亚到地中海一带，现今亚洲地区 99% 的活火山分布在这两个带上。

　　亚洲东部现代火山型高温地热资源主要分布在俄罗斯堪察加和千岛地区、日本、中国台湾岛以及菲律宾和印度尼西亚。由于处在欧亚、太平洋、印度—澳大利亚等板块边界，构造运动、火山活动强烈，地震频繁，具有显著的高热流，构成著名的西太平洋岛弧地热带。带内高温水热系统发育，类型俱全。

　　亚洲大陆地质构造主要包括以太平洋板块与欧亚板块，以及欧亚板块与印度洋板块相接壤（板块缝合线）的西太平洋岛弧。自亚洲东北部的阿留申群岛开始，经堪察加半岛、千岛群岛、日本群岛至中国台湾岛，向南经菲律宾群岛及印度尼西亚，一支转向新西兰，另一支转向北上马来西亚、缅甸，并进入我国云南腾冲地区。该地区由于太平洋板块向欧亚板块下方俯冲，构造主要表现为深海沟的特点，大部分地带在 4 000 ~ 7 000 m 深，这里地壳较薄，地壳厚度为 6 ~ 30 km，由玄武质、花岗质和沉积岩壳层组成，其中花岗质壳层厚度比大陆型地壳构造域薄，且不连续。沿岛弧外缘有强烈挤压变形，内缘火山活动频繁。它实质上是陆壳、洋壳的混生区。其地震活动剧烈，浅震多发生在海沟附近，震源深度向大陆方向逐渐增大；海沟热流值最低，一般小于 41.7 mW/m^2（1 HUF），岛弧热流值中等，边缘海最高。2011 年 3 月 11 日日本发生的 9.0 级特大地震就位于日本东部海域的深海沟附近。

　　喜马拉雅地区至地中海高温地热区主要是由南部印度板块与欧亚板块相撞形成的喜马拉雅山脉，以及山脉南部的平原地区。其构造特点是以近东西向长距离的深大断裂为主，高温温泉、地热田分布较多。大部分火山是在新生代初期形成，部分火山为几千年历史，局部伴有现代火山喷发。

　　火山高温地热区地热特征主要表现在该地区分布大量的现代火山（群），尤其是近代活动的火山（群）。其中，俄罗斯堪察加半岛有 160 多座，日本列岛 260 座，菲律宾有 52 座，印度尼西亚有 145 座，其他地区，如马来西亚、缅甸和中国云南地区只有约 10 座。目前（50 年以来）仍在活动的火山有：堪察加半岛活火山有 28 座，日本有活火山 50 多座，该地区除火山口外，其大地热流值平均较高，可达 84 ~ 95 mW/m^2，地温梯度平均 3 ~ 4℃/100 m。

　　火山带沿琉球群岛向南延伸到中国台湾岛及东南沿海一带，该地区现代火山群分布在福建省的明溪，台湾省的大屯、基隆及周边的海域，以及雷州半岛、涠洲岛、海南省琼北。该地区火山均有高温地热显示，大屯火山群的高温热泉温度达 120℃，钻孔 2 000 m 深可达 290℃，近百年来没有喷发记录，属第四纪喷发产物。台湾岛东部海岛仍有明显的火山活动，其中龟山岛和兰屿都是火山岛，其位置恰为太平洋板块的俯冲带。台湾岛及其沿线岛屿大地热流值的分布表明，台湾岛平均为 70 mW/m^2。在西海岸的灵霄、新竹、观音/大屯最高 80 ~ 100 mW/m^2，局部地区可达 250 mW/m^2，其温泉分布多位于东部、北部，呈近南北向分布，这主要受南北向断裂构造控制，已知温泉有 60 多处，温度 50 ~ 90℃，超过 100℃为大屯火山区马槽地热田。台湾岛地温梯度平均在 3 ~ 4℃/100 m，高者在大屯、清水—土场及卢山一带，可达 18℃/100 m。受构造影响，台湾岛西侧的沿海地区也存在高温地热田。

　　火山带由台湾岛南下到达菲律宾群岛，受断裂构造影响，菲律宾被切割成众多岛屿，现代火山较发育。

受太平洋板块、印度洋板块和欧亚板块，以及澳大利亚板块的综合作用，印度尼西亚岛屿众多，是世界上最大的千（万）岛之国，全国共有火山 400 多座，其中活火山 100 多座。位于印度尼西亚西北侧的新加坡、马来西亚等地区火山主要是新生代以来喷发的，近代没有活动的迹象，但大地热流值仍然较高，为 80 ~ 100 mW/m²。

当进入印度板块与欧亚板块相接壤的大陆地区，即缅甸、中国云南与西藏地区时，除表现为强烈的褶皱山脉与深大断裂外，依然有近代火山喷发遗迹。缅甸境内以新生代为主，共有 92 个。而中国云南地区为现代火山，腾冲火山群是典型代表，它位于印度板块与欧亚板块急剧聚敛的缝合线上，地下断裂非常发育，岩浆活动也十分剧烈，地表水热活动强烈，共有休眠型火山 97 座，喷发距今有 380 年，这一地带表现突出的是地热温泉分布广泛。

该地区除分布众多高温火山外，超过 90℃ 的高温温泉分布也非常广泛，其中堪察加半岛 200 多个，日本 1 000 多个，菲律宾和印度尼西亚都有 100 多个高温温泉。当该地热区向北延伸到缅甸地区时，火山减少，温泉较多，共有 90 多个，但温度（<100℃）低于南部的马来西亚地区。

马来西亚、缅甸与中国云南省以及印度相接壤的地段，仍属于印度洋板块与欧亚板块相接壤地带。该地区表现为大规模的深大断裂发育，其展布方向为北西—北北西向，进入中国西藏地区后由北西向转至北西西向。该地区温泉发育，而现代火山并不发育。只反映在印度东沿海岛屿的现代火山分布，缅甸北部现代火山，以及中国云南腾冲地区现代火山分布。该地区的温泉地表温度为 90 ~ 100℃，水热活动十分发育，其典型的高温地热田是我国云南腾冲地区地热田。腾冲地区虽然现代火山活动较少，最新火山是近 380 年前（明朝时期）喷发的；但高温温泉（>80℃）较多（28 处），其中不乏沸泉、沸喷泉。

由于缅甸地处印度洋板块与欧亚板块缝合线地带，南北向区域活动断裂发育，热源体仍然是来自埋藏较浅岩浆房。在缅甸境内有 90 多个温泉分布在南北向断裂带上，其地表温度为 40 ~ 60℃，地下温度小于 100℃。该构造带向北与中国云南省衔接，向南与安达曼群岛、尼科巴群岛以及印度尼西亚苏门答腊岛相连，构成印度洋板块与欧亚板块相接的南部缝合带。

当该地段进入喜马拉雅山脉地区后（国际上也称为地中海—喜马拉雅山地热带），主要反映为高温温泉分布广泛，现代火山减少。因喜马拉雅山地区即印度板块与欧亚板块相接壤（板块缝合线），表现在印度北部、尼泊尔、不丹等喜马拉雅山南坡平原的地热田分布较广，山地的高温温泉与现代火山分布。其中，西藏地区是中国地热活动最强烈的地区，地热蕴藏量居中国首位，各种地热几乎遍及全区，有 700 多处，其中可供开发的地热显示区 342 处，绝大部分地表泉水温度超过 80℃，在调查过的 169 个热田和水热区中，温度高于 80℃ 的占 22%，温度在 60 ~ 80℃ 的占 26%，温度在 40 ~ 60℃ 的占 35%。青藏高原现代火山群主要分布在阿什库勒、黑石北湖、泉水沟、大红柳滩、康西瓦、可可西里、强巴欠、涌波错、木孜塔格、雄鹰台、鲸鱼湖、多格错仁等地，最晚喷发的是阿什库勒火山（1952 年）。羊八井、那曲地区表现为高温地热田的特点。地表的温泉温度大于 90℃，深度在 200 m 时，可达到 120 ~ 150℃。在喜马拉雅山南坡山区，印度西北部著名的普开（Puga）、马尼卡拉（Manikaran）地热田，分布 100 多个温泉，最高地表温度在 80 ~ 90℃，大地热流值>100 mW/m^2，在普开河谷地区有十多处热泉流量为 30 ~ 40 L/s，该地区地下 1 000 m 处，温度大于200℃。尼泊尔的塔土帕尼（Tatopani）温泉温度高达100℃。可见，该地区地热特征与西藏羊八井地区相同，而其热源也同样来自浅部岩浆岩的传递。

阿富汗、巴基斯坦和伊朗高原地区，地热表现为近代火山较发育，大部分为新生代以来喷发过的火山，距今有几千年的历史。现代火山只有巴基斯坦的塔夫坦（Taftan）于 1993 年喷发，温泉大部分温度在 35 ~ 40℃。伊朗高原的地热开发远景区分为 10 个，德黑兰西北部萨巴兰（Sabalan）、科亦—马库（Khoy-Maku）地区和德黑兰北东向的阿扎拜基（Azarbaijan），达马旺德（Damavand）地区是地热前景较好的区域。在萨巴兰地区钻探 3 200 m 深井，获得了240℃的高温，地温梯度达 7 ~ 8℃/hm，大地热流值大于 100 mW/m^2。

由伊朗至土耳其是地中海—喜马拉雅地热带的西端，地热资源丰富。土耳其地区可分为西部、中部和东部地热带。目前，已经发现 170 处地热区，1 500 处温泉与热水井，其地热资源位居世界第 7。地热资源主要分布在北部安纳托利亚断裂带以及安纳托利亚火山带的中部和东部，其温度为 20 ~ 242℃。安纳托利亚东部现代火山区开始研究干热岩的开发利用。安纳托利亚东南部的石油开采井在 2 400 ~ 3 850 m 深度，温度达 83 ~ 138℃，地温梯度为 3.5 ~ 3.6℃/hm。在科兹尔德勒（Kizildere）地热田打出242℃高温，并建成年发电量为 20.4MWe 地热电站。大地热流值在地热田塞利米耶（Selimiye）地区可达 166 mW/m^2，其他地区为 50 ~ 90 mW/m^2。

6.2.2　隆起断裂型地热资源

隆起断裂型地热资源区的状况，可以以热泉天然露头的多少、放热量的强度及露头出露的条件来揭示。依据温泉天然露头分布的统计资料，中国温泉不论其数量和放热量均以中国西南部的藏南、滇西、川西地区以及东部的台湾省为最多，水热活动也最强烈，中国出露的沸泉、沸温泉、间歇喷泉和水热爆炸等高温热显示多集中分布于此区；其次是东南沿海的闽、粤、琼诸省，这些地区大于80℃的温泉很多；西北地区温泉稀少；华北、东北地区除胶东、辽东半岛外，温泉出露也不多；滇东南、黔南、桂西之间的碳酸盐岩分布区，基本上为温泉空白区。上述分布状况联系中国的地质条件分析，可看出以下特点：地热活动强度随远离板块边界而减弱。中国西部的滇西地区及东部台湾岛中央山脉两侧，分别处于印支板块与欧亚板块、欧亚板块与菲律宾板块的边界及其相邻地区，均是当今世界上构造活动最强烈的地区之一，具有产生强烈水热活动和孕育高温水热系统必要的地质构造条件和热背景。靠近此带，地热活动强烈；远离此带，地热活动逐渐减弱。我国西南部的地热活动呈南强北弱、西强东弱；东部区的地热活动呈东强西弱之势，明显地反映了这一特点。

佟伟、廖志杰等指出，国内具有高温水热区与晚新生代火山分布相背离的特征。从中国晚新生代火山群与现代高温水热系统的地理分布可看到，中国高温水热区不但远离晚新生代火山分布，而且绝大多数晚新生代火山区为低温水热区，如中国晚新生代火山分布较多的吉林、黑龙江两省，不仅无高温热显示，而且黑龙江省至今尚未发现大于 25℃的温泉，著名的五大连池火山群，尽管非常年轻，却只出露冷矿泉。吉林省的几处温泉，分布于白头山和龙岗火山区附近，泉水温度40~78℃，通过地球化学温标测算，也未呈现高温热储的可能性，表明中国近期火山活动不完全是孕育高温水热系统的必要条件，远离火山活动分布的高热流板块边缘地区仍有可能形成高温水热系统。

碳酸盐岩分布区多以低温温泉水形式出露。中国碳酸盐岩分布广泛，出露区面积约占全国陆地总面积的12.5%，达1.20×10^6 km^2，在其分布区大于60℃的温泉比较少见，这主要与碳酸盐岩地层具可溶性、出露区岩溶发育、水循环条件好有关，深部地热水循环至浅部，其热量可为浅部的低温水所吸收。

6.2.3　沉积盆地型地热资源

沉积盆地型地热资源指地表无热显示的，赋存于中、新生代沉积盆地中的地热水资源。中国的不少沉积盆地，尤其是大型沉积盆地赋存有丰富的地热资源，均具以下特点：

大型、特大型沉积盆地沉积层厚度大，有利于地热水资源的形成，其中既有由粗碎屑物质组成的高孔隙、高渗透性的储集层，又有由细粒物质组成的隔热、隔水层，起着积热保温的作用。大型沉积盆地又是区域水的汇集区，具有利于热水集存的水动力环境，使进入盆地的地下水流，可完全吸收岩层的热量而增温，在盆地的地下水径流滞缓带，成为地热水赋存的理想环境，也是开发利用地热水资源的有利地段，尤其是沉积物厚度大、深部又有粗碎屑沉积层分布的地区，如华北、松辽等大型沉积盆地的中部，均具备这样的条件。与之相对应的规模狭小的盆地，特别是狭窄的山间盆地，整个盆地处于地下水的积极交替循环带中，为低温水流所控制，对聚热保温不利，在相当大的深度内，地热水的温度不高，如太原盆地。

低温背景值，决定了盆地一般只赋存低温地热水，大地热流是沉积盆地热储层的供热源，区域热流背景值的大小，对盆地地热水的聚存有重要的、决定性的作用。中国主要沉积盆地的大地热流背景值，尽管有所差别，但均属正常值范围，为40~75 mW/m^2，这就决定了在有限的深度内（3 000 m），不具有高温地热资源形成的条件，而只能是低温（小于90℃）、部分为中温（90~150℃）的地热水资源。

参 考 文 献

陈墨香，汪集旸，邓孝，等.1994.中国地热资源形成特点和潜力评估.北京：科学出版社.

黄尚瑶，胡淑敏，马兰，等.1986.火山温泉地热能.北京：地质出版社.

黄尚瑶.1993.中国温泉资源（1∶600万中国温泉分布图说明书）.北京：中国地图出版社.

邱楠生，胡圣标，何丽娟，等.2004.沉积盆地地热体制研究的理论和应用.北京：石油工业出版社.

汪集旸，等.2015.地热学及其应用.北京：科学出版社.

王均，黄尚瑶，黄歌山，等.1990.中国地温分布的基本特征.北京：地震出版社.

王维勇，黄尚瑶，等.1982.地热理论研究.北京：地质出版社.

张发旺，程彦培，董华，等.2012.亚洲地下水系列图.北京：中国地图出版社.

中华人民共和国地质矿产部.1986.地热资源评价方法（DZ40-85）.

第二篇

亚洲地下水开发与环境问题

第7章　亚洲地下水开发及利用

7.1　亚洲地下水对经济社会发展的贡献

联合国2015年3月21日发表的《世界水资源开发报告》指出，全球滥用水的情况非常严重，从目前的走势来看，到了2030年，世界各地面对的"全球水亏缺"，即对水的需求和补水之间的差距可能高达40%。"其实，目前的水量足以应付全球的需求，但要确保这一点，我们必须先大幅度改变水的使用、管理和分享方式。"根据报告，水危机发生的因素之一是全球人口激增。截止到2015年全球人口有73亿人，到了2050年可能达91亿人。为应付人口增加，全球农业产量必须增加60%。农业取水量目前占全球总取水量的70%，若农业生产增加，将对饮用水造成负担。可能引致全球水危机的因素是气候变化和城市化。一方面气候变化可能影响降雨的时间和地点以及降雨量。报告指出，人类滥用水的情况非常严重，这就包括农药污染、工业污染、未经处理的污水污染干净水源，以及过度抽水尤其是在用于灌溉方面。目前有超过一半的全球人口的饮用水来自地下水，而灌溉农田的水也有43%来自地下水，这导致约20%的含水层面临过度抽取的危险。松散含水层被抽取的淡水过多，导致沿海地区常出现咸水入侵淡水的情况。另一方面，有鉴于城市发展，联合国预测，到了2050年，全球水需求量将提高55%。报告说："这一来，各城市必须到更远的地方或往更深的地底挖掘，才能寻得新的水源，又或是他们必须依赖创新的解决方案和先进的技术来满足水的需求量。"这份根据联合国31个机构和联合国水机制37个合作伙伴提供的数据而整理出来的报告指出，目前一些燥热及干旱地区已经无法满足水的需求量了。报告主笔、水资源专家康纳表示，一些地区的前景暗淡："中国、印度、美国，以及中东的好些地区，一直依赖抽取地下水这种不可持续的方法，来应付现有的水需求量。在我看来，这只能称为没有远见的B计划。一旦这些地下水来源干涸，这些人就没有C计划，届时这些地区就无法居住了。"

据2015年统计数据，亚洲人口约占世界的60.7%，人口分布主要集中在两大地带，一是中国东部及日本南部太平洋沿岸，二是南亚次大陆的印度和孟加拉国等国。北亚和中北亚地区地广人稀，人口分布不足30%。综合分析地质环境问题与区域人口所占比例的相关性，人类活动强度越强，地质环境问题越严重，并且随着经济活动程度的增加，地下水供需矛盾突出，当人类活动程度达到50万~99万人/km²时，地质环境问题严重度将急速增加。

地下水具有自然资源属性、生态与环境属性、经济社会属性，亚洲地区的地下水开发在世界地下水开发中占据极其重要的地位。在21世纪的水事活动中必须正确处理人类活动、水体动态、生态环境、经济发展与社会进步的关系，简称"人水环发社关系"；要特别把握人类水事活动和其他人类活动对水体动态的长期影响及其逆反作用；要把节水和保护水质强调到第一和经常的地位；要强化对天上水和海水的研究、开发和利用；并把营造和保护绿色水库视为保护和恢复水源的决定性措施加以实现（李佩成，2000）。以中国为例：中国是水资源大国，不论是水资源量或用水量，均居全球最前列，应该说在宏观上中国是一个水资源比较丰富的国家。中国总水资源量 2.8×10^{12} m³，年径流量仅次于加拿大、巴西、俄罗斯、美国和印度尼西亚，占全球总水资源的 7%，居世界第 6 位（陈梦熊和马凤山，2002）。

据资料统计，自 2010 年起，亚洲地区地下水开采总量在 680 km³/a 左右，约占亚洲总水资源开采量 2257 km³/a 的 30%、占全球地下水开采总量 982 km³/a 的 69.2%，并占全球总水资源开采量的 17%。

亚洲干旱半干旱地区约占陆地总面积的 35%，降水量贫乏，地表水资源短缺，地下水作为主要供水水源，其社会地位更为重要。仅印度、中国、巴基斯坦、伊朗和孟加拉国这些主要使用者的地下水开采量占总量的 2/3。修建水库拦洪蓄水水力发电，对生态环境的负面效应已经显现无疑，特别是干旱半干旱地区修建的水库割断了水循环链，水库下游的地下水得不到正常补给，地下水开采长期处于透支状况。最近 10 年来，全球地下水开采量以印度和中国的增长量最大。西亚的水资源不足，3/4 以上的地区缺少地表径流。东南亚水资源丰富，地下水开发利用历史悠久但开采量不大。北亚——俄罗斯的亚洲部分，水资源蕴藏量比中国丰富得多，人均占有水资源量为 29 115 m³，相当于中国人均的 12 倍。亚洲资源性缺水和工程性缺水并存，为了发展经济导致地下水的大量甚至过度开采，已经引起了一系列的地质环境问题，在近几年，这些地质环境问题愈演愈烈。如：地面沉降降低了城市排水防洪功能，使沿海地区城市海水倒灌，破坏道路、桥梁、地下管线、房屋建筑，对城市安全运营带来巨大威胁；矿区采空塌陷和地裂缝造成塌陷区内建筑物倒塌、耕地破坏、地下水强烈下泄、井水干枯等一系列危害，并造成了巨大的经济损失；岩溶塌陷使交通、矿山、水电工程、军事设施、农业生产及城市建设等各个领域深受其害；海水入侵导致沿海地区水质恶化，工业、农业和生活用水水资源减少，土壤生态系统失衡，耕地资源退化，使工农业生产受到危害，并且危害人类健康，最后还导致了生态环境的恶化。

7.1.1　中国

7.1.1.1　地下水在干旱半干旱地区供水中占的比例

据 2015 年中国水资源公报（中华人民共和国水利部发布），水资源总量：2015 年中国水资源总量为 27 962.6 亿 m³。地表水资源量：2015 年全国地表水资源量 26 900.8 亿 m³，从国境外流入中国境内的水量 213.6 亿 m³，从中国流出国境的水量 5 139.7 亿 m³，流入界河的水量 1 061.2 亿 m³，入海水量 17 600.9 亿 m³。地下水资源量：地下水资源量 7 797.0 亿 m³（小于等于 2g/L）。供水量：2015 年中国总供水量 6 103.2 亿 m³，占当年水资源总量的 21.8%。其中，地表水源供水量 4 969.5 亿 m³，占总供水量的 81.4%；地下水源供水量 1 069.2 亿 m³，占总供水量的 17.5%；其他水源供水量 64.5 亿 m³，占总供水量的 1.1%。用水量：2015 年中国总用水量 6 103.2 亿 m³。其中，生活用水占总用水量的 13.0%；工业用水占 21.9%；农业用水占 63.1%；人工生态环境补水（仅包括人为措施供给的城镇环境用水和部分河湖、湿地补水）占 2.0%。（注：《公报》中涉及的全国性数据，均未包括香港、澳门和台湾。）

中国的灌溉农业发达，北方的干旱半干旱地区由于地表水资源不足，农业灌溉大部分靠开采地下水，地下水在总供水量中的比例很高。表 7-1 为 1999 年中国主要平原、盆地的地下水开采量及开采程度。从表中可以看出，黄淮海平原的地下水开采程度已经超过 80%，河西走廊和松辽平原的开采程度也分别达到了 67.6% 和 49.5%。

表 7-1　主要盆地、平原区地下水开采量及开采程度（含微咸水和半咸水）

单位：亿 m³/a

盆地、平原区	可开采资源量	现状开采量	开采程度/%	剩余量
松辽平原	233.52	115.52	49.47	118.00
三江平原	68.72	16.52	24.04	52.20
黄淮海平原	417.73	334.39	80.05	82.61
河西走廊	32.35	21.87	67.60	10.48
准噶尔盆地	90.45	24.33	26.90	66.12
塔里木盆地	144.43	27.02	18.71	117.41
柴达木盆地	30.98	1.38	4.45	29.60
四川盆地	153.69	31.90	20.76	121.79

资料来源：《中国地下水资源》，中华人民共和国国土资源部，2001 年

在地下水开采程度较高的地区，地下水在总供水量中所占的比例往往也较高。如河北省 2011 年总供水量的 196 亿 m³ 中，有 154.9 亿 m³ 来自地下水，地下水供水量占总供水量的 79%。其他北方省级行政区如北京、河南、黑龙江、内蒙古等，地下水在总供水量中所占的比例也接近或超过 50%（表 7-2）。

表 7-2　2011 年中国各省级行政区供水量和用水量　　　　　单位：亿 m³

省级行政区	供水量				用水量				
	地表水	地下水	其他	总供水量	生活	工业	农业	生态环境	总用水量
全国	4953.3	1109.1	44.8	6107.2	789.9	1461.8	3743.6	111.9	6107.2
北京	8.1	20.9	7.0	36.0	16.3	5.0	10.2	4.5	36.0
天津	16.8	5.8	0.5	23.1	5.4	5.0	11.6	1.1	23.1
河北	38.5	154.9	2.6	196.0	26.1	25.7	140.5	3.6	196.0
山西	32.7	38.6	2.9	74.2	13.1	14.3	43.4	3.4	74.2
内蒙古	91.1	92.5	1.1	184.7	15.1	23.6	135.9	10.0	184.7
辽宁	76.7	64.3	3.6	144.5	25.9	24.0	89.7	4.9	144.5
吉林	87.4	43.7	0.2	131.2	15.1	26.6	81.6	7.9	131.2
黑龙江	201.4	149.9	1.1	352.4	21.2	53.2	272.3	5.6	352.4
上海	124.4	0.1	0.0	124.5	24.9	82.6	16.5	0.5	124.5
江苏	546.1	10.1	0.0	556.2	52.4	192.9	307.6	3.3	556.2

续表

省级行政区	供水量				用水量				
	地表水	地下水	其他	总供水量	生活	工业	农业	生态环境	总用水量
浙江	193.7	4.2	0.7	198.5	40.0	61.8	92.1	4.6	198.5
安徽	259.9	33.4	1.3	294.6	31.7	90.6	168.4	4.0	294.6
福建	203.5	5.0	0.3	208.8	25.2	83.5	98.6	1.5	208.8
江西	252.7	10.2	0.0	262.9	28.4	60.6	171.7	2.1	262.9
山东	127.4	89.3	7.4	224.1	38.2	29.8	148.9	7.2	224.1
河南	96.9	131.3	0.9	229.1	37.4	56.8	124.6	10.3	229.1
湖北	286.2	9.7	0.8	296.7	33.8	120.4	142.3	0.3	296.7
湖南	308.9	17.4	0.1	326.5	45.2	95.6	183.1	2.6	326.5
广东	443.4	19.3	1.5	464.2	97.3	133.6	224.2	9.1	464.2
广西	286.9	10.8	4.1	301.8	45.7	57.3	193.2	5.6	301.8
海南	41.1	3.3	0.1	44.5	6.7	3.9	33.8	0.1	44.5
重庆	84.9	1.8	0.1	86.8	19.1	43.3	23.6	0.7	86.8
四川	212.1	18.1	3.2	233.5	38.1	64.6	128.4	2.2	233.5
贵州	93.2	1.1	1.7	95.9	14.9	30.7	49.7	0.6	95.9
云南	141.1	4.8	0.9	146.8	24.4	25.2	96.1	1.0	146.8
西藏	28.1	2.8	0.0	31.0	1.9	1.7	27.4	0.0	31.0
陕西	54.5	32.7	0.5	87.8	16.2	13.2	56.2	2.1	87.8
甘肃	97.0	24.4	1.4	122.9	10.6	15.4	93.8	3.0	122.9
青海	25.8	5.3	0.1	31.1	3.7	3.5	23.5	0.5	31.1
宁夏	68.0	5.6	0.0	73.6	1.9	4.6	66.1	1.0	73.6
新疆	425.0	97.8	0.8	523.5	13.8	12.6	488.4	8.7	523.5

资料来源：中华人民共和国水利部《2011 年水资源公报》，不包括香港、澳门和台湾数据。

7.1.1.2　地下水在干旱半干旱地区经济、社会发展中的支撑作用

在部分干旱半干旱地区，由于地表水缺乏，地下水往往成为供水的唯一来源，支撑了当地人民的生产和生活。这些地区的经济、社会的发展，首先要面临地下水资源的制约。

在总体上，1999 年，中国地下水总用水量 1116 亿 m^3。其中，工业用水量 208 亿 m^3，占总用水量的 18.6%；农业用水量 687 亿 m^3，占总用水量的 61.6%；生活用水量 221 亿 m^3，占总用水量的 19.8%。工业用水量和生活用水量基本接近，农业仍然是地下水的用水大户，用水量是工业用水、生活用水的 3 倍多。但是，与过去比较，农业用水量呈递减趋势，从 80 年代的 88%，逐渐下降到 1999 年的 61.6%，而工业用水量和生活用水量的比例却明显上升，80 年代工业和生活用水量的比例为 12%，到 1999 年工业用水量比例上升到 18.6%，生活用水量比例上升到 19.8%。随着工业化进程的加快和城镇化水平的提高，这种趋势仍将持续下去（张宗祜和李烈荣，2004）。

在区域上，地下水超采最严重的地区为黄河以北的华北平原，其分布范围从黄河以北至燕山，太行山以东至渤海，包括北京、天津、河北、山东、河南，面积约为 13.9 万 km²。华北平原是中国政治、经济、文化中心，京、津、唐地区是全国三大都市经济区之一。人口 1.2 亿，是中国重要的粮食基地、工业基地。华北平原是我国缺水最严重的地区之一，水资源总量仅占全国的 1.7%，人均水资源占有量不足 300 m³/a，不到全国的 1/6，却维持了该区近 30 年的经济社会高速发展，扭转了长期以来南粮北运的局面。但是这些成就主要是靠长期超量开采地下水来实现的。据统计，1974～2004 年的 30 年时间里，华北平原累计超采地下水已达 1 000 多亿 m³，并且华北平原地下水利用量在总用水量中的比例还在不断上升，2004 年地下水开采量为 206 亿 m³/a，占总供水量的 75% 以上。由此可见，过去几十年来地下水资源一直是华北平原社会经济稳定发展的重要支撑。

另外，在中国的西北内陆干旱地区，地下水往往是供给当地人民生产、生活用水，同时是维持地表生态系统的主要水源。

例如，在干旱的内蒙古草原，河流稀少，大部分农牧民的生活用水完全依靠地下水，在地质条件不良，没有可饮用地下水的地区，当地居民就不得不从附近水源地拉水解决用水问题。在干旱年份，不但居民的饮水问题难以解决，而且草场质量大大降低，严重影响载畜量，生态环境受到严重威胁。

宁夏南部山区是中国最缺水的地区。这里由于地下水资源分布不均，咸水广布、淡水缺乏，各县（市）严重缺水，除西吉县和彭阳县保证程度>80% 外，其余各县保证程度均低于 50%。"无水一片黄，有水一片绿"是对这里最好的写照。严峻的水资源形势使得水源成为宁南山区人民的重要生活保障，由于既无地表水资源，又无地下水资源，当地人民发明了集蓄雨水的水窖来保证生活用水。但若遇到连旱年份，水窖干涸，当地政府就不得不从外地拉水为当地居民送去救命水。

山西是中国的煤炭大省，也是非常缺水的省份。煤矿开采一方面会破坏含水层，产出大量受一定程度污染的矿坑水；另一方面，在开采和洗选过程中也需要大量水。另外，大量工业和城市用水也需要开采地下水。据统计，1999 年山西省地下水开采量占全省年总用水量的 66.8%。山西省的许多县（市），地下水是工农业生产与城市人民生活的唯一水源，全省 11 个大中城市日缺水 70 万 m³ 以上，96 个县城有一半以上发生水荒。水资源紧缺已成为山西经济发展的最大制约因素之一。

由于水源紧缺，山西省农业灌溉已受到严重影响，水地面积一直徘徊在 1 700 万亩（1 亩≈666.67m²）左右，仅占耕地面积的 29%，大大低于全国平均水平。就是现有的水地也处于饥饿灌溉状态，80% 以上的灌区水源严重不足，年平均浇水 1～2 次，只能满足农作物需水量的 35%，有的只能浇一次抗旱水。水资源的短缺，使山西农业灌溉的基础十分薄弱，农业生产抗御自然灾害的能力较低。20 世纪 80 年代以来，随着工业生产和城市建设的飞速发展，工业生产和城市生活用水量持续快速增长，这些快速增长的用水量中绝大部分是挤占农业用水，工农业争水的矛盾非常突出。

除以上省（区），位于中国西北干旱区的新疆、甘肃、陕西等省（区），地下水也在供水中起着非常重要的作用。

7.1.2　中亚诸国

中亚诸国包括哈萨克斯坦、乌兹别克斯坦、塔吉克斯坦、土库曼斯坦、吉尔吉斯斯坦和阿富汗等国。

阿姆河是中亚水量最大的内陆河，咸海的两大水源之一，源于帕米尔高原东南部海拔4 900 m的高山冰川，上游接纳众多支流，向西穿过阿富汗、塔吉克斯坦、乌兹别克斯坦、土库曼斯坦等国后注入咸海，全长2 540 km。阿姆河沿岸平原广布绿洲，形成了发达的灌溉农业区。阿姆河的主要补给来自雪水，雨水补给对河流径流的影响不大。地下水补给在该流域内占重要地位，常常超过年径流量的30%。1918年，苏维埃俄国政府决定将流入咸海的阿姆河和锡尔河分流至附近的沙漠地区，用以灌溉和种植稻米、棉花和谷物等农作物。分流工程实施后，阿姆河流域灌溉面积迅速增加，但导致咸海水位迅速下降，水体逐年减少。1960年，这个咸水湖的面积是6.8万km^2，是一个大湖；1987年，咸海分成两部分——北咸海和南咸海；1998年，已经缩小到2.9万km^2，并且被分割成了两个小湖；而到了2004年，就只剩下1.7万km^{2}了，成了由3个小湖组成的湖群。到了2007年，3个小咸海的面积综合只是咸海极盛时的10%。另外，灌溉入渗使得地下水位大面积上升，次生盐渍化问题逐渐严重。20世纪90年代苏联解体后，先后独立的几个共和国之间对阿姆河流域水资源的分配经常发生争论。由于地下水便于开采，也缺乏管理，各国的地下水资源开采量逐渐增加。例如，乌兹别克斯坦地下水可开采资源量为6.8 km^3/a，但现在年均开采量已经达到7.5 km^3/a，已经处于超采状态。而在土库曼斯坦，大面积的引水灌溉使得地下水水位大幅度升高，从1986年到1998年22年间，地下水水位埋深小于2 m的农田面积已经从总农田面积的7%增加到了41%。随着地表水资源水量的进一步减少，水质的进一步恶化，以及地下水开采量的迅速增加，中亚各国之间需要加强合作和管理，以应对已经出现和潜在的水资源问题。

7.1.3　阿拉伯半岛

阿拉伯半岛常年受副高压带及信风带控制，气候非常干燥，几乎整个半岛都是热带沙漠气候区并有面积较大的无流区，该区有七个没有河流的国家。沙特阿拉伯是半岛上最大的国家。

由于水资源缺乏，阿拉伯半岛许多国家都利用海水淡化提供工业生产和生活用水。地下水也是这些国家重要的水源，但所开采的地下水大多为更新性很差的化石水。在沙特阿拉伯的 Al Hassa 绿洲，为了发展农业，20世纪80年代开始大规模钻井开采更新性很差的地下水，使得原来的泉水迅速消失，地下水位在20年间下降近100 m，年均下降4 m多。在多年地下水连续超采的背景下，加强地下水资源调查，对地下水资源开采进行精心规划，是沙特阿拉伯地下水资源管理目前面临的重要问题。

伊拉克是阿拉伯半岛面积第二大的国家。由于长期的战乱，伊拉克的供水质量很差。伊拉克的水源主要来自幼发拉底河和底格里斯河，但两河流量较小，并且主要水量来自上游的土耳其等国家。地下水在伊拉克北部的供水中占有重要地位，这里地下水往往是唯一水源，灌溉、饮用和卫生用水都靠地下水。目前伊拉克北部的城市正在扩张，几千口开采井正在对地下水进行大规模开采。在最北端的山脚，岩溶泉水是主要的饮用水源。

　　位于亚洲最西端的小亚细亚半岛也比较干旱。半岛中部是高耸的安纳托利亚高原，四周由连绵的山丘和山脉围绕。只在半岛西端和南北海岸有少量平原。小亚细亚半岛全境属土耳其管辖。2008 年，土耳其全国用水量为 45.6 亿 m³，其中地下水开采量占 51%，可见地下水在土耳其供水中的重要地位。

7.1.4　东南亚地区

　　东南亚地区四季如夏，终年炎热，常年气温为 25~30℃。大部分地区一年只分为旱季和雨季。一般 11 月至次年 5 月为旱季，6~10 月为雨季。气候主要分为两种类型：中南半岛北部和菲律宾北部地区，属于热带季风气候，年降水量 1 500 mm 以上；赤道附近地区和马来群岛大部分地区属于热带雨林气候，终年有雨，没有干燥的时候，年降水量在 2 000 mm 以上。

　　湄公河流域地下水开发利用历史悠久，在内陆地区，主要是抽取地下水进行灌溉和居民饮用。近些年来，随着经济的发展，人为的活动对地表水的污染越来越严重，城镇居民用水也转为开采地下水源。据流域南方重要城市统计，供水水源以地下水主要作为饮用水的占 20%；地表水为主、地下水为辅的占 39%；仅以地表水为水源的占 41%。近年来，随着南方地下水开发和地下水用水的日趋普遍，主要城市（图 7-1）的地下水开采量高达5000 m³/d，可见开采浅层地下水不足以满足用水需求，人们不得不加大开采深度，对深层地下水进行抽取。因此有些城市由于其对地下水的抽取率远远大于天然补给率，出现了地下水位下降的现象。

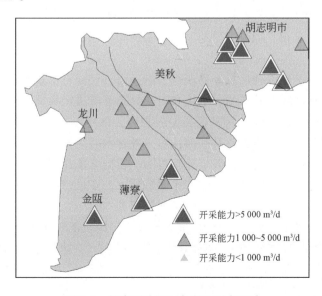

图 7-1　越南湄公河三角洲地下水开采

　　柬埔寨江河众多，水资源丰富。柬埔寨主要河流有湄公河、洞里萨河等，还有东南亚最大的洞里萨湖，地表水 750 亿 m^3（不包括积蓄雨水），地下水 176 亿 m^3，平均每年降水量 1 400 ~ 3 500 mm，湄公河每年流经柬埔寨的流量 4 750 亿 m^3。但因水利设施严重缺乏或陈旧老化，大多数柬埔寨人民生活仍十分缺水，特别是旱季，不少地方用水异常紧张，不但无法保存水源，而且未能有效分配和供应卫生用水、种粮用水。目前，柬埔寨全国家庭、农业、工业、发电、旅游业等方面的用水需求总量为 7.5 亿 m^3，其中农业用水最多，占 95%。迄今只有 35% 的全国人口、65% 的城市居民和 26% 的农村人口可用上卫生、安全的饮用水。随着人口的不断增长和经济的快速发展，水资源供需矛盾日益突出；而柬埔寨水资源的时空分布不均、水资源利用效率低、水污染、圈占资源、无序开发、破坏环境等问题又会加剧水资源短缺。

7.2　地下水开采利用

7.2.1　地下水开采条件与开采方式

　　决定研究区内的地下水开采条件的三大主要因素包括：研究区内的水文地质条件、水资源量及可开采量。

　　亚洲的大地构造决定了其地貌形态与地质环境，对气候、水文具有控制作用，是水文地质条件的主要控制因素。亚洲的地貌形态既受内力作用控制，又受外力作用影响，复杂的成因条件决定了地貌形态与地质环境类型的多样，包括各个时期形成的褶皱山脉和断块山地、隆起的高原、凹陷的低地、平原和盆地、起伏的丘陵以及濒太平洋岸的岛弧群等。在不同的地质环境条件下发育有水文地质条件差异巨大的含水层，地下水赋存于这些含水层之中，它的埋藏、分布、径流等受地质因素的制约，在不同的地质构造影响下形成各异的存储、运移特征。

　　含水层或含水系统经由补给从外界获得水量，通过径流将水量由补给处输送到外界并排出。地下水的赋存特征对其水量、水质和时空分布等有决定意义，其中最重要的是埋藏条件与含水层的空隙性质。地下水赋存类型的划分，既要考虑所在区域自然单元的特点，又要注意地下水赋存的含水岩类及其孔隙性质。各含水岩类按其富水特征进行组合，并相应地结合区域地貌条件和构造关系确定分布范围。根据含水介质不同，地下水划分为四种基本类型，分别为孔隙水、裂隙水、岩溶水和冻结水（其他类型水），并在此基础上根据地貌条件、含水层分布、埋藏的差异进一步划分亚类。

　　亚洲拥有全球最大的大陆，面对全球最大的大洋，地质条件复杂，在本书中于第 3.1 节科学分析了亚洲地下水的含水介质、赋存条件与水动力特征，大陆地下水与周边洋系、地理纬度、气候水平分带和地势垂直分带的关系，并在以往洲际尺度地下水含水层划分基础上，将亚洲地下水含水类型划分为松散堆积物孔隙水、碳酸盐岩岩溶水、裂隙孔隙水和裂隙水四种基本类型，其中松散堆积物孔隙水具备最佳的开采条件，松散孔隙水多分布在盆地平原，并从 4.1 节中可看出亚洲地区松散堆积孔隙水的天然补给资源量为 2 424.65 km^3/a，占亚洲地区天然补给总资源量 4 677.74 km³/a 的 52%，而亚洲地区松散堆积孔隙水的可开采资源量为 1 697.25 km³/a，占亚洲地区天然补给总资源量 3 274.4 km³/a 的 52%。并且赋存松散沉积孔隙水含水层具有极丰富的地下水储存量，这些都为亚洲地下水开采提供了极其优越的地下水开采条件。

地下水系统是地下水形成运移和资源的载体，因此按照 11 个一级地下水系统分析其开采条件如下：

Ⅰ北亚台地及高原寒温带半湿润地下水系统。该系统地下水多为连续冻结和断续冻结状态。但该系统面积大，拥有丰富的地下水资源量和可开采资源量，其中地下水天然补给资源量为 1 007.45×10⁹ m³/a，可开采资源量为 705.21×10⁹ m³/a。冻土区地下水的开采价值取决于水质优劣、水源补给量、储存量的多寡及其取水条件。相较于其他地下水系统，该系统由于冻土区地下水独特的气候条件以及水文地质条件，地下水开采条件较差。

Ⅱ东北亚山地及平原温带半湿润地下水系统。全区年降水量由大兴安岭西坡的 400 mm 至长白山东坡的 1 000 mm 以上。东北高纬度多年冻土地质环境使得多年冻土层发育，地下水开采条件差。呼伦贝尔高原地形特征以层状剥蚀堆积为主，朝鲜半岛多山地、高原，年平均降水量 1 120 mm，水量丰富，并且地下水埋藏较浅，地下水开采条件好。该系统地下水总的天然补给资源量为 323.42×10⁹ m³/a，总的可开采资源量为 226.39×10⁹ m³/a。

Ⅲ华北平原、山地及黄土高原温带半干旱地下水系统。该系统地下水天然补给资源量为 165.86×10⁹ m³/a，可开采资源量为 116.10×10⁹ m³/a。黄淮海平原，年降水量 500~600 mm，主要由第四纪冲积物组成。山前倾斜平原松散含水层厚度大，地下水赋存条件良好，富水程度强。地下水开采条件较好；黄河流域黄土高原年均降水量 200~700 mm。黄土高原除少数石质山地外，高原上覆盖深厚的黄土层，黄土厚度为 50~80 m，最厚达 150~180 m。地下水分布不均，一般富水程度较弱，地下水开采条件差。

Ⅳ内陆盆地及丘陵山地温带干旱地下水系统。该系统地下水天然补给资源量为 845.67×10⁹ m³/a，可开采资源量为 591.97×10⁹ m³/a。哈萨克丘陵是分布着盐沼和沙丘，图兰平原是一个内陆盆地，气候干燥，地下水资源量少，蒙古高原是一个古老的内陆高原。地下水埋藏较深并且分布不均匀，该系统地下水开采条件差。

Ⅴ伊朗高原—小亚细亚半岛亚热带干旱、半湿润地下水系统。该系统地下水天然补给资源量为 157.51×10⁹ m³/a，可开采资源量为 110.26×10⁹ m³/a。安纳托利亚高原是一个山间高原。南北两侧为石灰岩山脉，高原内部有大盐滩和广大的半荒漠。伊朗高原是封闭性的高原，地下水资源量较少。该系统的地下水赋存条件较差，故该系统地下水开采条件差。

Ⅵ阿拉伯半岛—美索不达米亚平原热带干旱地下水系统。该系统地下水天然补给资源量为 213.60×10⁹ m³/a，可开采资源量为 149.52×10⁹ m³/a。阿拉伯台地是一个古老地块。属于熔岩沙漠地貌。由于气候干燥，无常年性河流，多干谷，中、南部沙漠广布。另有美索不达米亚平原。亚美尼亚火山高原又名亚美尼亚山汇，新期火山活动非常剧烈，是一个多火山的熔岩高原。该系统地下水开采条件较差。

Ⅶ帕米尔—青藏高原高寒冻融地下水系统。该系统地下水天然补给资源量为 490.96×10⁹ m³/a，可开采资源量为 343.67×10⁹ m³/a。帕米尔高原具有典型的冰川地貌。青藏高原在山麓、湖滨广泛发育早更新世巨厚的砂砾岩层，而在内流区气候干燥，河流较少。该系统地下水埋藏较深，开采条件较差。

Ⅷ南亚两河平原—德干高原热带湿润—半湿润地下水系统。该系统地下水天然补给资源量为 587.80×10^9 m³/a，可开采资源量为 343.67×10^9 m³/a。印度河—恒河平原是具有 300 m 厚冲积层的大平原。德干高原久经侵蚀，地势西高东低，平均海拔约 600 m。该系统赋存大量易开采的孔隙水，地下水开采条件好。

Ⅸ中南半岛山地丘陵热带湿润地下水系统。该系统地下水天然补给资源量为 201.66×10^9 m³/a，可开采资源量为 141.16×10^9 m³/a。中南半岛中部高原岩溶地貌发育，拥有大量易开采的岩溶水，该系统地下水开采条件较好。

Ⅹ华南山地丘陵及平原亚热带湿润地下水系统。该系统地下水天然补给资源量为 309.90×10^9 m³/a，可开采资源量为 216.93×10^9 m³/a。华南山地丘陵—长江中下游平原，年降水量普遍大于 1 000 mm。北部的长江中下游平原为第四纪松散沉积物分布区，西部以碳酸盐岩为主，东部为变质岩、碎屑岩和岩浆岩混合分布的地区。华南岩溶山地广泛分布于华南山地丘陵及洼地地区；长江中下游平原以第四纪河、湖、海相淤泥质黏性土沉积为主。湘桂低山丘陵以巨厚、质纯和相对单一结构的碳酸盐类岩层为其特点；淮阳山地—东南丘陵山地地形以丘陵山地为主，其间分布规模不等的山间盆地和河谷平原；台湾岛以碎屑岩为主，西部海岸为第四纪松散沉积物；海南岛西北部为玄武岩台地和海相沉积，中部以花岗岩为主。该系统总体以易开采的孔隙水和裂隙水为主，且地下水的埋藏条件较浅，所以该系统的地下水开采条件好。

Ⅺ东南亚岛群赤道湿热地下水系统。该系统地下水天然补给资源量为 357.45×10^9 m³/a，可开采资源量为 250.21×10^9 m³/a。菲律宾—马来西亚—印度尼西亚群岛，火山岩多发育，水量丰沛，拥有大量易开采的裂隙水。开采条件好。

亚洲地区开采条件较好的地下水系统有东北亚山地及平原温带半湿润地下水系统的呼伦贝尔高原—朝鲜半岛地段、华北平原、山地及黄土高原温带半干旱地下水系统的华北平原地区、南亚两河平原—德干高原热带湿润—半湿润地下水系统、中南半岛山地丘陵热带湿润地下水系统、华南山地丘陵及平原亚热带湿润地下水系统、东南亚岛群赤道湿热地下水系统。这些地下水系统总的地下水天然补给量为 2380×10^9 m³/a，其中总的地下水可开采资源量为 1670×10^9 m³/a，占亚洲地区地下水开采资源量的 51%。

而亚洲地区开采条件较差的地下水系统主要有北亚台地及高原寒温带半湿润地下水系统、内陆盆地及丘陵山地温带干旱地下水系统、伊朗高原—小亚细亚半岛亚热带干旱、半湿润地下水系统、阿拉伯半岛—美索不达米亚平原热带干旱地下水系统、帕米尔—青藏高原高寒冻融地下水系统，这些系统的地下水天然补给量为 2281.28×10^9 m³/a，其中总的地下水可开采资源量为 1597×10^9 m³/a，占亚洲地区地下水开采资源量的 49%。

在亚洲地区地下水开采方案的选择，可根据其地下水的流量及储量的变化而变化。一个充分的地下水管理政策是发展、采取以及实施地下水开采政策的先决条件。一般抽取地下水会不可避免地消耗有限的储存量，但是含水层会随着地下水的流入流出而使得储存量保持稳定（随时间有轻微波动）而保持采补平衡。并根据含水层的缓冲能力有意识地控制水位或保持一定的天然地下水排放，这种集中式的开采获取的水量将比天然平均地下水流稍微偏大或者是偏小。在水资源量较丰富的亚洲东部、南部、中南半岛、中国东南部、朝鲜半岛、日本群岛和西伯利亚东部沿海的各个国家截流开采方式的使用比较广泛。

从长远角度，可以拦截流量以追求平衡流，且允许在中短期内的不均衡。在此不均衡期间，密集地抽取地下水以满足用水需求，导致地下水储存量的部分消耗。这种损耗可能借用储存量，之后储量恢复或至少偿还部分储存量。然而，含水层条件决定了要选取哪种开采方式。有丰富的水资源和地下水环境功能强的区域可持续开采利用。在需水压力较大的干旱地区，需要足够的含水层地下水储备来渡过过度开采期，而不能耗尽该地的含水层储量。

在一些地区，地下水是占优势的。地下水资源甚至是当前唯一的水资源；而别的地方，它可能是较次要或者后备资源。那么联合开发和管理地下水及地表水资源就显得十分重要。建立一个合理的开发方案需要对一个含水层或地区的可利用地下水资源量进行评估。可持续开采方法和混合开采方法关系着地下水资源量的可再生，而开采法以及混合开采法的第一个阶段主要是关注地下水的储存量。在这两种情况下，评估的结果不仅取决于可用的地下水，而且取决于相关技术、经济、水质及环境制约等条件。

7.2.2　地下水开发利用程度

亚洲地区的地表水已经被密集开发了数千年，在这一点上，地下水与地表水不同，一直到不及一个世纪之前，地下水还是一种极少被开发的资源。然而，在 20 世纪，一场前所未有的发生在地下水开采领域的"静悄悄的革命"席卷全球。地下水开采的激增受到人口数量增加及相关的对于水资源、粮食和收入需求的增长驱动，并受知识、技术和资金使用的促进。地下水资源的密集开采开始于 20 世纪的前 50 年，仅限于少数发达国家，随后自 20 世纪 60 年代开始扩展到全世界。这从根本上改变了地下水在人类社会中的作用，尤其是在农业灌溉领域，地下水的开采引发了一场"农业地下水革命"，显著地促进了粮食生产和农村的发展。

自 2010 年起，亚洲地区地下水开采总量估计在 680 km³/a 左右，占亚洲总水资源开采量 2 257 km³/a 的 30%、占全球地下水开采总量 982 km³/a 的 69.2%，并占全球总水资源开采量的 18%——其中有约 75% 用于农业用水，16% 用于生活用水，还有 9% 用于工业用水（详见表 7-3）。图 7-2 显示了截止到 2010 年地下水开采在全球的分布状况。

表 7-3　全球地下水开采量主要估计（参考 2010 年）

（据 *Groundwater around the world*，P₁₂₃）

大陆	地下水开采量					总的水资源开采量	
	农业用水 /（km³/a）	生活用水 /（km³/a）	工业用水 /（km³/a）	总开采量 /（km³/a）	所占比例 /%	总的水资源开采量/（km³/a）	地下水所占比例/%
北美洲	102	33	8	143	14.6	524	27
中美洲和加勒比地区	4	8	2	14	1.4	149	9

大陆	地下水开采量					总的水资源开采量	
	农业用水 /(km³/a)	生活用水 /(km³/a)	工业用水 /(km³/a)	总开采量 /(km³/a)	所占比例 /%	总的水资源开采量/(km³/a)	地下水所占比例/%
南美洲	13	8	5	26	2.6	182	14
欧洲（包括俄罗斯联邦）	26	33	13	72	7.3	497	14
非洲	26	13	2	41	4.1	196	21
亚洲	514	111	55	680	69.3	2 257	30
大洋洲	3	3	0	7	0.7	26	25
世界	688	209	85	982	100	3 831	26

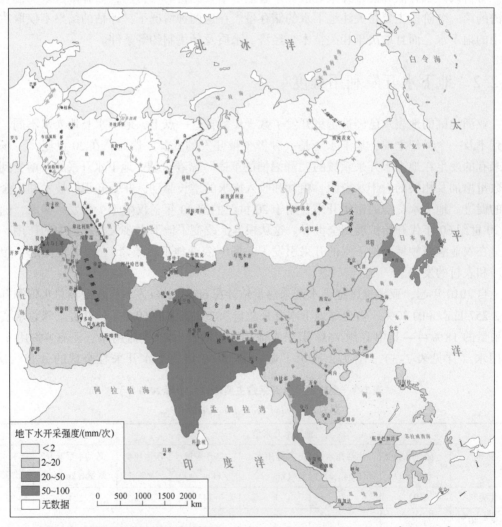

图 7-2　亚洲地下水平均开采强度图（参考 2010 年）[1 mm/a＝1 000m³/(a·km²)]

（据 *Groundwater around the world*，P₁₂₅编辑）

亚洲的印度、中国、巴基斯坦、伊朗和孟加拉国这样主要使用者的开采量占总量的 2/3（图 7-3，表 7-4）。在过去的 50 年中，全球地下水开采率至少增长了 3 倍，而且还将以每年 1%～2% 的速度持续增长。然而许多国家，开采率已经达到峰值，并且现在已经呈现出稳定的状态，少部分国家的开采率甚至在下降。最近 10 年来，全球地下水开采量以印度和中国的增长量最大。由于收集的资料有限，这些统计分析的数据不是特别准确，但是从这些数据中可以看出亚洲地区地下水开采在世界地下水开采中占据极其重要的地位。

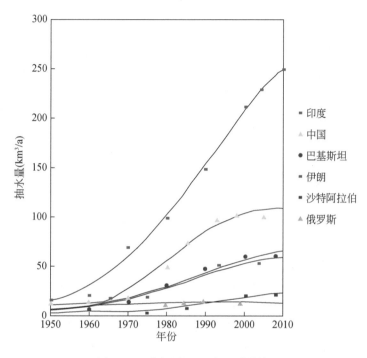

图 7-3　不同国家地下水开采趋势

（据 *Groundwater around the world*，P_{128} 编辑）

表 7-4　截止到 2010 年，排名前 10 名的地下水开采国

（据 *Groundwater around the world*，P_{126}）

地下水开采排名	国家	地下水开采量/(km³/a)
1	印度	251
2	中国	112
3	美国	112
4	巴基斯坦	64
5	伊朗	60
6	孟加拉国	35
7	墨西哥	29

地下水开采排名	国家	地下水开采量/(km³/a)
8	沙特阿拉伯	23
9	印度尼西亚	14
10	意大利	14

在 4.2 节中可知亚洲地区地下水天然补给资源量为 4 677.74 km³/a，可开采资源量为 3 262.88 km³/a，那么 2010 年亚洲地区的地下水开采总量占亚洲地区地下水天然补给量的 14%，并占可开采资源量的 20%，这说明亚洲地区的地下水系统能储备大量的地下水资源量，因此大多数地下含水层都具有相当大的缓冲能力，这能够使它们保持有水可供开采的状态，即便是在长期没有降雨的情况下，也是如此。在那些仅仅依靠降雨或地表水供水的地区，如果没有地下水，就会变得非常干旱，而地下水能够使当地的人拥有可靠的水源。所以从亚洲的角度看，地下水资源开发具有一定的潜力。

7.2.3　地下水供水结构分析

从全球的范围来看，水资源总供水量为 3 831 km³/a，而地下水供水量为 982 km³/a，占世界总供水量的 1/4。去除开采中地下水的蒸发量，并且由于地下水在灌溉中的消耗量比地表水的损耗量要小得多，在某种意义上，世界地下水的供水量应该大于世界供水量的 1/4，可达到约 30%，可见地下水资源在世界供水资源中占据很重要的地位。图 7-4 中展示了亚洲各个国家的地下水供水比例，可见一半多的国家的地下水比例都大于 25%，大约 1/4 的国家地下水比例大于 50%，而这个比例在很多干旱的、内陆的或者地表水资源比较难以获得的国家更高。而地下水在亚洲很多国家的供水中占据很重要的地位，特别是在一些地下水占国家供水的绝大部分的亚洲国家，比如蒙古、阿拉伯地区（详见图 7-4 和表 7-5）。地下水主要用于生活用水、农业用水以及工业用水，就亚洲范围而言其中 75% 的地下水用于农业用水，16% 的用于生活用水，9% 的用于工业用水，并且不同国家不同地区的地下水在三个方面所占的比例是不一样的（详见表 7-5），下面就亚洲地区地下水在这三个方面的供水情况进行详细介绍并加以分析。

生活用水包括城镇生活用水和农村生活用水。城镇生活用水由居民用水和公共用水（含服务业、餐饮业、货运邮电业及建筑业等用水）组成。农村生活用水除居民生活用水外还包括畜用水在内。在亚洲很多国家，地下水是生活用水的主要来源，比如巴基斯坦、伊朗、也门，地下水在生活用水中占 100%，在印度大概占 64%，在中国占 29%。通常而言，相较于城市生活用水，地下水更易用于农村生活用水中，但是在很多人口众多的城市中，特别是那些公共供水设备不是特别完善的城市，其生活用水的主要来源仍是地下水（详见图 7-5）。而就亚洲地区而言，这些城市主要分布于日本、中国的东部沿海及中部城市、印度北部城市以及阿拉伯地区的城镇中。

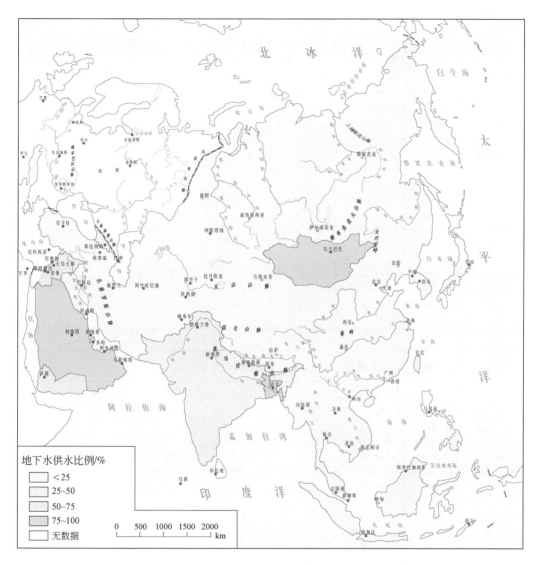

图 7-4　亚洲国家地下水供水比例图

（据 *Groundwater around the world*，P$_{148}$编辑）

表 7-5　亚洲地区主要开采地下水国家的地下水开采情况

（据 *Groundwater around the world*，P$_{123}$）

国家	参考年	地下水总开采量/(km³/a)	总开采量中比例/%	平均人均开采量/(m³/a)	地下水开采利用比例/%		
					生活用水	农业用水	工业用水
阿富汗	2000	5.3	23	233	6	94	0
孟加拉国	1990	10.70	73	100	13	86	1

国家	参考年	地下水总开采量/(km³/a)	总开采量中比例/%	平均人均开采量/(m³/a)	地下水开采利用比例/%		
					生活用水	农业用水	工业用水
中国	2005	97.7	18	73	20	54	26
印度	1990	190.0	29	223	9	89	2
印度尼西亚	2004	12.5	15	59	93	2	5
伊朗	2004	53.1	55	764	11	87	2
日本	1998	13.2	14	104	29	23	48
	2002	10.94	13	86			
哈萨克斯坦	2000	2.40	7	140	21	71	8
韩国	1995	2.5	10	56	83	17	0
	2002	3.4	13	72			
缅甸	2000	2.99		67			
巴基斯坦	2000	55.0	32	389	6	94	0
	2008	61.1		366			
菲律宾	1994	5.86	10	87	36	0	64
沙特阿拉伯	2006	21.37	92	870	5	92	3
叙利亚	2003	9.18	57	510	5	90	5
塔吉克斯坦	1994	2.30	19	337	31	39	30
泰国	2007	9.80		144			
土耳其	2004	6.30	14	88	32	60	8
	2007	12.1		173			
阿联酋	1995	1.60	76	840	0	80	20
	2005	3.05		750			
乌兹别克斯坦	1994	7.40	12	325	32	57	11
也门	2000	2.40	71	131	11	86	3

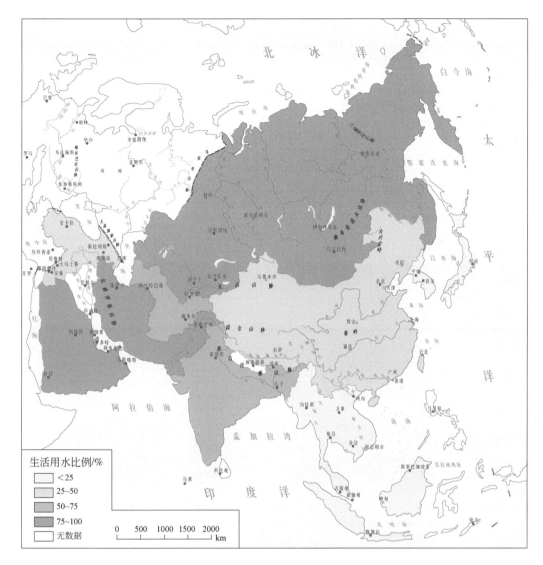

图7-5　亚洲地下水在生活用水供水中的比例图

（据 *Groundwater around the world*，P$_{149}$ 编辑）

　　农业用水主要是用于灌溉和农村牲畜的用水，对于农业用水的用户而言，由于地下水能比较方便以及便宜地获取，所以地下水更易用于农业用水，而对于人口众多并以农业为主的亚洲地区，地下水在农业用水中占据极其重要的地位。表7-6 中展示了亚洲地区地下水灌溉系统比较先进以及完善的国家在 2010 年地下水用于农业灌溉的情况。从图7-6 中可以看出，地下水在农业用水中的比例在干旱地区或者地表水难以利用和管理地区，比如沙特阿拉伯为 97%、伊朗为 64%、也门为 63%、孟加拉国为 90%、叙利亚为 69%、印度为 64%、土耳其为 50%。

表 7-6　农业灌溉中地下水利用情况

（摘自 *Groundwater around the world*，P₁₅₂₋₁₅₃）

城市	地下水灌溉土地		地下水灌溉用水	
	面积/$10^7 m^3$	所占灌溉土地比例/%	水量/（$10^6 m^3/a$）	在地下水总供水中的比例/%
阿富汗	282	16	6 720	19
孟加拉国	3 459	74	25 984	76
中国	15 847	30	60 455	35
印度	36 850	64	223 390	64
伊朗	3 988	62	54 926	64
以色列	89	49	896	49
日本	232	9	2 516	9
哈萨克斯坦	111	5	2 285	5
缅甸	100	5	2 406	5
巴基斯坦	4 837	36	60 932	33
沙特阿拉伯	1 156	97	22 201	97
叙利亚	950	68	10 146	69
塔吉克斯坦	66	9	5 712	9
泰国	48	9	1 534	10
土耳其	1 730	49	7 973	50
伊拉克	146	6	1 344	6
阿联酋	227	100	3 533	100
乌兹别克斯坦	268	6	5 644	6
也门	483	66	2 788	63

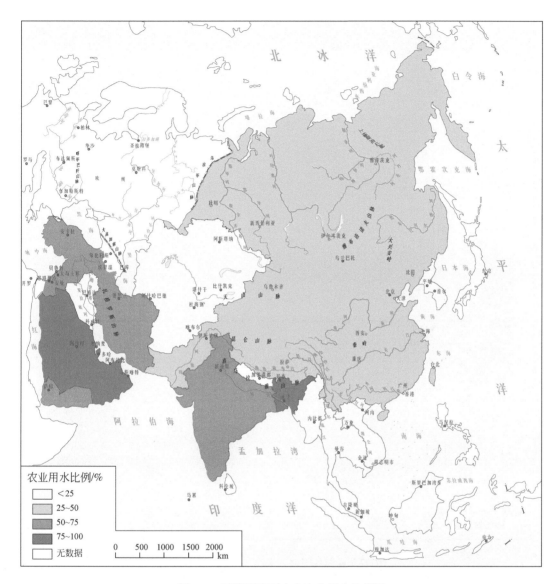

图 7-6 亚洲国地下水在农业用水比例图

（据 *Groundwater around the world*，P[152-153] 编辑）

工业用水是工、矿企业各部门在工业生产过程（或期间）中，制造、加工、冷却、空调、洗涤、锅炉等处使用的水及厂内职工生活用水的总称。在世界很多工业化国家的工业部分中，地下水在水资源来源中占据很大的比例。亚洲地区也不例外，比如日本占 27%，印度占 27%，中国占 20%，在干旱以及半干旱的城市比如蒙古、阿曼、沙特阿拉伯、也门，这个比例可以高达 100%（详见图 7-7）。

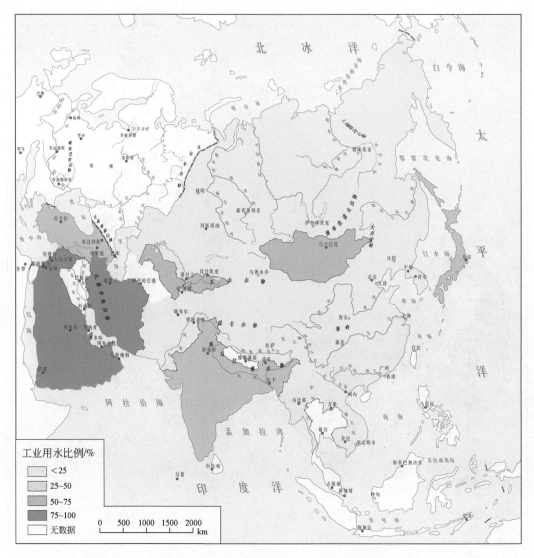

图 7-7　亚洲各国地下水在工业用水比例图

（据 *Groundwater around the world*，P₁₅₄编辑）

7.2.4　地下水利用经济价值评估

　　地下水可对国内水务部门、农业部门以及工业部门进行供水，但地下水供水给不同的部门带来的经济价值也是不一样的。

　　生活用水具有极高的社会以及经济价值，并且易于交易，所以地下水用于生活用水的比例越大，地下水的市场价值就越大。在亚洲地区的乡村以及城镇，公共供水设备不是特别完善，很多地区是通过当地的私营企业打井的方式获取地下水，以此来满足当地生活用水要求，这成为亚洲地区排名第二的地下水开发力量。

生活用水中的饮用水部门供给，在经济和社会上属于较昂贵的用水，被认为是社会公共服务，在生产经销链中中介机构为主，在不同国家结合当地情况以公共机构（国家、市政当局、企业联合组织）或私营企业（委托任务）这些不同的方式组织起来。该部门加大开采和使用全球地下水的力度有利于增加地下水的地位和市场价值。

而在地下水供水中占据比例最小的工业用水中，地下水直接被私营或者国有的企业利用，这部分地下水是直接被政府控制的，是不可以进行交易的。

在地下水灌溉部门，绝大部分的开采者就是使用者，即灌农，由他们来开采地下水。而亚洲地区排名第一的地下水开发力量主要是农民，他们主要开发地下水进行土地灌溉，其中亚洲地区运用地下水进行土地灌溉的农民数量，印度排名第一，接下来为中国、巴基斯坦以及孟加拉国。他们作为土地的拥有者，仅需在开发地下水设备、能源使用过程中以及人力上付费，而这一部分费用主要与当地的情况和能源消耗有关。他们支付地下水开采的直接成本较小（经常补助比交的税要多）。通常抽取地下水假定水权附属于土地所有权。根据当地条件和能源成本，直接开发成本相差很大。

利亚马斯等人指出每立方米水产生的价值是 0.01 ~ 0.2 美元，而相应年度的地面灌溉成本为 20 ~ 1000 美元/hm²。由于农民直接面对开发地下水的费用，他们趋向于注重地下水的花费与他们农业产品的平衡，这就意味着他们追求的是高的经济利益而不是最高的产量。在这个联系中，人们必须意识到作物的需水量和相对应的产品量不是成线性关系的，常常可以发现用于灌溉作物的地下水实际水量是小于理论值的。其背后的原因是：每立方米的水成本是一样的，但最后输入的水的贡献比增加的产量要少。就如经济学中的"报酬递减法则"。

相较于地表水，地下水可以更加高效地运用于农业灌溉中并产生更多的利润。地下水比地表水网一般更能有效使用、灌溉更得益。根据 Burke 和 Shah 的研究，物理效率与每公顷的灌溉水量有关，是地表水灌溉的平均两倍，而社会经济效率在每立方米的产量及使用每百万立方米增加的就业岗位方面可高达三到十倍。

根据 Llamas 的研究，安达卢西亚（西班牙）地下水在经济效率方面（每公顷用水量的产值）是地表水灌溉的五倍。原因有两个：①水的利用率较高，允许减少每公顷总用水需求（地下水平均每年 5 000 m³，地表水每年 10 000 m³）；②它可让作物生长对缺水更敏感，但产生更高的附加值。在研究领域，虽然只使用灌溉用水总量的 20%，但地下水灌溉可提高灌溉农业总量的 30% ~ 40%。这对其他地区不一定适用。

根据印度水资源协会，印度每公顷平均使用的地下水灌溉量比地表水少 3/4，4 000 m³/a 对 16 000 m³/a。国际水资源管理研究所估计前些年世界农业灌溉地下水的价值为 1 500 亿 ~ 1 700 亿美元，届时使用每立方米地下水将会到达约 0.2 美元的平均生产力。

《地球》（电视节目）在 2005 年，估计在每平方米的水价为 0.5 欧元时，世界地下水在 2001 年的产出值是 3 亿欧元。但是世界地下水的产出值应远大于这个价值，不仅是由于这个价格仅反映了生活用水的价格，而生活用水的价格受政府政策的调控是小于市场上价格的，它并不能反映地下水的实际价格。亚洲部分国家水价见表 7-7。

表 7-7　2009 年亚洲部分国家水价表

国家	城市	当年人均收入/美元	水价/（美元/t）
亚美尼亚	埃里温	950	0.18
乌兹别克斯坦	塔什干	420	0.03
土库曼斯坦	哈什哈巴德	1 120	0.00
叙利亚	大马士革	1 160	0.03
巴勒斯坦	拉马拉	350	0.58
印度	新德里	530	0.03
斯里兰卡	科伦坡	930	0.04
巴基斯坦	卡拉奇	470	0.01
蒙古	乌兰巴托	480	0.08
中国	北京	1 100	0.58
日本	东京	34 510	0.86
韩国	首尔	12 020	0.22
新加坡	新加坡	21 230	0.61
印度尼西亚	雅加达	810	0.28

总而言之，比起水经济，公共部门使用地下水将更多地属于私人。使用地下水引发的财富分配远高于用水总量的分配。在某些情况下，例如（西班牙）大加那利岛和特纳利夫岛，由私人控制的地下水市场功能，最有可能促成最盈利的稀缺水资源的分配。《地球》（电视节目）在 2001 年，估计地下水的世界生产总值约 3 000 亿欧元——石油生产价值的 37%。然而，计算量是基于平均水价每立方米 0.5 欧元，价格是基于生产和分销成本减去补贴，因此并不一定反映地下水的经济价值。此外，这个价格仅指国内水，比世界使用的地下水多一点，这个价格只是或多或少地基于商业，但没完全暴露于市场规律。总之，相较于地表水，地下水能更加便宜以及方便地获取并且创造更多的经济价值。因此，保护其资源量及水质应该成为水资源管理的重点。

7.3　亚洲地热资源开发利用

亚洲地跨世界著名的两大板缘地热带：地中海—喜马拉雅地热带及西太平洋岛弧地热带，以及亚欧板块和印澳板块的广大地域，地热资源十分丰富。无论是高温地热资源，抑或是中低温地热资源，就其资源储量或开发利用方面，均居世界前列。近年来，亚洲各主要国家都加大了地热资源的勘查研究，主要代表国家的地热开发情况如下。

7.3.1　土耳其

土耳其位于阿尔卑斯—喜马拉雅活动构造带，该活动带以酸性火山活动、温泉（超过 600 个）和火山喷气孔活动为主。土耳其境内高低熔地热资源均有发育，地热潜力巨大。

20 世纪 60 年代早期对温泉的普查统计标志着土耳其地热研究的开始。1963 年，在 Izmir 以西的 Agamemnun（Balcova）地热田钻探出了该国第一个地热勘探孔。后续跟进的地质、地球物理研究使得大量以发电、区域供暖及其他方式利用的高低焓地热田得以开发。

土耳其主要的高焓热田有 Denizli-Kizildere 地热田、Aydin-Germencik 地热田、Canakkale-Tuzla 地热田、Izmir-Seferihisar 地热田、Nemrut-Zilan-Suphan-Tendurek 和 Nevsehir-Acigol 地热田。主要的低焓地热田则为 Izmir-Balcova 地热田和 Afyon-Omer-Gecek 地热田。土耳其在国内其他一些可能存在地热的地区也进行了地热的勘查研究，包括在 Kutahya-Simav、Ankara-Kizilcahamam、Aydin-Salavatli 和 Izmir-Dikili-Bergama 等地开展了钻探工作。

位于 Menderes 地堑的 Denizli-Kizildere 地热田是土耳其第一个商业开发的地热田。它包括两个热储层：第一热储层平均深度 400 m，水温 198℃。第二热储层厚度为 450 ~ 1 100 m，热水温度 212℃。1984 年，一座装机容量 20 MW 的地热电站在此地建成，但是热水结垢问题严重影响了该电站的生产。

Aydin-Germencik 地热田也位于 Menderes 地堑上。该热田先后已开发 9 眼深井，深度范围 285 ~ 2 398 m，温度范围 200 ~ 230℃，相应地各井生产率为 130 ~ 450 t/h。在该热田已进行了多次试验。

位于 Anatolia 西北部的 Canakkale-Tuzla 地热田，第一眼井成井于 1982 年，井深 814 m，在 333 ~ 335 m 深的火山岩地层处有蒸汽–热水混合物的产生，热水温度 173℃，井孔出水量达 130 t/h，热水中蒸汽含量为 13%。

Izmir-Seferihisar 地热田在 Izmir 西南部绵延 40 km，在 70 ~ 720 m 深部发育有不连续热储层，水温达 145℃。

该国在另外两处高焓地热田业已开展区域的详细研究。Izmir-Balcova 低焓地热田始建于 1963 年，开采的是 40 m 深热储层的蒸汽–热水混合物，水温 124℃。然而，快速结垢问题使得地热田热水流量减小。Afyon-Omer-Gecek 地热田也面临着快速结垢问题，科研人员在该地热田试验并安装了井内换热器与井口换热器。水经二次加热达到 98℃，现供一所温泉旅馆和 2 000 m² 的复合型温室使用。

土耳其地热发电潜力约为 4 500 MW，总潜在地热资源量为 31 000 MW。尽管迄今为止，地热水的结垢现象造成了很多技术难题，但该国地热利用的目标仍是以发电为主。目前，在土耳其国内有 6 座地热发电设备在运转，地热发电装机容量达 91 MW，地热发电集中在可利用高温地热资源的西部，近年来新建发电设备也很多。在地热直接利用方面，2007 年，土耳其国内有 20 处地点、接近 600 万 m² 的地区采用了地热供热系统，相当于 39 万 kW 的供热能力，为减少化石燃料的消耗做出了贡献。其中，有的地区还对地热发电的余热进行了有效利用。

7.3.2　巴基斯坦

巴基斯坦全国均有地热显示。其中北部地区以高温温泉为主，东南部以中温温泉为主。

巴基斯坦的地热研究包括对地热显示的普查统计及部分地热显示地区的研究，尚处于初始阶段。但是研究结果已表明，在巴基斯坦的北部地区有着高温热水的存在：Gilgit 地区有记录的温泉露头温度为 24～71℃。Hunza 地区为 50～91℃。在 Yasin 谷和 Skardu 谷也发现了中温热水。在 Dadu 地区（位于巴基斯坦东南部）也发现了一些出水温度在 40℃左右的温泉。

虽然现在还没有可靠的数据来确定这些资源的商业应用前景，但是这些地热资源（尤其在北方地区）应用于当地人民民生福利事业的可能应该最大。

7.3.3　印度

印度河—恒河大平原可将印度分为两部分：半岛地区和半岛之外的造山运动区（喜马拉雅地区），不同地区具有不同的地热特征。90～140℃的热水分布于喜马拉雅地区，而半岛地区多为低温热水分布。

印度 1986 年开始对境内地热显示进行系统清点普查，以确定地热优先勘查区。以清点的成果为基础，该国最先在三个最有可能的地区——Puga 谷、Parbati 谷和西海岸沿线开始了勘查研究。1973 年的能源危机则加快了这一工作的进程。

现在印度大部分的地热项目还处在勘查阶段。地热能的利用仅限于采暖、化学成分萃取、温泉疗养和旅游等方面。

地热勘查已完成的地区主要有 Parbati 谷（喜马偕尔邦）、西海岸地区（马哈拉施特拉邦）和 Sohna（哈里亚纳邦）。开始进行勘查钻探的地区主要有：Puga 谷（查谟和喀什米地区）、Beas 谷（喜马偕尔邦）和 Tattapani-Jhor 地热带（中央邦）。在 Alaknanda 谷（北方邦）的 Tapoban 地区、Narmada-Tapti 盆地（中央邦）的 Salbardi 地区。完成初步调查的地区有：Bhagirathi 谷（北方邦）、Labsot-Toda Bhim 一线（拉贾斯坦邦）、Tata Jarom 地区（比哈尔邦）和 Attri-Tarbola 地区（奥里萨邦）。

现有成果表明，在 Puga 地区有进行少量发电的可能性，而且当地已在规划建设一座装机容量 0.5～1 MW 的地热电站。在一到两个地区可以进行地热双工质循环发电，而其他地区则只能采取非发电方式利用地热资源。

7.3.4　尼泊尔

尼泊尔有很多温泉，一些情况下水温可达 70℃。这些温泉大多位于主要构造线上。

该国现今的地热资源调查仅限于对主要温泉的统计和对其中部分温泉的研究上。温泉差不多都集中于三个 WNW—ESE 向条带中。最北部的泉群位于 Higher Himal 以北。中部泉群分布于加德满都周围，而最南部的泉群则分布于 Siwaliks 地区附近。中部温泉带里的温泉最多、水温最热。考虑到当地的地理条件与气候条件，该国地热能的利用应该非常便利。

7.3.5　缅甸

缅甸由许多不同类型、不同年代的地质构造单元组成，这些构造单元呈近乎南北向展布，其方向与主构造线一致。火山活动的时间从古生代到新近纪都有，第四纪火山活动则较少（波芭山）。在缅甸，尤其是其中部和南部地区有大量温泉存在。

缅甸的第一次温泉普查统计可追溯到 1933 年，并在 1965～1966 年对成果进行了更新和整合。迄今记录在案的温泉有 97 个，温度为 25～65℃。在 1986 年，对部分温泉进行了水文地球化学调查，并对最有潜力的地区进行了地质与地球物理研究。基于以上所述，缅甸的地热研究尚处于非常基础的阶段。

7.3.6　泰国

泰国的温泉总数超过 90 个，温泉露头温度为 40～100℃，约 2/3 的温泉都位于泰国北部的近代构造活动与花岗岩体分布区。泰国主要的地热潜力区也都在该地区范围内。

1946 年泰国进行了第一次温泉统计，但是直到 1979 年才开始对地热进行系统研究，随即泰国北部清迈省的 San Kamphaeng 和 Fang 两地区被确定为地热优先开发区。

1981～1983 年，在 San Kamphaeng 共钻探钻孔 6 口，平均深度 500 m（GTE1-GTE6）。为监测地表下部温度变化和地震研究，也打了一些 10～20 m 深的浅孔。GTE6 井的地温梯度约为 200℃/km，流量约 6～7 L/s。在 GTE6 孔附近，另一个深勘探孔（1 500m）正在钻探中。San Kamphaeng 地热田有望建成一座装机容量 5～10 MW 的地热电站。

为了对 18～120 m 范围内的地热资源进行调查研究，在 Fang 地热田孔施工了 18 眼钻孔。其中大多数钻孔为承压水，水温为 98～105℃。其中三眼井（FGTE 12、14、15）的总流量大于 20 L/s。1989 年，一个装机容量 300 kW 的地热电站在该地热田建成并运行至今。

另外泰国也对地热流体的热量直接应用到农业领域中的可能性进行了研究，包括稻米处理（rice parboiling）、烟草及茶叶的烘干及其他农业应用。在 San Kamphaeng 的 GTE6 井研究人员建立了一个小型试验厂进行此类试验，用来烘干烟草（烟草烘干是泰国北部主要的产业之一），该厂在 1985～1986 年的烟草收获季开始已经运行成功，为了能够在全年，而不是只在烟草收获季节都能利用地热资源，这个工厂将被改进用来烘干其他诸如红辣椒、香蕉、龙眼等农产品。

7.3.7　越南

越南记录在册的地表地热显示约有 200 处，其中大部分位于西北部地区（温度为 40～70℃），还有一些在南部。

越南地热资源的调查研究尚处于起步阶段，其中包括对地热显示的统计和对地热流体水化学组分、温度和其他主要参数的研究。

越南最有地热潜力的地区为 Mylam、Hoi Van 和 Dan Thanh，这些地区的热水露头温度都超过 80℃。现在这些地区都在进行应用热水烘干茶叶、香蕉、洋葱等农作物的试验。

利用油气钻孔，研究人员对地温梯度进行了测量。据此估计 Songhong 盆地 2 000 ~ 3 000 m 深处的温度将超过 200℃。

7.3.8　中国

中国活跃的水热型系统数目超过 3 000 处，其中高温地热系统分布于台湾、藏南和滇西地区，低温地热系统在中国大陆范围内广泛分布。

中国地热的系统研究开始于 20 世纪 60 年代早期，在调查研究中发现大量地热田，其中最重要的有羊八井、云南腾冲、羊易乡、那曲和天津等。

羊八井地热田（西藏）至今已建成一座装机容量 24 MW 的地热电站，在用电高峰期拉萨超过 50% 的电力由该电站供应。

羊易乡和那曲地热田都位于念青唐古拉山脉构造与地震活跃带上。羊易乡地热田位于羊八井地热田西南 55 km 处，井中实测最大温度为 200℃。该地的地面踏勘已经完成并已钻探勘探井超过 10 口。该地热田地热流体为水–蒸汽混合物，其热储温度和压力都比羊八井地热田要高。

那曲地热田位于西藏北部，地面踏勘已经完成并已钻探勘探井超过 8 口。钻孔温度在 100℃左右。

7.3.9　菲律宾

菲律宾群岛为太平洋板块边缘的一个构造活动区。群岛上已至少确定 27 处地热前景区。这些地区的地表都存在着古近纪到第四纪的火山（地热前景区的确定即以此为依据）。不同地区地热表现形式各异，有气孔、火山喷气孔、泥塘和温泉等。

菲律宾的地热调查与研究开始于 1964 年，通过对 Tongonan、Palinpinon、Tiwi、Mak-Ban 及之后的 Bacon-Manito（Bac-Man）等已开发的地热田进行地热潜力评价，结果表明，该国的地热资源储量比现在装机容量及计划的发电量都要大。

1977 年，第一次世界石油危机爆发后，菲律宾就开始进行地热发电，充分利用了本国的地热能源。在那时，菲律宾只有高温地热可以作为能源利用，但随着科学发展和技术进步，目前菲律宾已经能够利用地源热泵技术，将低温地热资源用于百姓生活。

在 87 眼开采井的水量供给下，Tiwi 热田装机容量证实可达 545 MW，目前有 330 MW 电力输入吕宋电网。

位于拉古纳省的 Mak-Ban 地热资源区装机容量证实可达 415 MW，目前有 330 MW 电力输入吕宋电网。迄今为止，该地区已有 69 口地热井，其中 14 口用于回灌。

维萨亚斯的 Tongonan 地热田是菲律宾地热储量最大的地热田。预计其地热潜力可供给装机容量 450 MW 的热电站运行 25 年，估计地热田总储量为 885 MW。自 1976 年开始实施地热田开发以来，该地热田已钻探完成 52 口深井，其中生产井 38 口，回灌井 9 口，其余为非生产或尚需测试的井。虽然在 38 口井的水量供给下，该地热田可达到 360 MW 的发电量，但达到地热田中第一批装机容量 115.5 MW 发电机组的满负荷运转，仅需要其中 12 口已足够。

Palinpinon，维萨亚斯第二大地热田，位于内格罗斯省，开发程度也很高。Palinpinon 一号机组（装机容量 112.5 MW）在 1983 年已开始商业经营。在内格罗斯岛和班乃岛电网互联计划的推动下，另外四个热井机组（每个的发电量为 1.5 MW）也已建成发电，其中一半在 1980 年建成，另一半在 1984 年建成。包括 Dauin 的两口勘探井在内，该热田总计钻探深井 53 口。其中 32 口为生产井，12 口为回灌井，其余为非生产或尚需测试的井。经过测试的生产井共可达发电量 180 MW，其中 21 口井已连接到 Palinpinon 1 号机组。据估计，整个地热田的地热储量可供给装机容量 450 MW 的热电站运行 25 年。

Bacon-Manito 位于阿尔拜省和索索贡省、比科尔岛及吕宋岛南部，地热开发较好。1985 年中期，在 Palayang Bayan 地区完成了 15 口深井的钻探。其中 11 口井经测试发电量可达 76.3 MW，这些井都已连接进入第一发电机组。地热田内其余井都设计为回灌井。近期的地热资源评估表明，在 12 km² 的钻探范围内，该地区地热储量已确认可供给装机容量 150 MW 的热电站运行 25 年。

在吕宋岛、维萨亚斯群岛、棉兰老岛其他已发现地热资源的地区，未来的地热发展也都已在规划中。

到 2008 年，菲律宾发电总装机容量达到 200 万 kW，而地热能源利用占菲律宾总能源产出的 17%。2009 年，菲律宾政府开展了 19 项地热资源开发合作项目，鼓励相关企业进行地热资源开发利用，这些合作总共将开发 62 万 kW 的地热能源，政府还针对参加企业制定了地热开发的优惠政策，相关业务顺利扩大。

7.3.10　印度尼西亚

作为世界上最大的群岛国家，印度尼西亚的国土由散落在太平洋和印度洋之间的 1.7 万个大大小小的岛屿组成。印度尼西亚也是一个火山之国，全国共有火山 400 多座，其中活火山 100 多座。这些火山在带来不稳定因素的同时，也给印度尼西亚人带来了无与伦比的地热资源。全球 40% 的地热资源都聚集在印度尼西亚，而据印度尼西亚能源和矿产资源部公布的最新数据，该国潜在的地热发电装机容量高达 2.7140 万 MW。

印度尼西亚的地热调查研究始于 1926 年，在西爪哇省的 Kamojang 地区打了最初的五口浅层勘探钻孔，其中之一现在仍在出水。后续的研究直到 20 世纪 60 年代才开始进行，并在之后的 15 年内在苏门答腊岛、爪哇岛、巴厘岛、龙目岛、松巴哇岛、弗洛勒斯岛、苏拉威西岛、Cerom 岛、哈马黑拉岛等岛上确定了约 90 处地热资源区。

早在 1982 年，印度尼西亚在爪哇岛的卡莫章火山建造了第一座地热发电厂。位于首都雅加达以南的古诺沙拉克电厂是印度尼西亚现阶段发电量最大的地热电厂，建于 1997 年，占地 100 km²，地热田现有生产井 51 眼、回灌井 15 眼，热流体温度 220～315℃，6 套机组的总装机容量达 377 MW。2008 年，印度尼西亚政府在苏门答腊、爪哇、苏拉威西和努沙登加拉建设 44 个地热能源开发中心，对 265 个火山口开展研究工作。目前，印度尼西亚地热发电装机已达 120 万 kW，位居世界第三。

7.3.11　日本

日本列岛在大地构造上处于欧亚板块和大洋板块的交接地带，由于大洋板块在欧亚板块之下俯冲，因而形成了今日日本的岛弧构造形态和强烈的火山活动。日本列岛是环太平洋火山带的一部分，有火山国之称。全国有 245 座火山，其中 65 座是活火山。正因为拥有这些火山，日本的地下蕴藏着大量熔浆，也带来了丰富的地热资源。据统计共有温泉泉眼 2 万余个，温泉约 2280 处，大部分沿着第四纪火山带分布。古近纪和新近纪火山活动的地区亦有相当多的温泉。据权威统计，日本地热资源的蕴藏量排名仅次于印度尼西亚、美国，位于世界第三，换算成发电能力达 2347 万 kW，相当于 15 座原子能发电站。

70 年代，第一次石油危机爆发，日本国内曾掀起一股地热发电热，着手兴建了一系列地热发电项目，但由于核电项目的大规模研发以及煤炭价格的回落，功率远小于火电站的地热电站逐渐受到冷落。2011 年的"3·11"大地震导致福岛核电站发生核泄漏，日本国内弃核、发展地热能的呼声也随之高涨。为实现削减温室气体排放目标，树立环保节能的世界形象，树立"低碳经济"长远竞争力，日本时隔 20 年再次启动地热发电站建设工程。目前日本有 18 处地热发电站，装机容量达 535 MW，经相关部门预测，2020 年地热发电装机容量将增加到 120 万 kW。

7.3.12　其他国家

1. 约旦

为利用深部热水进行地热发电，约旦在临近 Zarqa Main 的地热资源区打了一口约 1 500 m 深的钻孔。

2. 沙特阿拉伯

沙特阿拉伯地热资源的调查研究开始于 1980 年，这些研究包括对其南部温泉的水文地球化学勘查与对一些大型火山区的地质勘查（这些火山区都以 Harrat 为名）。Harrat Khaybar，Harrat Kishb，Harrat Rahat 是沙特阿拉伯仅有的三个显示有地热的地区。为评价深部流体水温、重建水热系统，在 Jizan 和 AI Lith 地区进行了以温泉系统取样为主的水文地球化学勘查。

3. 也门

也门 1982 ~ 1983 年的地热调查研究明确了超过 30 处地热温泉的存在，这些温泉温度为 30 ~ 60℃，分布范围遍及也门的西部地区、东部地区及南部的悬崖地区。在 Manakha 周边地区、Dhamar 和 Rada 之间，以及 Hammam Ali 以西及以南的地区（属 Dawran Anis 辖区），这些地区最有希望进行地热资源的开发。在 Dhamar-Rada 地区范围内地热资源的前期调查研究已经开始，其中已开展多个钻孔的钻探工作。

4. 伊朗

1975 年，在该国的西北部进行过一次地热勘查研究，研究确定了四个主要的地热靶区：Damavand、Sabalan、Sahand 和 Maku-Khoy。而直到 1979 年，这四个地区才得以开展更详细的研究，并在撒巴兰地区获得了喜人的成果。

马来西亚、不丹和朝鲜也都具有地热开发潜力，并开展过区域性的地热勘查工作。

参 考 文 献

曹剑锋，迟宝明，王文科，等 . 2006. 专门水文地质学 . 北京：科学出版社 .

陈梦熊，马凤山 . 2002. 中国地下水资源与环境 . 北京：地震出版社 .

戴长雷，迟宝明，刘中培 . 2008. 北方城市应急供水水源地研究 . 水文地质工程地质，35（4）：42-46.

邓伟，何岩 . 1999. 水资源：21 世纪全球更加关注的重大资源问题之一 . 地理科学，19（2）：97-101.

郭孟卓，赵辉 . 2005. 世界地下水资源利用与管理现状 . 中国水利，3：59-62.

黄永基，陈晓军 . 2000. 我国水资源需求管理现状及发展趋势分析 . 水科学进展，11（2）：215-220.

李佩成 . 2000. 试论人类水事活动的新思维 . 中国工程科学，2（2）：5-9.

马启迎 . 2011. 漫谈"地下水"危机 . 地理教育，(10)：21-21.

潘理中，金懋高 . 1996. 中国水资源与世界各国水资源统计指标的比较 . 水科学进展，7（4）：376-380.

钱家忠，吴剑锋 . 2001. 地下水资源评价与管理数学模型的研究进展 . 科学通报，46（2）：99-104.

宋序彤 . 2000. 中国城市供水排水发展特征及对策 . 中国给水排水，16（1）：21-25.

汪党献，王浩，尹明万 . 1999. 水资源水资源价值水资源影子价格 . 水科学进展，10（2）：195-200.

王大纯，张人权，史毅红 . 1980. 水文地质学基础 . 北京：地质出版社 .

薛禹群，吴吉春 . 1979. 地下水动力学 . 北京：地质出版社 .

张发旺，程彦培，董华，等 . 2012. 亚洲地下水系列图 . 北京：中国地图出版社 .

张人权 . 2004. 地下水资源特性及其合理开发利用 . 水文地质工程地质，30（6）：1-5.

张鑫，王正兴 . 2001. 区域地下水资源承载力综合评价研究 . 水土保持通报，21（3）：24-27.

张宗祜，李烈荣 . 2004. 中国地下水资源与环境图集 . 北京：中国地图出版社 .

中国工程院"21 世纪中国可持续发展水资源战略研究"项目组 . 2000. 中国可持续发展水资源战略研究综合报告 . 中国工程科学，2（8）：1-17.

朱玉仙，黄义星 . 2002. 水资源可持续开发利用综合评价方法 . 吉林大学学报：地球科学版，32（1）：55-57.

Aung T T. 1988. Geothermal resources of Burma. Geothermics，17（2-3）：429-437.

Bhattarai D R. 1986. Geothermal manifestations in Nepal. Geothermics，15：715-717.

Chuaviroj S. 1988. Geothermal development in Thailand. Geothermics，17：421-428.

Dickson M H, Fanelli M. 1988. Geothermal R&D in developing countries：Africa, Asia and the Americas. Geothermics，17（5）：815-877.

Karul K. 1988. Geothermal activity in Turkey. Geothermics，17：557-564.

Margat J, Van der Gun J. 2013. Groundwater around the world：a geographic synopsis. CRC Press.

Moon B R, Dharam P. 1988. Geothermal energy in India. Present status and future prospects. Geothermics，17（2-3）：439-449.

Shuja T A. 1988. Small geothermal resources in Pakistan. Geothermics，17（2-3）：461-464.

Zektser I S, Lorne E. 2004. Groundwater resources of the world：and their use//IhP Series on groundwater. Unesco，(6)：1-346.

第8章 亚洲地下水与地表生态系统

地下水具有资源功能和生态环境功能，既是满足人类活动必不可少的重要资源，同时也是维护自然环境的重要因素。作为水资源，它直接或间接供给人类社会和地表生态系统；地下水系统还是一种特殊的生态系统，与地表各生态系统存在着必然的联系，相互影响，共同为人类社会提供服务。

生态系统是在一个特定环境内，其间的所有生物和环境构成的统一整体。此特定环境里的非生物因子（如空气、水、土壤等）与其间的生物之间具有交互作用，不断地进行物质和能量的交换，并借由物质流和能量流的连接，而形成一个整体（系统），即称此为生态系统或生态系。最大的生态系统是生物圈，最为复杂的生态系统是热带雨林生态系统。生态系统类型众多，一般可分为自然生态系统和人工生态系统。自然生态系统还可进一步分为水域生态系统和陆地生态系统。人工生态系统则可以分为农田、城市等生态系统。人类主要生活在以城市和农田为主的人工生态系统中。生态系统是开放系统，为了维系自身的稳定，生态系统需要不断输入能量，否则就有崩溃的危险。水是各层圈物质和能量的载体，蕴藏着生态地质环境系统变化的丰富信息。水的各种作用类型和过程复杂多样，所以水是生态环境中最重要的一个因子，是解决生态环境问题中的重中之重。

随着经济社会的多元化进程加快，亚洲乃至全球资源短缺、环境恶化、地质灾害频发等系列重大问题出现，人类社会现代化的进程正面临着严重的环境危机。在全球气候变化的作用下，全球工业化和城市化的迅速发展所带来的资源与环境问题十分严重，加剧了土地沙漠化、土壤盐渍化、湿地退化、草地退化、河湖水量锐减，特别是地下水过度开采造成区域地下水水位持续下降带来的负面效应愈演愈烈，工农业及城镇废弃物对水土污染也在潜移默化地影响着人类赖以生存的地质环境。生态环境是人类生存和发展的基本条件，是社会和经济可持续发展的基础。生态环境是指人类的生物圈环境，即影响人类生存和发展的各种天然的和经过人工改造的自然因素的总体。

生态地质环境是从生态学角度出发，以人类所处的地质环境为核心，来研究人类生命环境与自然生态环境及其社会生态环境之间的相互关系。地下水是地质环境中最为活跃的部分，与人类生存发展息息相关，地下水的变化对环境的影响是全方位、多层次的，正面和负面影响并存，合理利用地下水资源可更好地保护生态环境与遏制负面效应，因此构建人与自然资源及环境和谐的关系十分必要。为了达到趋利避害的目的，需要对地下水及陆地生态系统有一个全面的认识，正确认识地下水的生态功能：一是对自然环境的支持功能，二是维系地质环境的稳定性。进而揭示地下水与地表生态系统、地质环境、社会经济之间的关系，并以此深入评价地下水的资源和环境价值，为区域地下水可持续开发利用和环境保护提供理论依据，促进全人类的生态文明。

8.1　亚洲地下水与地表生态系统时空分布特征

8.1.1　亚洲地下水分布对地表生态的影响

亚洲地下水的形成、分布和运移，受到周边洋系、地理纬度、气候水平分带和地势垂直分带的控制，大气降水时空分布不均匀，降水量从湿润的北亚、东南亚地区向干燥的中部递减，并在中亚和西亚出现最干旱的荒漠地区，降水量的不均必然影响各区域地下水天然补给量，由此造成地下水资源在空间分布上有显著差异。地下水具有资源功能和生态环境功能。作为水资源，它直接或间接供给人类社会和地表生态系统；陆地生态系统对水循环的影响又反过来影响着地下水系统。地下水系统还是一种特殊的生态系统，与地表各生态系统存在着必然的联系，相互影响，共同为人类社会提供服务。

8.1.2　亚洲陆地生态系统分布特征

生态系统格局和空间结构反映了各类生态系统自身的空间分布规律和各类生态系统之间的空间结构关系，是决定生态系统服务功能整体状况及其空间差异的重要因素，也是人类针对不同区域特征实施生态系统服务功能保护和利用的重要依据。

各生态系统类型的分布往往与其所处的自然环境有着密切的关系，比如气候因子、地形因子、土壤成分等都会影响其分布。地形因子主要包括海拔、坡度、坡向等，这些因子都会影响生态系统的空间格局。气候因子中温度和降水是影响地表植被分布的重要因子，即通常所说的水热条件。不同纬度带的环境因子差别很大，因此生态系统分布构成也会有很大的差异。

亚洲植被类型分布如图 8-1 所示。不同纬度带上的光照、降雨、土壤等生态因子差异很大，造成了各生态系统在不同纬度带上的结构差异明显。各生态系统随着纬度的升高，均有明显的波动规律。森林生态系统在 21°～30°有明显的上升趋势，之后面积开始下降，42°以后面积基本上呈现轻微的波动。草地生态系统面积随着纬度的升高呈现出"双峰现象"，31°～34°出现一次峰值，42°～44°又出现一次小高峰。农田生态系统没有明显的波峰现象，22°～49°有着广泛的分布，其中 29°～37°农田生态系统的面积保持在一个较高的水平，每一度面积均在 800 万 hm² 以上。聚落生态系统的面积随纬度变化的曲线与草地生态系统相似，在 20°～37°呈现不明显的双峰现象。第一个纬度带聚落增多，是因为该区部分城市位于沿海地区，经济发展快，城市规模大。第二个纬度带聚落面积明显高于其他纬度区的原因是该区有很多平原，比较适宜人类居住。荒漠生态系统呈现明显的单峰现象，27°以下和 48°以上几乎无分布，且 75%的荒漠生态系统集中分布于 35°～42°。

不同高程带内生态系统构成有明显的差异，高程<1 000 m 的区域以森林和草地生态系统为主，二者面积之和占到该级别总面积的 70%；1 000～2 000 m 高程带内以草地和荒漠生态系统为主，面积比分别为 30.51%、34.44%；2 000～3 000 m 和 3 000～4 000 m 均以

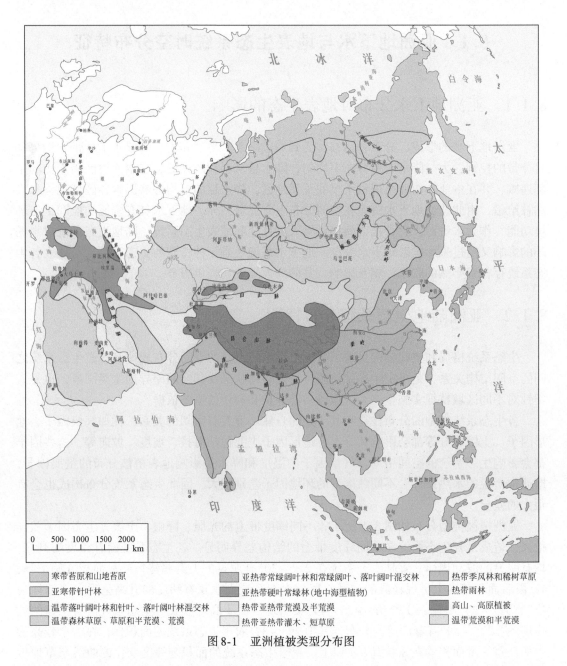

寒带苔原和山地苔原	亚热带常绿阔叶林和常绿阔叶、落叶阔叶混交林	热带季风林和稀树草原
亚寒带针叶林	亚热带硬叶常绿林(地中海型植物)	热带雨林
温带落叶阔叶林和针叶、落叶阔叶林混交林	热带亚热带荒漠及半荒漠	高山、高原植被
温带森林草原、草原和半荒漠、荒漠	热带亚热带灌木、短草原	温带荒漠和半荒漠

图 8-1　亚洲植被类型分布图

草地生态系统为主，森林和荒漠生态系统为辅；5 000～6 000 m 区域以草地生态系统为主；大于 6 000 m 的区域均以水域生态系统为主要类型。

亚洲作为第一大洲，气候类型丰富，地形起伏多变，亚洲的地貌形态与地质环境类型复杂多样，包括各个时期形成的褶皱山脉和断块山地、隆起的高原、凹陷的低地、平原和盆地、起伏的丘陵以及濒太平洋岸的岛弧群。因此在各种因素的相互作用下形成了亚洲生态系统的分布格局。

从图 8-2 和表 8-1 可以看出，亚洲各生态系统类型面积差异明显，荒漠、森林、草地和农田生态系统是主体生态系统，各自面积比重约占 25%。各生态系统类型按面积排序，从大到小依次为：荒漠生态系统、森林生态系统、草地生态系统、农田生态系统、水域生态系统和聚落生态系统。荒漠生态系统面积最大，占 27.1%；水域生态系统和聚落生态系统面积相对较小，其中聚落生态系统面积最小（图 8-2、表 8-1）。

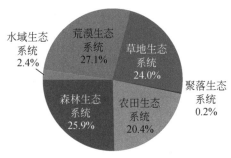

图 8-2　亚洲各生态系统比例

表 8-1　亚洲各生态系统类型面积　　　　　　　　　单位：$10^4 km^2$

地区	国家	草地生态系统	聚落生态系统	农田生态系统	森林生态系统	水域生态系统	荒漠生态系统
北亚	俄罗斯	978.78	6.08	479.97	887.52	98.29	470.20
东亚	中国	256.25	1.20	202.94	242.44	8.83	241.50
	蒙古	47.03	0.15	4.55	24.43	1.78	106.53
	日本			4.37	25.26	0.31	
	韩国			1.698	6.39	2.98	
	朝鲜			1.14	9.82		
	合计	303.28	1.35	214.69	308.34	13.9	348.03
中亚 5 国	哈萨克斯坦	65.94	0.18	82.70	12.96	12.97	154.26
	吉尔吉斯斯坦	0.01	0.00	2.00	6.59	0.82	12.08
	塔吉克斯坦	1.96	0.00	1.08		0.11	11.57
	乌兹别克斯坦	3.70	0.18	9.21	0.33	3.65	31.91
	土库曼斯坦	1.60	0.01	4.46		1.12	41.77
	合计	73.21	0.37	99.45	19.88	18.67	251.59
东南亚主要国家	越南		0.07	11.36	16.03	0.05	0.13
	老挝			3.07	16.47	0.04	0.10
	菲律宾	0.31	0.07	5.13	18.14	0.24	0.26
	柬埔寨		0.02	7.65	7.31	0.02	0.14
	缅甸	1.49	0.01	22.22	33.82	0.12	0.73
	泰国	0.04	0.06	28.65	13.59	0.48	0.34
	文莱		0.05	0.03	0.39		0.00

地区	国家	草地 生态系统	聚落 生态系统	农田 生态系统	森林 生态系统	水域 生态系统	荒漠 生态系统
东南亚 主要国家	印度尼西亚	2.75	0.24	34.00	95.51	0.29	8.94
	新加坡		0.06				0.00
	马来西亚		0.56	11.56	13.37	0.08	1.13
	合计	4.59	1.13	123.68	214.63	1.32	11.76
南亚主要 国家	印度	6.48	0.27	180.60	63.53	2.07	25.38
	巴基斯坦	4.33	0.08	20.57	6.30	0.16	50.63
	孟加拉国	0.42		10.03	1.17	0.89	0.00
	尼泊尔	0.18		1.71	9.12	0.00	2.52
	阿富汗	4.13		1.41	1.22	0.19	55.59
	不丹			0.04	2.87		0.73
	斯里兰卡			0.46	4.80	0.01	0.14
	合计	15.54	0.35	214.82	89.00	3.31	134.98
西亚 主要国家	土耳其	29.29	0.23	27.39	13.01	1.49	7.24
	伊朗	19.99	0.27	20.91	3.50	2.58	108.82
	伊拉克	2.88	0.11	14.52		0.38	24.19
	叙利亚	0.47	0.07	8.07	0.11	0.07	9.77
	沙特阿拉伯		0.55	2.67			169.90
	阿联酋	0.00	0.10	0.10			6.87
	卡塔尔	0.52	0.09				0.40
	巴林		0.06				0.00
	科威特		0.16	0.03			1.34
	黎巴嫩		0.03	0.83			0.14
	阿曼	0.24	0.01	0.00		0.10	26.55
	也门	2.13	0.02	1.36			31.54
	约旦	0.30	0.06	0.59	0.11	0.04	7.42
	以色列	0.00	0.06	0.92	0.04	0.04	0.93
	巴勒斯坦		0.03	0.17	0.28	0.02	0.06
	格鲁吉亚	0.24	0.04	2.47	4.22	0.00	0.64
	亚美尼亚	0.25	0.02	0.88	1.71	0.17	0.12
	阿塞拜疆	0.56	0.07	3.62	2.58	0.25	1.91
	合计	56.87	1.96	84.54	25.56	5.15	397.85
总计		1432.26	11.24	1217.15	1544.93	140.64	1614.41

森林生态系统整体呈现不均匀分布。占区域面积最大的森林生态系统主要集中分布在东亚、东南亚、北亚地区。从森林生态系统所属国家来看，俄罗斯森林生态系统可为人类提供的生态服务极为丰富，呈现出面积广、蓄积量多的特点。主要分布在幅员辽阔、人口稀少的西伯利亚地区、西北和远东各联邦区。中国的森林生态系统面积排名第二位，也呈现出不均匀分布特点，主要集中分布在中国东北地区、西南地区、南方地区，中部和西部地区林地分布较少。森林生态系统面积前五位的国家为俄罗斯、中国、印度尼西亚、印度和缅甸，具体面积如表 8-1。

农田生态系统主要集中分布在地势平坦的平原、盆地和大型河流流域范围内。例如中国的东北平原、华北平原、四川盆地，印度的印度河平原和恒河平原，欧洲的东欧平原，西亚中部的两河流域，分布广泛。资料显示，全球农田生态系统面积排名前十位的国家中亚洲区域内的国家就占了 4 位，它们分别是印度、中国、俄罗斯和印度尼西亚。印度作为全球农田生态系统面积第二，亚洲地区农田生态系统面积第一的国家，其农田生态系统面积达 180 万 km^2，占国土面积比例为 64%。中国农田生态系统面积为 203 万 km^2，同样作为耕地资源丰富的国家，其占国土面积比例却只有 21%。合理有效地开发利用农田生态系统是人类可持续发展的首要任务。

草地生态系统主要分布在高原地带，典型区域如中国的青藏高原、俄罗斯的西伯利亚高原。从草地生长的气候条件类型分析，亚洲地区草地类型种类丰富，其中寒带苔原主要分布在亚欧大陆北部，主要涉及俄罗斯的北西伯利亚地区；温带草原主要分布在从东欧平原的南部到西伯利亚平原的南部，自多瑙河下游起，向东经罗马尼亚、俄罗斯、蒙古，直至中国东北和内蒙古等地，构成世界上最宽广的温带草原带；此外还有少量的热带草原分布在印度西北部和德干半岛非沿海地区。草地生态系统面积前五位的国家为俄罗斯、中国、哈萨克斯坦、蒙古和沙特阿拉伯。

荒漠生态系统主要分布在中亚和西亚地区，上述地区同样也是水资源分布较少的区域。亚洲区域内主要的沙漠分别为中国西北部的塔克拉玛干沙漠、印度西北部与巴基斯坦交界处的印度沙漠、土库曼斯坦境内的卡拉库姆沙漠、沙特阿拉伯境内的内夫得沙漠和鲁卜哈利沙漠。

聚落生态系统和水域生态系统的分布与其他类型相比，很广泛，但面积相对较少，其中聚落生态系统面积最小，前者主要集中在平原区，并且沿海地区相对集中，后者主要分布在大江大河及湖泊区域。

8.2　地下水与陆地生态系统的关系

8.2.1　地下水与植被演替的反馈机制

植被是一定区域内覆盖地表的植物群落的总称。植被演替是指在植物群落发展变化过程中，由低级到高级、由简单到复杂、一个阶段接着一个阶段、一个群落代替另一个群落的自然演变现象。植被生态演替的过程，是植被个体和无机环境之间维持植被生态系统稳定的物质（水分、养分等）交换的时空动态平衡过程，植被在研究区的分布，受制于其所在的无机环境状况的影响与干扰，特别是无机环境中水资源量及水质等联合因素对植被生态系统的演替具有控制作用，荒漠区植物个体生长对地下水位有明显的响应。

在干旱区，植被演替过程既是时间维度的函数，同时又是能量水分等自然资源重新分配的过程，是植被自身和无机环境作用的体现。随着水资源供给量的变化以及时空分布的非均衡性的突出，植被的生理调节能力得到了极大的释放，以对自身生理需求的控制达到对周围无机环境的适应和生存。在此过程中，群落组成上荒漠类型的植被占据着优势逐渐成为区域演替格局中的优势种，相应的绿洲型的草甸植被中大部分不能适应无机环境水分胁迫过程的种类成为劣势种，逐渐被取代和淘汰，在此过程中，区域的生物多样性将受到影响而降低，生态系统的演替过程将导致生物多样性和系统稳定性变差，最终使生态系统功能衰退。

地下水和植被一起构成的地下水植被生态系统处于动态变化之中，地下水的平衡态是和一定的植被类型及发展规模相适应的。植被生态系统的规模对应着一定的地下水时空分布格局，植被生态系统的规模和地下水生态供给量、水位以及时空分布等特征既相互竞争又相互适应，两者的规模和格局模型具有一定的等级梯度，随着植被演替和地下水的动态两者适应过程的变化而变化。当植被的需水需求在一定的时间范围内被满足，植被生态将有辐射演替的可能和需要，同时地下水动态有能够进一步满足植被系统扩张演替的能力，地下水资源时空分布合理且水量基本充足，水质良好、水温适宜，植被生态扩张成功，地下水平衡态将上升为一个新的等级，达到新的平衡，平衡态系统正向演替；在新的平衡下，如果地下水资源难以持续维持植被生态演替的新等级要求，新的动态平衡将不能够稳定存在，在地下水的水量供给能力和植被生态演替水资源消耗不能相适应的状态下，系统的新的高等级平衡态难以维持而被打破，系统将自我降级，地下水和植被生态两大要素将降级到低等级的平衡态重新相互适应，以维持新的较低水平的平衡态的稳定。在干旱区内，地下水资源成为生态演替的主要环境因子，与植被生态的景观指数及生理特征有明显的控制作用和响应关系。

影响植被生境的非生物要素主要包括：土壤含盐量、土壤含水量、土壤营养物质含量和酸碱度。地下水作为影响生境要素分布的驱动力，引起国内外水文学家和生态学家的广泛关注，他们对地下水的生态效应做了一系列的研究。

8.2.2　地下水位与陆地生态的关系

许多学者研究了地下水位与荒漠植被之间的关系，普遍认为地下水位是决定荒漠植被生长状态以及景观格局的关键因素，并且提出了适宜水位、最佳水位、盐渍临界深度和生态水位等（宋郁东等，2000；张森琦等，2003；杨泽元等，2006；孙才志，2007；宋国慧，2012），开展了地下水位埋深对天然植被的影响以及干旱区生态地下水位的调查工作（张长春等，2003；樊自立等，2008；马兴华和王桑，2005），认为随着地下水位埋深增加，西北内陆河流流域下游植被群落演替规律明显（汤梦玲等，2001）。陈亚宁等（2005）分析了植物物种多样性与地下水位埋深的相关性，钟华平等（2002）认为不同的植物群落有各自适宜的地下水位埋深范围。David 等于 2006 年在美国科罗拉多州圣路易斯干旱地区进行了地下水位长期下降情况下，地下水湿生植被和蒸发量的变化研究。周绪等（2006）注意到即使是浅水位地区，年水位下降幅度过大，也会引起植被的衰亡。郝兴明等（2008）依据塔里木河下游地下水位多年监测资料，通过分析地下水位变化对塔里木河下游植物物种多样性与种群生态位的影响，认为塔里木河下游大部分地区地下水位维持在 4～6 m 时，部分河道附近地区 2～4 m 时，有利于植被的恢复。另外，还建立了一些地下水和植物生长的模型（董英等，2008；Munoz-Reinoso and de Castro，2005）。

植被种群与水位变化耦合表现出种群分布格局特征，随着水位在空间关系的变化，陆地植被生态系统以种群群内密度和群间优势度的变化为响应，在地下水位波动幅度较大的区域，水位动态幅度的差别会以植被景观格局中优势种群的分布和配置来响应。综合研究表明，陆地植被生态系统与地下水水位具有强关联关系，但是陆地植被生态系统并非唯一受到地下水埋深的控制，同时受到水位波动幅度及空间变化过程的影响，只是目前研究大多集中在植被指数和地下水埋深的耦合关系方面，对综合因素的考虑及研究并不多见。

8.2.3　土壤含水、含盐量与陆地生态的关系

包气带土壤中的水分和盐分对植物的生长发育有重要的影响，包气带土壤含水量和盐分含量的变化，将影响植物的长势和演替，而包气带土壤含水量和含盐量又与地下水位埋深密切相关。

植被生长与其土壤环境密切相关，适宜的土壤含水量、土壤含盐量有利于植被的生长发育，植物必然生长在其适宜的水、盐范围内，特定的植物对土壤水分、盐分的忍耐程度不同。张惠昌（1992）通过对石羊河流域下游的沙枣林的研究认为，沙枣林的生长状态与土壤含水量关系密切。罗江呼（1992）在对额尔齐斯河流域植被的研究中指出，随着土壤水分和盐分的变化，植物群落结构发生变化，演替趋势明显。

植物对溶解固体总量有一定的适应范围，处于最佳范围内各种植物种属普遍生长较好，超出此范围就会出现衰败。金晓媚等（2009）通过对银川平原植被覆盖度和溶解固体总量的关系研究，认为在地下水埋深适宜的地区，地下水溶解固体总量为 0.9 g/L 时，植被生长盖度较大，过大和过小的地下水溶解固体总量对植被生长都不利。赵成（1999）曾提出了疏勒河流域植被随潜水埋深和潜水溶解固体总量变化的演化模式图。宋长春和邓伟（2000）认为吉林西部土壤盐渍化与地下水位埋深、溶解固体总量、径流条件和离子组成等关系密切。郭占荣和刘花台（2005）曾在前人试验和调查研究的基础上指出在内陆盆地平原区近几十年来水资源开发利用中引发了较为明显的绿洲灌区土壤次生盐渍化、天然植被退化问题。

地下水作为影响生境要素分布的驱动力，引起国内外水文学家和生态学家的广泛关注。尤其在干旱半干旱区，不合理人为因素使区域地下水位下降，导致植被生态环境恶化，这些地区水位重新抬升后将对植被产生有利的影响，然而某些情况下地下水水位上升，引起土壤盐渍化和植物根区土壤水分饱和反而会对植被产生不利影响。因此，围绕地下水时空演变和植被生态间的内在联系，从不同角度提出适宜地下水水位、盐渍化水位、生态警戒水

位、包气带适生含盐量与含水率等指标，可为陆地生态系统保护与修复提供依据。

8.3　亚洲地下水生态功能分区

地下水生态环境，是指地下水及其赋存空间环境在内外动力地质作用和人为活动作用影响下所形成的状态及其变化的总称。地下水环境是地质环境的重要组成部分，是一个庞大的多层次、多目标、多因素影响并相互交融的动态环境体系。地下水在其循环过程中，不管是量变还是质变，都要经历漫长的水岩作用演变过程，水-岩和水-土相互作用，构成与之相互关联的水文地球化学系统，从而构成基本的地下水环境背景，包括地下水原生（自然）环境和次生（人为）环境两种类型。

生态系统服务是指自然生态系统及其所属物种支撑和维持的人类赖以生存的条件和过程。近年来，生态系统服务功能及其价值已成为当前生态学与生态经济学研究的热点和前沿。地下水具有资源功能和生态环境功能。

8.3.1　分区原则和方法

树立生态文明的观念，运用生态学原理，以协调人与自然的关系、协调地下水资源保护与经济社会发展关系、增强地下水资源支撑能力、促进经济社会可持续发展为目标，在充分认识亚洲地下水含水系统结构、地下水循环过程及地表生态系统空间分异规律的基础上，划分地下水生态功能区划，指导区域地质环境保护与产业布局、水资源利用和经济社会发展规划，协调社会经济发展和水资源保护的关系，维持地下水生态环境健康，提高地下水生态服务功能，推动区域经济社会可持续发展。

按照自然环境（气候分带、地形地貌）下地下水的交替、水岩作用、生态类型和人类活动影响程度进行划分。分区主要考虑地下水与地表生态系统之间的关系及分布特征，充分考虑人类经济社会发展空间分布状况与地下水的支撑作用。在此基础上对亚洲地下水生态服务功能综合分区，充分体现地下水生态服务功能的可持续发展。

可持续发展原则：与亚洲各区域主体功能区规划、重大经济技术政策、社会发展规划、经济发展规划和其他各种专项规划相衔接，根据地下水资源的可再生能力和自然环境的可承受能力，科学合理开发利用地下水资源，并留有余地，保护当代和后代赖以生存的水环境，保障人体健康，促进人与自然的协调发展。

协调原则：在区划过程中，综合考虑区域间地下水生态功能的互补作用，综合分析、统筹兼顾、突出重点，综合考虑现状使用功能和超前性，水质与水量统一考虑。

以亚洲地下水系统为基础，综合研究亚洲地下水资源空间分布及亚洲生态环境分布特征和规律，对亚洲地下水生态服务进行定义，并对亚洲地下水生态服务功能进行区划，为亚洲各国生产功能定位提供依据，有效保障亚洲各国经济可持续发展，尽量避免出现因为亚洲区域地下水资源不合理开发引起的环境地质问题，最大程度保护地下水生态环境，实现地下水生态服务功能的社会支撑作用。

采用的分区方法如下：

（1）遥感技术。选用 ENVI 软件，以 NOAA 卫星、MODIS 卫星数据遥感解译，包括卫星影像的自动校正、增强、分类，根据数据的波段特性使用分裂窗算法对地表温度进行计算，解译永久性冻土和季节性冻土；利用多个时相的数据解译地表水体、植被等变化，研究中—俄—蒙跨境流域与地下水有关的主要地质环境问题。

（2）地理信息系统（GIS）技术。利用 ArcGIS 和网络技术，建立和完善亚洲地下水资源与地质环境数据库功能，包括：地下水与地质环境数据录入，资料图件的数字化与图形处理，成果图件的管理，实现动态信息平台和数据共享。

（3）调查验证方法。研究亚洲及中国跨界含水层、跨境流域重大地质环境问题，以示范流域的系统研究为突破口，选择中—俄—蒙阿穆尔河流域进行必要的实地考察，了解重点跨界地域地下水与地质环境特征、重要的地质环境问题，验证各国资料和遥感解译成果。

（4）大区域编图尺度类比法。亚洲这么大的区域编图尺度，包含了地下水环境多层次、多目标、多因素影响的特点，有许多内容无法进行编图单元定量划分，用类比法进行相关要素资料归类，比较结果来划分编图图斑，得出与地下水有关的地质环境作为编图的主要单元，平衡亚洲地下水与地质环境研究程度与资料的差异性。

（5）跨界含水层对比法。解决洲际地下水与地质环境编图最重要的问题——跨国界含水层在不同的国家资料上有不同的表述，包括含水层的岩性特征、地下水补径排条件、水文地质参数、地质环境功能等，通过跨界含水层对比来统一不同国家的表述方法。

（6）制图综合方法。各国大比例尺成果资料汇总编制更小比例尺图，归并同一编图单元时采用制图综合技术，放大具有规律和特征的部分，舍去次要和一般性图斑，从而更好地表示地质环境规律。

（7）图层及叠置分析法。亚洲地质环境研究与地下水环境综合图编制，综合考虑亚洲区域地下水质量、地球化学背景、人类工程活动、地质环境影响等多因素，运用层次分析法、叠置分析法等综合评价方法，对多层次、多种因素编图内容进行系统组合。

（8）网络技术。通过网络技术来实现亚洲地下水与地质环境数据共享，在完善和运行地下水与地质环境数据库的基础上，适时收集和更新数据库的数据，并通过网络发布，实现数据共享。

分区中所使用的数据主要包括：遥感影像数据、气候数据（多年平均气温与降水、>10℃积温）、行政区域图、交通图、河流水系图、居民点分布图、土壤类型图、植被类型图、地质地貌图、水文地质图、土地利用类型分布图、人口密度图、GDP（Gross Domestic Product，国内生产总值）分布图，以及收集到的水质数据、土壤侵蚀数据、水生生物数据等。

8.3.2　亚洲地下水生态功能分区

亚洲地下水生态功能分区，不单是以自然要素或自然系统的"地带性分异"为基础，更是以生态系统的等级结构和尺度原则为基础，用生态系统的完整性来评价测量人类活动对生态系统的影响，将亚洲地下水生态功能区划的科学基础落在"基于生态系统的管理"之平台上（表 8-2）。

表 8-2　亚洲地下水生态功能分区指标体系

分区指标	指标描述
地貌属性	反映宏观尺度上地形或景观格局的差异对流域水生态功能影响
地下水资源量	体现地下水资源条件的空间变化规律
降雨、蒸发	干燥度（蒸发/降雨）
植被属性	植被类型、植被状况、物种组成、植被地面覆盖度、植物功能群、植物光合能力等
土壤属性	土壤类型，为可获得数据
土地利用	土地利用类型的变化可通过改变地表截留和蒸发散影响水文循环过程，不同土地利用类型对水质影响也很大
人口密度	能够反映人口对流域水生态系统的压力
社会经济特征	能够反映流域社会经济发展程度的区域 GDP，为可获得数据
地下水水质	能够反映地下水生态系统基本健康状态的水质监测数据，例如 BOD（biochemical oxygen demand, 生化需氧量）、COD（chemical oxygen demand, 化学需氧量）、TP（total phosphorus, 总磷）、TN（total nitrogen, 总氮）等
污染物类型	面源、点源（化肥、农药、工业排污区）
水足迹	综合反映人类对地下水资源利用现状，反映人类对地下水资源环境的干扰程度

　　亚洲地下水生态功能分区是从地下水系统尺度的地下水资源分布格局考虑，综合分析地形地貌、水资源密度、干燥度（蒸发/降雨）等主要指标，从区域尺度的水生态系统服务功能空间差异考虑，综合分析植被属性、土壤属性、土地利用类型、水体水质、污染物类型、水生物、社会经济特征、人口密度、水足迹等指标来进行分区。

　　亚洲地下水生态功能分区主要分为 3 大类型，8 种主要功能分区（表 8-3，图 8-3）。

表 8-3　亚洲地下水生态功能分区

地下水生态区划			地下水生态功能简述
类型	图示	主要分区	
地下水调蓄支撑生态环境	1	沿海口岸三角洲与滨海低地地下水调蓄支撑区	滨海冲海积、潟湖淤泥含水层，地下水受海水混合作用影响，水资源供需矛盾突出，地下水对经济和生态环境支撑功能较强
	2	平原、盆地及丘陵低地地下水调蓄支撑区	冲洪积松散沉积物，水循环交替积极，地下水调蓄能力强，对经济和生态环境支撑功能强

续表

地下水生态区划			地下水生态功能简述
类型	图示	主要分区	
地下水涵养维持生态环境	3	低山丘陵地下水涵养区	基岩各类含水层，以岩溶水、风化裂隙水和构造裂隙水为主，山间河谷松散堆积含水层为地下水汇集带，对平原区具有重要的生态屏障功能
	4	高原山地地下水涵养区	高原基岩山地，地形降水控制作用强，是江河源区地下水的主要补给源，地下水涵养与森林生态系统维持互馈作用良好
	5	高寒冻原地下水（生态）涵养区	高纬度和高海拔地区，岛状冻结层与冰川发育，冰川消融和冻结层退化受全球气候变化影响显著，具有重要的地下水补给涵养功能
地下水贫乏脆弱生态环境	6	沙漠、戈壁地下水贫乏区	地面完全被沙所覆盖、雨水稀少、空气干燥、植被稀少的荒芜地区。风沙活动植被破坏之后，沙丘起伏类似沙漠景观的生态环境退化
	7	黄土高原地下水贫乏区	黄土高原黄土堆积深厚，垂直节理发育，大孔隙结构疏松，地表支离破碎，沟壑纵横。气候干旱，降水集中，水土流失严重，生态功能较差
	8	岩溶石漠化地下水贫乏区	喀斯特脆弱生态环境下植被破坏，水土流失，土地生产能力衰退或丧失，地表呈现类似荒漠景观的岩石逐渐裸露，生态功能差

生态功能分区类型分别是：地下水调蓄支撑生态环境、地下水涵养维持生态环境、地下水贫乏脆弱生态环境。主要分区有：沿海口岸三角洲与滨海低地地下水调蓄支撑区，平原、盆地及丘陵低地地下水调蓄支撑区，低山丘陵地下水涵养区，高原山地地下水涵养区，高寒冻原地下水（生态）涵养区，沙漠、戈壁地下水贫乏区，黄土高原地下水贫乏区，岩溶石漠化地下水贫乏区。

亚洲地下水生态功能分区在空间上有显著的差异。地下水调蓄支撑生态环境功能区，主要分布在沿海口岸及平原盆地等地下水可开采程度强、社会经济发展程度较高的区域，地下水对经济和生态环境支撑功能较强；地下水涵养维持生态环境（地下水涵养区），分布广泛，如青藏高原、南亚的印度半岛、东西伯利亚平原等，地下水生态服务功能主要体现在生态屏障和地下水涵养能力；地下水贫乏脆弱生态环境区主要分布在中亚及西亚的广袤荒漠盆地，气候干燥，降雨少，大多数地区地下水资源不足，难开发利用，地下水的社会支撑能力弱。具体如图 8-3 所示。

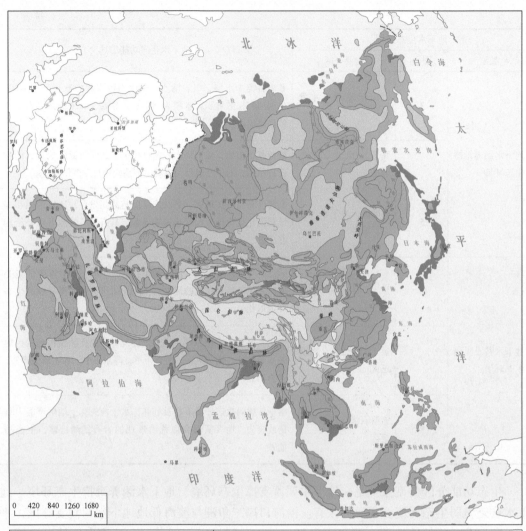

地下水生态分区		地下水生态功能简述
类型	主要分区	
地下水调蓄支撑生态环境	沿海口岸三角洲与滨海低地地下水调蓄支撑区	滨海冲海积、潟湖淤泥含水层，地下水受海水混合作用影响，水资源供需矛盾突出，地下水对经济和生态环境支撑功能较强
	平原、盆地及丘陵低地地下水调蓄支撑区	冲洪积松散沉积物，水循环交替积极，地下水调蓄能力强，对经济和生态环境支撑功能强
地下水涵养维持生态环境	低山丘陵地下水涵养区	基岩各类含水层，以岩溶水、风化裂隙水和构造裂隙水为主，山间河谷松散堆积含水层为地下水汇集带，对平原区具有重要的生态屏障功能
	高原山地地下水涵养区	高原基岩山地，地形降水控制作用强，是江河源区，地下水的主要补给源，地下水涵养与森林生态系统维持互馈作用良好
	高寒冻原地下水(生态)涵养区	高纬度和高海拔地区，岛状冻结层与冰川发育，冰川消融和冻结层退化受全球气候变化影响显著，具有重要的地下水补给涵养功能
地下水贫乏脆弱生态环境	沙漠、戈壁地下水贫乏区	地面完全被沙所覆盖，雨水稀少，空气干燥植被稀少的荒芜地区。风沙活动植被被破坏之后，沙丘起伏类似沙漠景观的生态环境退化
	黄土高原地下水贫乏区	黄土高原黄土堆积深厚，垂直节理发育，大孔隙结构疏松，地表支离破碎，沟壑纵横。气候干旱，降水集中水土流失严重，生态功能较差
	岩溶石漠化地下水贫乏区	喀斯特脆弱生态环境下植被被破坏，水土流失，土地生产能力衰退或丧失，地表呈现类似荒漠景观的岩石逐渐裸露，生态功能差

图 8-3　亚洲地下水生态功能分区图

参 考 文 献

陈梦熊，马凤山．2002．中国地下水资源与环境．北京：地震出版社．

陈亚宁，张宏锋，李卫红．2005．新疆塔里木河下游物种多样性变化与地下水位的关系．地球科学进展，20（2）：158-165．

程彦培，张发旺，黄志兴，等．2010．亚洲地下水资源与环境地质系列图的编制．测绘通报，(9)：38-41．

董英，张茂省，卢娜．2008．陕北能源化工基地资源开发引起的植被生态风险．地质通报，27（8）：1313-1322．

樊自立，陈亚宁，李和平，等．2008．中国西北干旱区生态地下水埋深适宜深度的确定．干旱区资源与环境，22（2）：1-5．

傅伯杰，刘国华，陈利顶．2001．中国生态区划方案．生态学报，21（1）：1-6．

盖力强，谢高地，陈龙，等．2012．基于水足迹的中国水生态功能分区．资源科学，34（9）：1622-1628．

郭孟卓，赵辉．2005．世界地下水资源利用与管理现状．中国水利，3：59-62．

郭占荣，刘花台．2005．西北内陆盆地天然植被的地下水生态埋深．干旱区资源与环境，19（3）：157-161．

郝兴明，陈亚宁，李卫红，等．2008．新疆塔里木河下游荒漠河岸（林）植被合理生态水位．植物生态学报，32（4）：838-847．

何晓云，汪小泉，王亚红，等．2008．水功能区与水环境功能区划分归一研究．中国环境监测，24（3）：62-65．

黄秉维．1958．中国综合自然区划的初步草案．地理学报，24（4）：349-364．

金晓媚，胡光成，史晓杰．2009．银川平原土壤盐渍化与植被发育和地下水埋深关系．现代地质，23（1）：23-27．

李万．1990．自然地理区划概论．长沙：湖南科学出版社．

罗江呼．1992．额尔齐斯河流域开发对河谷生态的影响及保护．新疆环境保护，14（2）：1-7．

马兴华，王桑．2005．甘肃疏勒河流域植被退化与地下水位及矿化度的关系．甘肃林业科技，30（2）：53-54．

宋国慧．2012．沙漠湖盆区地下水生态系统及植被生态演替机制研究．西安：长安大学．

宋郁东，樊自立，等．2000．中国塔里木河流域水资源与生态问题研究．乌鲁木齐：新疆人民出版社．

宋长春，邓伟．2000．吉林西部地下水特征及其与土壤盐渍化的关系．地理科学，(3)：246-250．

孙才志．2007．下辽河平原地下水生态水位与可持续开发调控研究．吉林大学学报，37（2）：249-254．

汤梦玲，徐恒力，曹李靖．2001．西北地区地下水对植被生存演替的作用．地质科技情报，20（2）：79-82．

杨泽元，王文科，黄金廷，等．2006．陕北风沙滩地区生态安全地下水位埋深研究．西北农林科技大学学报（自然科学版），34（8）：67-74．

张惠昌．1992．干旱区地下水生态平衡埋深．勘察科学技术，(6)：9-13．

张森琦，王永贵，朱桦，等．2003．黄河源区水环境变化及其生态环境地质效应．水文地质工程地质，30（3）：11-14．

张长春，邵景力，李慈君，等．2003．地下水位生态环境效应及生态环境指标．水文地质工程地质，3：6-9．

张宗祜，李烈荣．2004．中国地下水资源．北京：中国地图出版社．

张宗祜，孙继朝．2006．中国地下水环境图．北京：中国地图出版社．

赵成．1999．地下水资源评价中有关概念的讨论．甘肃地质学报，8（1）：78-85．

钟华平, 刘恒, 王义, 等. 2002. 黑河流域下游额济纳绿洲与水资源的关系. 水科学进展, 13 (2): 223- 228.

周绪, 刘志辉, 戴维, 等. 2006. 干旱区地下水位降幅对天然植被衰退过程的影响分析——以新疆鄯善南部绿洲群为例. 水土保持研究, 13 (3): 143-145.

Chen Y N, Chen Y P, Xu C C, et al. 2010. Effects of ecological water conveyance on groundwater dynamics and riparian vegetation in the lower reaches of Tarim River, China. Hydrological Processes, 24 (2): 170-177.

Cooper D J, Sanderson J S, Stannard D I, et al. 2006. Effects of long-term water table drawdown on evapotranspiration and vegetation in an arid region phreatophyte community. Journal of Hydrology, 325 (1-4): 21-34.

Loheide S P, Booth E G. 2011. Effects of changing channel morphology on vegetation, groundwater, and soil moisture regimes in groundwater-dependent ecosystems. Geomorphology, 126 (3-4): 364-376.

Margat J, Van der Gun J. 2013. Groundwater around the world: a geographic synopsis. CRC Press.

Munoz-Reinoso J C, de Castro F J. 2005. Application of a statistical water-table modelrevealsconnections between dunes and vegetation at Donana. Journal of Arid Environments, 60: 663-679.

Zektser I S, Lorne E. 2004. Groundwater resources of the world: and their use//IhP Series on groundwater. Unesco, (6): 1-346.

第9章 地下水开发过程的地质环境效应

在地质环境的演化中，自然演变与人类活动的综合作用使地下水产生剧烈的环境效应，其效应具有两面性，一方面，地下水解决了社会发展中的工业用水、农田供水和居民饮水问题，是人类赖以生存和社会发展的重要基础，在许多地区开采地下水是开源抗旱的重要措施；另一方面，随着人口膨胀与工农业的发展，人类对水资源的需求量急剧增加，许多人口密集区地下水开发利用强度大，开采量超过其天然补给资源量，导致地下水水量锐减，造成地下水水位大幅急速下降，甚至形成地下水降落漏斗，地面沉降、塌陷，河流、湖泊水量减少，形成断流、干涸等灾害。

自 2010 年起，亚洲地区地下水开采总量在 680 km³/a 左右，占亚洲总水资源开采量 2 257 km³/a 的 30%、占全球地下水开采总量 982 km³/a 的 69.3%，并占全球总水资源开采量的 17%。亚洲的印度、中国、巴基斯坦、伊朗和孟加拉国这样的主要使用者的开采量占总量的 2/3。在最近的 10 年来，全球地下水开采量亚洲的增长量最大（方生，1996；林祚顶，2004）。据资料统计，亚洲地区的地下水开采在世界地下水开采中占据极其重要的地位。其中，西亚的水资源不足，3/4 以上的地区缺少地表径流，年降水量在 200 mm 以下，极少的地区年降水量超过 600 mm（马秀卿，1989）。东南亚水资源丰富，地下水开发利用历史悠久但开采量不大。北亚——俄罗斯的亚洲部分，水资源蕴藏量比中国丰富得多，人均占有水资源量为 29 115 m³，其中贝加尔湖淡水量占到世界的 20%（邢荣和李莉，2010）。亚洲地区地下水的大量甚至过度开采，已经引起了一系列的地质环境问题，在近几年，这些地质环境问题甚至威胁到了人类的生命安全，如：地面沉降降低了城市排水防洪功能，使沿海地区城市海水倒灌，破坏道路、桥梁、地下管线、房屋建筑，给城市安全运营带来巨大威胁。矿区采空塌陷和地裂缝造成塌陷区内建筑物倒塌、耕地破坏、地下水强烈下泄、井水干枯等一系列危害，并造成了巨大的经济损失。岩溶塌陷使交通、矿山、水电工程、军事设施、农业生产及城市建设等各个领域深受其害。海水入侵导致沿海地区水质恶化，工业农业和生活用水水资源减少，土壤生态系统失衡，耕地资源退化，使工农业生产受到危害，危害人类健康，最后还导致了生态环境的恶化。第 26 届国际水文地质学家协会（International Association of Hydrogeologists，IAH）大会的主题是"人类活动对地下水的影响"，大会主题发言提出的四个全球性专业问题之一是：当前人口高速增长的地区，正是淡水资源严重不足的地区，与水荒做斗争已成为全球关心的中心问题之一（陈葆仁，1996；郭孟卓和赵辉，2005）。

综上，研究亚洲地下水开发引起的地质环境负效应及其空间分布规律，探索与地下水开发利用密切相关的关键因素，可为从中国及周边地区发展战略出发提出的地下水合理开发利用的对策提供数据依据，为全球变化研究提供资料依据，服务于中国及周边国家宏观决策规划与国土整治。

9.1　人类活动对地下水的直接影响

　　亚洲人口约占世界的 60.7%，总数已超过 37 亿。其中，中国、印度、印度尼西亚、巴基斯坦、孟加拉国、日本 6 个国家人口上亿（袁雅琴和黄晓凤，2008）。从图 9-1 可以看出，亚洲人口分布主要集中在两大地带，一是中国东部及日本太平洋沿岸，二是南亚次大陆的印度和孟加拉国等国。北亚和中北亚地区地广人稀，受经济发展水平所限，亚洲的城市人口不足 30%。人口分布规律与人类活动程度分布规律一致，显然，人口的分布、经济的发展程度与地下水的需求呈正相关。

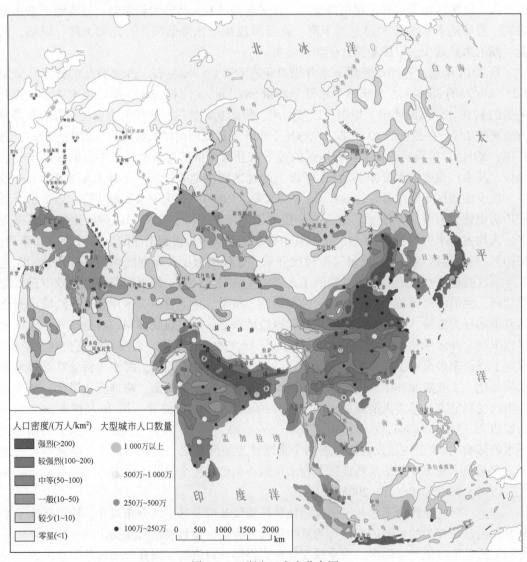

图 9-1　亚洲人口密度分布图

　　人类活动对地下水的影响主要表现在三个方面：过量开采地下水、不合理利用地下水和污染地下水，并因此对生态地质环境产生影响。

9.1.1　过量开采地下水导致资源量减少

　　近年来，随着人口的增加、经济的发展，社会对水的需求日益增大，在气候变化的条件下，以及人为不合理利用地表水和开采地下水等原因，导致流域内水资源供需矛盾突出，供水形势严峻。

　　在东亚蒙古国，为了满足畜牧业和农业的需要，建设了 29 000 眼工程师设计的钻井和人工挖的井，供水主要来自地下水。由于气候变化，干旱频发，过量开采导致地下水位降低，很多泉眼和水井干涸。2002 年统计结果表明，共有 1 984 眼泉、683 条河和 760 个湖干涸。地表地下水资源量明显减少，使得灌溉农业受到影响。90 年代，在 500 km² 的土地上建立了灌溉系统，400 km² 土地得到灌溉。90 年代农业区的 5.2% 土地得到灌溉，但是在 1998 年灌溉土地降低到 0.6%。

　　呼伦贝尔高平原大中型城市及工矿企业的主要供水水源是地下水，且几乎全部以第四纪孔隙水作为主要供水含水层，其地下水位动态明显受自然因素、人为因素的影响。随着城市建设及工矿企业的迅速发展，人们在地下水的开发利用上过分强调生活、生产建设需求，而忽略了地下水资源的自身均衡和合理利用，地下水集中开采区均不同程度存在区域地下水位下降现象，形成了规模不等的降落漏斗。平原区因地形地貌及补径排条件的控制，地下水位受人为因素影响最为明显，开采量与地下水位下降呈明显正相关性。

9.1.2　地下水局部水位抬高引起土壤次生盐渍化

　　地下水不合理利用引起很多的环境问题，地下水局部水位抬高引起土壤次生盐渍化，比如发生在中国北方大的灌区。这些灌区引用大量的地表水作为灌溉用水，如银川平原、河套平原等毗邻黄河的灌区平原，每年要用掉几十亿甚至上百亿立方米的地表水用于农业灌溉。如此大的地表水引用量，除一部分蒸发散失掉外，很大一部分都渗入到含水层，补给地下水。如银川平原 80% 左右的地下水补给量来自于农业灌溉和渠系渗漏。大量地表水的入渗抬高了平原区地下水位，诱发了土壤次生盐渍化等生态环境问题。过量补充地下水现象还常见于平原水库区。在这些地区，为了积蓄充足的地表水资源，对地表水资源进行调配，建立起大量的地表水库。地表水库水位常年高于地下水位，导致大量水库水入渗补充地下水，造成水库周边地区地下水位升高，诱发了土壤盐渍化等生态环境问题。

　　盐渍化土壤在中国分布很广，除滨海半湿润地区的盐渍土外，土壤盐渍化现象比较集中的地区有柴达木盆地、塔里木盆地以及天山北麓山前冲积平原地带、河套平原、银川平原、华北平原及黄河三角洲，大部分分布在干旱半干旱地区，引水灌溉是引起土壤盐渍化的主要原因。

　　在南亚印度，土地盐渍化面积约 6 万 km²，在 12 个主要的灌溉区，设计的灌溉面积为11 万 km²，其中有 2 万 km² 为积水面积，1 万 km² 为土壤盐化区。巴基斯坦的印度河盆地地下水水位上升和地下水盐度增加已成为非常重要的问题。中亚额尔齐斯河谷平原的哈萨克斯坦东南部有大面积的盐碱地，近年来盐碱地进一步扩大，已从 1990 年盐碱地面积为 4 062 km² 到 2007 年为 5 958 km²。

　　总之，过量开采或排泄地下水是目前比较普遍的一个现象，尤其在干旱半干旱地区，以开发利用地下水为主，地下水长期处于开采状态，进而诱发了一系列的生态环境地质问题。

9.1.3　人类活动对地下水的污染

　　人类活动污染地下水现象很普遍，在干旱半干旱地区，地下水污染问题尤其严重。这主要是由于干旱半干旱地区地表水资源少、地下水开发利用程度高以及国家发展战略的导向。例如：中国西部大开发使得西北干旱半干旱地区经济发展迅速，但同时也使得该地区资源开发引起的污染加剧，如矿山开发导致的地下水水质污染、工业废水排放和工业废渣堆放造成的地下水污染、污水灌溉造成的地下水污染。地下水过度开发也促使地下水污染越来越严重，如地下水开采导致不同含水层之间交叉污染。人类生活污水和垃圾、农用肥料和农药也是地下水污染的重要污染源之一，这些活动，改变了原来地下水的成分、地下水的循环条件和应力状态，进而造成一系列地下水环境问题。

9.2　人类大型水利工程与地下水资源的关系

　　在亚洲，小型水库已有上千年历史了，大中型水库的大规模建设是在 50 年代。如果以国家的水库拥有量和库容量来划分的话，中国、印度、俄罗斯居世界"水库国"之首，哈萨克斯坦、伊拉克、土耳其、泰国居第二位，巴基斯坦、伊朗、乌兹别克斯坦、塔吉克斯坦、吉尔吉斯斯坦、叙利亚、越南、日本居第三位，其他国家的水库容量均不超过 10 km³，几乎世界所有国家（甚至一些小国）的水库容量都在 110 km³ 以上。世界大中型水库大多建在温带、热带及高原地区。由于修建了水库，世界 1/2 的农田得到灌溉，4 000 万 hm² 的土地免受洪涝灾害。特别值得一提的是，中国、印度和中南半岛各国正在开发小型防洪水库网络。俄罗斯的安加拉河、叶尼塞河，以及中国、印度及其他许多国家的河流上都修建了大型水力发电水库，大约还有 5% 的水库用于供水，利用水库专门从事水上运输的还不多。有些国家，特别是印度、中国、斯里兰卡、越南、柬埔寨、老挝利用水库大力发展渔业。日本的土地是"寸土寸金"，水库也同样具有多种利用价值。大型水利工程特别是大型水库是一把"双刃剑"，既有防洪、蓄水、水力发电、调剂水资源的水利枢纽功能，同时，不可忽视地在一定程度上斩断了自然的水循环链，水库下游地区地下水得不到充分的补给，加速了地下水环境巨大变化的进程。

　　世界十大水库和中国大型水库的数据见表 9-1 和表 9-2，亚洲大型水库的分布情况见图 9-2。

表 9-1　世界十大水库

排名	名称	所属国家	库容量/km³
1	沃尔特水库	加纳	8 482
2	古比雪夫水库	俄罗斯	6 450
3	斯莫尔伍德水库	加拿大	5 698
4	卡里巴水库	赞比亚	5 580
5	布赫塔明水库	哈萨克斯坦	5 490
6	布拉茨克水库	俄罗斯	5 426
7	纳赛尔水库	埃及	5 248
8	雷宾斯克水库	俄罗斯	4 580
9	卡尼亚皮斯科水库	加拿大	4 318
10	古里水库	委内瑞拉	4 250

表 9-2　中国大型水库

排名	名称	所属省份	流域	库容量/km³	排名	名称	所属省份	流域	库容量/km³
1	三峡水库	湖北	长江	393.0	23	隔河岩水库	湖北	长江	37.7
2	龙滩水库	广西	珠江	272.7	24	大藤峡水库	广西	珠江	37.1
3	龙羊峡水库	青海	黄河	247.0	25	柘溪水库	湖南	长江	35.7
4	新安江水库	浙江	钱塘江	220.0	26	桓仁水库	辽宁	鸭绿江	34.6
5	丹江口水库	湖北	长江	209.7	27	岩滩水库	广西	珠江	33.5
6	大七孔水库	贵州	长江	190.0	28	松涛水库	海南	南渡江	33.4
7	永丰水库	辽宁	鸭绿江	146.7	29	西津水库	广西	珠江	30.0
8	新丰江水库	广东	珠江	139.8	30	五强溪水库	湖南	长江	29.9
9	小浪底水库	河南	黄河	126.5	31	潘家口水库	河北	滦河	29.3
10	丰满水库	吉林	松花江	107.8	32	西洱河一级	云南	西洱河	27.7
11	天生桥一级	贵州、广西	珠江	106.8	33	陈村水库	安徽	长江	27.2
12	三门峡水库	河南	黄河	103.1	34	响洪甸水库	安徽	淮河	26.3
13	东江水库	湖南	长江	81.1	35	水口水库	福建	闽江	26.0
14	柘林水库	江西	长江	79.2	36	红山水库	内蒙古	辽河	25.6
15	白山水库	吉林	松花江	65.1	37	宝珠寺水库	四川	长江	25.5
16	刘家峡水库	甘肃	黄河	61.2	38	安康水库	陕西	长江	25.8
17	二滩水库	四川	长江	57.9	39	花凉亭水库	安徽	长江	24.0
18	密云水库	北京	海河	43.8	40	梅山水库	安徽	淮河	23.4
19	官厅水库	河北	海河	41.6	41	乌江渡水库	贵州	长江	23.0
20	东平湖	山东	黄河	40.0	42	万安水库	江西	长江	22.2
21	莲花水库	黑龙江	松花江	39.2	43	棉花滩水库	福建	汀江	22.1
22	云峰水库	吉林	鸭绿江	39.1	44	大伙房水库	辽宁	辽河	21.9

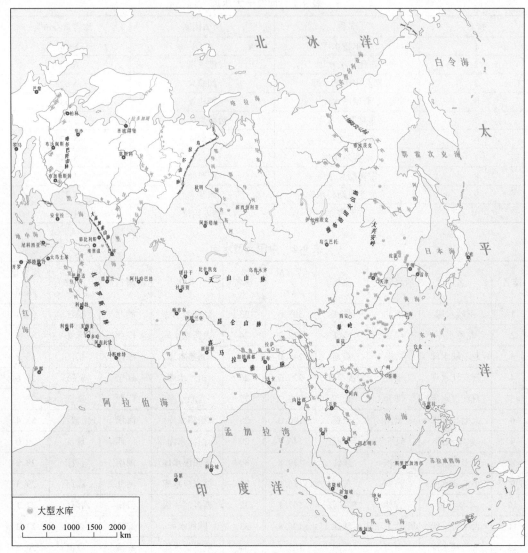

图 9-2　亚洲大型水库分布图

9.3　地下水开采的地质环境效应

9.3.1　亚洲地下水过量开采情况

亚洲地下水开采情况差异较大，不同地区问题大不相同，东亚、南亚和中亚的地下水问题较为突出。20 世纪 80 年代以来，东亚各国的国民经济快速发展，用水量急剧增加。西亚是个干旱地区，总面积 700 多万 km^2，3/4 以上的地区缺少地表径流，年降水量在 200 mm 以下，极少的地区年降水量超过 600 mm。西亚的水资源主要用于农业灌溉，由于石油经济的发展，人口的过度集中和工业规模的扩大，该地区的城市化发展迅速，因此用水量大增，导致许多城市出现供水不足。西亚的地下水资源以深岩含水层为主，水质有的含有盐分，开发利用的难度很大。东南亚地表水系十分发育，水资源丰富，地下水天然补给资源量为 1 927. 21 亿 m^3/a，其中平原盆地天然补给量占总补给量的 42%，山地丘陵天然补给量占 24%，高原山地天然补给量占 20%，平原盆地为该流域的最大存储区，主要分布在沿海地带、河流三角洲和山间盆地。山地丘陵地下水广泛分布在内陆，由于该地区降水量大，补给面积大，所以储水量也很大。东南亚地区地下水开发利用历史悠久但开采量不大，地下水在牧区供水、山区饮用水供水、矿区和工矿基地供水、岛屿和边防点供水方面均发挥了重要作用。在内陆地区，主要是抽取地下水进行灌溉和居民饮用，在各大城市，如河内、金边等地开采地下水作为城市的主要供水水源。通过对东南亚 41 个重要城市统计，发现供水水源以地下水作为主要饮用水的占 20%，在越南、泰国地区，地表水是主要的供水水源。北亚——俄罗斯的亚洲部分，水资源蕴藏量比我国丰富得多，其平均年降水量为 590 mm，年内可再生水资源量为 43 130 亿 m^3，是中国的 1.5 倍，人均占有量为 29 115 m^3，是中国的 12 倍，其中贝加尔湖淡水量占到世界的 20%（邢荣和李莉，2010），所以俄罗斯地表水资源非常丰富，可以满足工业、农业和生活用水，世界粮农组织（Food and Agriculture Organization，FAO）的资料显示，俄罗斯地下水资源开采量还不到每年 9 000 亿 m^3 补给量的 5%，故其地下水的开发程度相对较低。

亚洲绝大部分城市供水依靠地下水，近 20 年来，亚洲地下水开采量以印度和中国增长量最大，开采地下水的主要用途也不尽相同。其中，中国、印度和巴基斯坦用于灌溉的地下水量占地下水总开采量的 50% 以上。

印度在全国 5 723 个评价单元中，有 839 个评价单元地下水超采，占 14.7%，地下水超采导致许多地方区域地下水位下降，尤其是沿海地区。在梅萨纳地区地下水支出为 9.5 亿 m^3，而相应的回补为 4.17 亿 m^3，因此造成地下水位大幅度下降；在泰米尔纳德邦，由于农业灌溉严重超采地下水，近 10 年地下水位已下降 25 ~ 30 m；包括首都新德里在内的印度西北部拉贾斯坦邦、旁遮普邦、哈里亚纳邦等地（约 43 800 km^2）地下水水位平均每年下降 0.3 m（钟华平等，2011）。沿海地区还因地下水超采造成海水入侵，导致地下水环境恶化。古吉拉特邦和泰米尔纳德邦部分地区滨海含水层的超采造成海水入侵淡水含水层，约 120 个村 13 万眼井变咸。马德拉斯滨海地区咸水交界面入侵内陆 8 ~ 10 km。库奇滨海地区海水入侵影响 245 个村 2.328 万 hm^2 土地（方生，1996）；在古吉拉特邦的撒拉萨特海岸，由于地下水过量开采，海水快速入侵了沿海地区的含水层，入侵陆地距离从 1 km 增加到了 7 km，使这里的"机井经济"快速崩溃。

巴基斯坦部分地区地下水水位下降，60% 的民众难以获得清洁水源，水资源匮乏还影响到电力及工农业各部门。同时，印度地下水的遥感测绘图显示印度次大陆北部的地下水正以惊人的速度枯竭。

中国的华北平原是地质环境负面效应分布尤为集中的地区，与印度河平原相比，共同点是人口密度都很大，不同点是华北平原的年降水量比印度河平原的年降水量要小一半多，直接导致了地下水补给量偏少，所以地下水超采更严重，地质灾害类型也就更多元化。海水入侵是在很多沿海城市都普遍存在的问题，如大连市、上海市、莱州市和葫芦岛市。大连市是海水入侵比较严重的城市，并已经影响到了国计民生。上海沿海地区地下水超采使地下水位下降十分严重，引起地面沉降，最大累积沉降量达 2.63m。在 1979 年春，长江河口遭遇了严重的海水倒灌，此次海水倒灌影响范围，从口门向上游延伸 170 多千米，直至江苏省常熟市的望虞河口与浒浦河口。近年来由于受到自然演变和人为作用的影响，海水倒灌的同时也对浅层地下水产生影响。山东省莱州市地处胶州半岛西北部，濒临渤海，由于长期降雨较少，随着经济发展和工农业用水增加，大量开采地下水造成地下水位明显下降，滨海平原形成了地下水降落漏斗，造成了海水入侵，生态环境受到了影响。河北省秦皇岛市，辽宁省大连市、葫芦岛市等沿海城市的大部分地区出现了海水入侵，已经严重影响到了城市的经济建设和人民的生产生活和身体健康。地下水超采引起的岩溶塌陷占全国岩溶塌陷总数的 29.3%。影响最大的是城市市区和铁路沿线，其中城市市区受到严重影响的地区有贵阳、昆明、武汉、杭州、南京及广州 6 个省会城市和桂林等 20 余个中小城市。

泰国的一些城市因为不合理开采地下水导致了地面沉降，曼谷在 30~40 年内地面沉降达 30~80 cm，目前该城市的一半地区低于平均海平面 0.5 m。不合理开采地下水还导致海水入侵滨海地区的淡水含水层，使得地下水的含盐量达到 3~4 g/L，最高达到 10 g/L，某些地区的地下水已不适于居民饮用。

越南内陆地区，如河内，主要是抽取地下水进行灌溉和居民饮用。金瓯半岛大约有一半的面积受到海水入侵的影响，浅层地下水含盐量比深层的大几倍到十几倍。

朝鲜半岛沿海地区地下水超采严重。在韩国的一些城市，工业对地下水的开采已使地下水水位下降了 10~50 m。韩国济州岛工业快速发展，大量开采地下水，最终导致海水入侵。

日本的东京、名古屋和大阪人口密度大，地下水严重超采。其中东京是日本地下水超采最严重的城市，引起大面积地面沉降。

9.3.2　地下水过度开采的地质环境负效应分析

根据目前所掌握的区域性资料，通过宏观分析，将研究区的地下水不合理开发引起的地质环境负效应归纳为 7 类：区域地下水位持续下降、地面沉降、岩溶塌陷、地裂缝、海水入侵、油田地下水开采水位下降和矿区采空塌陷。

1. 区域地下水位持续下降

区域地下水位持续下降一般指地下水在一个水文年直至多年水文周期水位下降漏斗长期得不到恢复（水位下降速率>1.0 m/a），难以维持工农业及生活供水，对生态环境造成重大影响的现象。

地下水位持续下降主要分布在东亚的中国、南亚的印度、中亚的塔吉克斯坦、西亚的沙特阿拉伯等国，在地貌类型上主要是山间盆地和河口三角洲，这些区域地下水资源需求量大，人口众多，工业发达。

截止到 2002 年，东亚以中国为代表的国家中，地下水超采形成的持续下降漏斗有 100 余个，甚至水位难以恢复，导致土层压缩，形成了大面积的地面沉降。除了开采浅层水形成了地下水降落漏斗外，更为严重的是开采深层承压水形成的地下水漏斗，形成了地下浅层水与承压水共同的复合漏斗。这些影响导致了一系列的生态环境问题。除了中国，韩国和日本的地下水也超采严重，韩国一些城市工业对地下水的开采已使地下水水位下降了 10～50 m（钟华平等，2011）。

南亚有 400 多个城市靠地下水供给生活用水，许多沿海城市地下水超采，地下水位持续下降。南亚的印度拥有世界约 1/10 的可耕地，面积约 1.6 亿 hm^2，农业灌溉为主要的用水方式，灌溉用水主要依赖恒河水，其中，地下水用水量占总用水量的 36.6%。印度的岛屿和西部地区地下水水位已下降到人力提水设备提不到的深度，在北古吉拉特邦，30 年前井水位埋深仅 10～15 m，但是现在的机井深度已达到 400～450 m（方生，1996）。

中亚深居世界最大的大陆——亚欧大陆内部，海洋上的水汽难以到达，所以气候特点为冬冷夏热，降水稀少，常年干旱，导致地下水补给量匮乏。由于地表水缺乏，而且绝大部分为咸水，所以人民生活主要依靠地下水维持，地下水超采严重（程彦培等，2010）。

西亚、西北亚次大陆和中亚的巴基斯坦灌溉井的数量每年增加 100 万眼，在大面积范围内，地下水的开采量已超过其年补给量，且这一面积还在逐年增加（马秀卿，1989）。

中国有 24 个省（自治区、直辖市）存在地下水超采现象，其中，河北省地下水超采面积最大，达 66 973 km^2，占该省平原区面积的 91.6%（张兆吉等，2009）。

2. 地面沉降

地面沉降大部分是开采地下水引起孔隙水压力降低，有效应力增加，土层压密，小部分是次固结引起，本书讨论前者。在人口密集的地区，集中过量取水导致形成深层地下水下降漏斗。在松散沉积层较厚、颗粒较细、具有多层承压含水层，以及压缩性好的黏性土或淤泥质土层分布地区，当长时间开采地下水出现区域性地下水位下降时，含水砂性土层自重压缩及黏性土层释水压缩，从而产生地面沉降。一般发生沉降最强烈的是时代较新的未胶结、半胶结和未压缩的沉积物，即：地层不稳定的地带。并且多出现在沿海地带，当地面沉降接近海面时，会发生海水倒灌，使土壤盐碱化，引起建筑受损。

地面沉降大面积发生的地区主要是东亚的东部平原和北亚的西西伯利亚平原。东亚以中国为代表，中国华北平原自 30 年前发现地面沉降以来，已经累计沉降 2 m 多，长江中下游平原的大型城市，如上海的地面沉降最大累积值为 2.63 m（盛海洋等，2006；刘长礼等，2011）。地面沉降毁坏建筑物和生产设施；不利于建设事业和资源开发；在进行城市建设和资源开发时需要更多的建设投资，而且生产能力也受到限制，造成海水倒灌。

3. 岩溶塌陷

岩溶塌陷是指地表岩体在自然或人为因素作用下，向下陷落，并在地面形成塌陷坑（洞）的一种地质现象。岩溶地面塌陷主要发育在隐伏岩溶地区。其形成机制是，由隐伏岩溶洞隙的岩土体覆盖层及赋存其中的水、气组成的综合体系，由于作用于该体系的外动力因素的变化而产生的各种破坏其稳定平衡状态的力学效应。岩溶塌陷的伴生现象有地面下沉、开裂和塌陷地震。

人类活动诱发的塌陷按照形成原因分为：坑道排水或突水引起的塌陷、抽取岩溶地下水引起的塌陷、水库储水或引水引起的塌陷、震动或加载引起的塌陷。本书主要研究抽取岩溶地下水和水库储水或引水引起的塌陷。岩溶塌陷受控于岩性、构造、岩溶发育状况、上覆第四纪松散层性质、厚度和水动力条件等，而人类过度抽、排岩溶区地下水，导致上部土质松动陷落，是地下溶洞塌陷的根本因素。

中国可溶岩分布面积达 365 万 km²，占国土面积的 1/3 以上，是世界上岩溶最发育的国家之一。据中国主要城市地理环境地质调查数据，以桂、湘、川、赣、滇、鄂等省（区）最为发育，岩溶塌陷点达 800 处以上，塌陷坑总数超过 3 万个，给建筑物和生命线工程造成了严重威胁。据 2011 年全国主要城市环境地质调查评价成果统计，岩溶塌陷影响总面积为 197.05 km²，造成 63 759.24 万元的直接经济损失，423 079.6 万元的间接经济损失（盛海洋等，2006；刘长礼等，2011）。

4. 地裂缝

它是地表岩层、土体在自然因素（地壳活动、水的作用等）或人为因素（抽水、灌溉、开挖等）作用下，在地面形成一定长度和宽度的裂缝的一种宏观地表破坏现象，构造活动和过量开采地下水是地裂缝活动加剧的主要因素。

由于资料的不均衡，所以仅讨论东亚的中国部分。中国的地裂缝主要分布在华北平原、汾渭平原和长江三角洲平原，共有 828 条，造成的直接经济损失达 47 862.41 万元，间接经济损失达 299 106.4 万元（刘长礼等，2011）。

5. 海水入侵

当沿海地区地下水与海水之间失去自然动力平衡，海水与淡水之间的界面向陆地方向推移或使海水以楔形侵入淡水含水层，就出现海水入侵。滨海地区多分布有重要的港口城市，加之城镇企业的迅速发展，加剧了这些地区人口的增长，同时对地下水的需求量越来越大，这些地区过量开采地下淡水，使许多城市滨海地带出现海水向淡水含水层入侵，严重危害着人民生活和生产建设，威胁着城市地下水资源开采利用，直接影响沿海城市的发展。海水入侵区大面积耕地盐碱化，灌溉面积减少，另外居民健康也因饮用海水入侵的地下水而受到威胁。

亚洲的海水入侵主要发生在东亚的中国、日本和韩国，东南亚的菲律宾、印度尼西亚和南亚的印度的沿海地带（郭占荣和黄奕普，2003）。

6. 油田地下水开采水位下降

油田开采需要消耗大量水资源，在地表水不足的情况下就只能开采地下水，石油化工使某些地区城市化以后，需水量加大，在经历几十年的油田开采后，形成了大面积的地下水位下降。东亚部分以中国的大型化工城市大庆为例，大庆油田在历经 30 多年的油田开采后，形成了大范围的地下水降落漏斗，见图 9-3。此外，辽河油田出现了新近系地下淡水降落漏斗和咸水入侵等问题。

亚洲有著名的西伯利亚油田，油田区的地下水开采水位下降极其严重（秦延军等，2001；郭华明等，2001）。

7. 矿区采空塌陷

水资源是决定煤电基地开发规模和产业发展的关键因素。矿区开采以及带动的水利工程建设在人类社会发展带来经济效益的同时，也往往破坏生态环境，引起一系列水环境问题，并加剧了水资源短缺矛盾，采矿需要疏干开采地下水，导致地下水位下降，采矿后期

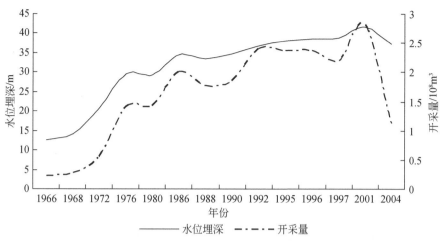

图 9-3　大庆长垣西部第四系承压水漏斗中心水位埋深与年开采量变化曲线
(引自赵海卿等,2009)

出现明显的地面变形,严重者会出现塌陷情况。

矿区采空塌陷多分布于中纬度条带上,这是由成煤的必要条件导致的,即:利于陆生植物生长的温暖潮湿的气候;沼泽所提供的缺氧还原环境;持续下陷的盆地或低地,便于造成植物残骸和无机沉积物的大量堆集;极其重要的是,只有陆生高等植物的大发展,才提供了成煤的前提条件(宋献方等,2012)。矿区采空后在重力作用下地面引起陷落裂缝,甚至局部出现塌陷。

北亚的西伯利亚大陆、东亚的古中国大陆和中亚五大斯坦国正处在中纬度地区,当时的气候温暖潮湿,这就有条件在山前洼地或滨海和内陆的盆地沼泽中形成大面积的煤田。因此,亚洲中纬度带的矿区的地下水疏干开采,导致采空塌陷最为严重。

9.4　地下水开采的地质环境效应分区

9.4.1　地下水开采的地质环境效应分区原则

地下水过度开采引发的环境、生态问题并不是单一存在,而是在某一地区以不同形式同时表现出来的。以地下水开采引起的地质环境负效应为分区依据,是以不同的地形地貌、含水岩组类型和危害效应作为判断分区的重要标准,进行双重分析判别。

依据地形地貌和典型效应特征,结合地下水开发引发的地质环境负效应不同类别及分布规律进行分类,按地下水开采的不同程度所出现的地质环境负效应的严重性,划分 6 种效应区为:①平原盆地地下水强烈开采大范围缓变危害效应区,②平原盆地地下水一般开采无明显危害效应区,③岩溶地下水局部开采易发突变性危害效应区,④矿区地下水疏干开采易发突变性危害效应区,⑤丘陵山地地下水分散开采无明显危害效应区,⑥其他地下水零星开采常态效应区。其分区情况如图 9-4 所示。

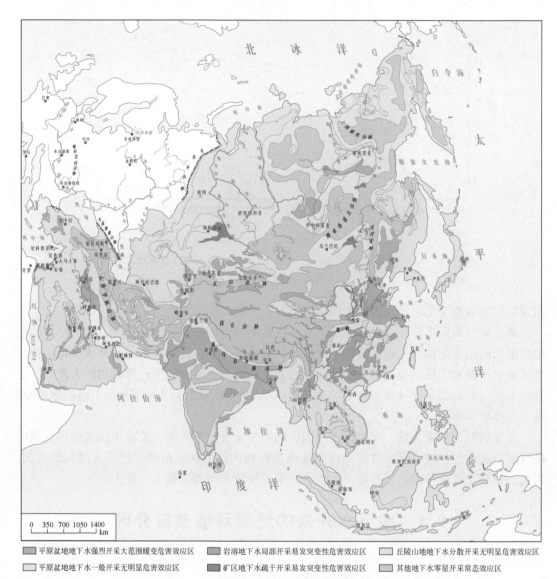

图 9-4　亚洲地下水开发地质环境效应分区图

9.4.2　地下水开采的地质环境效应分区

1. 平原盆地地下水强烈开采大范围缓变危害效应区

平原盆地地下水强烈开采大范围缓变危害效应区主要分布在东亚、南亚和西亚，其中东亚为中国的东北平原、华北平原、塔里木河流域、河西走廊的黑河流域的北盆地、石羊河流域的北盆地、长江中下游平原，朝鲜半岛的沿海部分和日本东部的沿海地区，南亚为印度河平原和恒河平原；西亚的美索不达米亚平原。

该区绝大部分地区地势平坦，也有少量分布于地形起伏的岗地和台地，地下水含水类型为松散沉积微孔隙水，含水层结构为均质各向同性，该区地质环境负面效应类型具有多样性。

2. 平原盆地地下水一般开采无明显危害效应区

平原盆地地下水一般开采无明显危害效应区，地形特点多为高低起伏，地下含水层厚度也相对要薄，含水层结构相对复杂，富水性较差，地下水开采量少，危害效应不明显。

该效应区主要分布在北亚、中亚、西亚和东南亚，包括北亚的科雷马低地、北西伯利亚低地、西西伯利亚平原，中亚的里海低地和图兰平原，西亚的阿拉伯高原，东南亚的中南半岛。从图中可知，该区在西西伯利亚平原、图兰平原和阿拉伯高原有大面积分布，而在北亚、东亚和东南亚的分布较为分散和零星。

平原盆地地下水过度开发引发的地质环境效应有 4 种，按照分布的面积进行排序，为：油田地下水开采水位持续下降，区域地下水超采水位持续下降，矿区采空塌陷，地裂缝。

3. 岩溶地下水局部开采易发突变性危害效应区

岩溶地下水局部开采易发突变性危害效应区的地域特点非常鲜明，为碳酸盐分布区的可溶强烈和中等发育地区。其在北亚、东亚和南亚都有分布，北亚的中西伯利亚高原的东部和中部有大量可溶岩分布，切尔斯基山脉上有零星分布；东亚部分，中国的云贵高原及华南丘陵、盆地、平原岩溶区的可溶岩连片分布，岩溶发育，塌陷集中，是我国岩溶塌陷和岩溶灾害最多、最集中的地区；华北山地、高原及黄淮海平原，有裸露岩溶及隐伏岩溶，陷落柱及塌陷发生；辽东半岛岩溶发育中等，岩溶塌陷分布较多；南亚的东北部有裸露及隐伏的岩溶分布。

4. 矿区地下水疏干开采易发突变性危害效应区

矿区地下水疏干开采易发突变性危害效应区主要分布在北纬30°～60°的中亚、北亚和东亚，其中包括：中亚部分的哈萨克丘陵北部采矿区；北亚的环萨彦岭以北采矿区和乌拉尔山脉东缘的采矿区，斯塔诺夫山脉的北缘和南缘的乔巴山采矿区；东亚部分有中国东北地区的锡霍特山脉和长白山的西缘及两山的交界处的采矿区；华北山地和辽东半岛采矿区。

5. 丘陵山地地下水分散开采无明显危害效应区

除去分布在丘陵山地矿区的地下水疏干开采易发突变性危害效应区以外，亚洲的其他丘陵山地地区基本都属于地下水分散开采无明显危害效应区。

这些地区人类活动稀少，生态环境优良，处于地下水开发较少地带，基本上没有地下水超采现象发生，所以地下水开采分散，无明显危害效应。

6. 其他地下水零星开采常态效应区

其他地下水零星开采常态效应区主要分布在高原地区。由于高原地区温度低，不适合人类居住，所以地下水开采程度都非常低，如：西亚的伊朗高原、东亚的青藏高原、蒙古高原、云贵高原、黄土高原、内蒙古高原和蒙古高原、北亚的中西伯利亚高原和东西伯利亚高地和堪察加半岛、南亚的德干高原都属于地下水零星开采常态效应区。

参 考 文 献

阿巴江 A.1996. 世界水库发展概况. 陈谦译. 水电科技进展, 1: 1-5.

陈葆仁. 1996. 人类活动对地下水的影响——第26届国际水文地质学家协会大会综述. 水文地质工程地质, 2: 1-4.

程彦培, 张发旺, 董华, 等. 2010. 基于MODIS卫星数据的中亚地区水体动态监测研究. 水文地质工程地质, 5: 33-37.

方生. 1996. 印度地下水开发利用与管理问题. 地下水, 18 (1): 45-46.

郭华明, 王焰新, 陈艳玲, 等. 2001. 地下水有机污染的水文地球化学标志物探讨——以河南油田为例. 地球科学——中国地质大学学报, 26 (3): 304-308.

郭孟卓, 赵辉. 2005. 世界地下水资源利用与管理现状. 中国水利, 3: 59-62.

郭占荣, 黄奕普. 2003. 海水入侵问题研究综述. 水文, 23 (3): 10-15.

黄磊, 郭占荣. 2008. 中国沿海地区海水入侵机理及防治措施研究. 中国地质灾害与防治学报, 19 (2): 118-123.

姜嘉礼. 2002. 葫芦岛市滨海地区海水入侵研究. 水文, 22 (2): 27-31.

焦淑琴, 董华, 戴喜生. 1992. 中国地下水诱发危害图 (1∶6 000 000). 北京: 中国地图出版社.

李廷栋. 2008. 亚洲中部及邻区地质图系, 能源矿产成矿规律图 (1∶2 500 000). 北京: 地质出版社.

林祚顶. 2004. 我国地下水开发利用状况及其分析. 水文, 24 (1): 18-21.

刘长礼, 等. 2011. 全国主要城市环境地质调查评价成果报告. 中国地质调查局, 12.

刘杜鹃. 2004. 中国沿海地区海水入侵现状与分析. 地质灾害与环境保护, 15 (1): 31-36.

刘衍美, 徐有杰, 解风云, 等. 2006. 大沽河海水入侵综合治理效果分析与防治对策. 山东水利, (12): 13-14.

刘友兆, 付光辉. 2004. 中国微咸水资源化若干问题研究. 地理与地理信息科学, 20 (2): 57-60.

马秀卿. 1989. 西亚国家的水资源问题及其对策. 西亚非洲, (4): 41-46.

倪深海, 郑天柱, 徐春晓. 2003. 地下水超采引起的环境问题及对策. 水资源保护, (4): 5-6.

秦延军, 宋雷鸣, 刘梅侠, 等. 2001. 大庆油田西部地区地下水动态监测网优化设计. 水文地质工程地质, 2: 21-25.

盛海洋, 孟秋立, 朱殿华, 等. 2006. 我国地下水开发利用中的水环境问题及其对策. 水土保持研究, 13 (1): 51-53.

宋献方, 卜红梅, 马英. 2012. 噬水之煤. 北京: 中国环境科学出版社.

王秉忱. 1995. 海 (咸) 水入侵与地下水资源管理问题的国内外研究现状//地下水开发利用与管理. 成都: 电子科技大学出版社, 30-32.

邢荣, 李莉. 2010. 俄罗斯–瑞士水资源与水环境综合管理技术考察调研报告. 能源及环境, 13: 28-29.

薛禹群等. 1992. 海水入侵研究. 水文地质工程地质, 19 (6): 29-33.

尹泽生, 林文盘, 杨小军. 1991. 海水入侵研究的现状与问题. 地理研究, 10 (3): 78-85.

袁雅琴, 黄晓凤. 2008. 世界地理地图集. 北京: 地质出版社.

翟积迈, 等. 2005. 滨海平阳海水入侵动态监测技术与数值模拟研究. 济南: 山东省水利科学研究院.

张发旺, 程彦培, 董华. 2012. 亚洲地下水系列图 (1∶8 000 000). 北京: 中国地图出版社.

张启海, 周玉香. 1998. 微咸水灌溉发展的基础与措施探讨. 中国农村水利水电, (10): 12-13.

张瑞成. 1991. 河北东部平原深层地下水中氟增高的一种机制. 水文地质工程地质, 18 (1): 56-58.

张兆吉, 费宇红, 陈宗宇. 2009. 华北平原地下水可持续利用调查评价. 北京: 地质出版社.

张宗祜, 李烈荣. 2004. 中国地下水资源. 北京: 中国地图出版社.

张宗祜, 孙继朝. 2006. 中国地下水环境图 (1∶4 000 000) . 北京: 中国地图出版社.

赵海卿, 等. 2009. 松嫩平原地下水资源及其环境问题调查评价. 北京: 地质出版社.

中国地质科学院岩溶地质研究所. 1992. 中国岩溶塌陷图 (1∶6 000 000) . 北京: 中国地图出版社.

钟华平, 王建生, 杜朝阳. 2011. 印度水资源及其开发利用情况分析. 南水北调与水利科技, 9 (1):
151-155.

Bedient P B, Rifai H S, Newell C J. 1994. In ground water contamination: transport and remediation. Prentice
Hall, Inc. Englewood Cliffs, NJ.

EPA. 1996. "Pump- and Treat Ground- Water Remediation. A Guide for Decision Makers and Practitioners."
USEPA Pub. No. 625/R-95/005, Office of Research and Development, Washington DC.

EPA. 1997. "Analysis of Selected Enhancements for Soil Vapor Exraction." U. S. Environmental Protection
Agency Pub. No. 542/R-97/007, Office of Research and Development, Washington DC.

EPA. 2002. "How to Evaluate Alternative Cleanup Technologies for Underground Storage Tank Sites: A Guide for
Corrective Action Plan Reviewers." U. S. Environmental Protection Agency Pub. No 510- R-04-002, Office of
Solid Waste and Emergency Response, Washington DC.

USACE. 1999. "Multi-Phase Extraction-Engineer Manual" U. S. Army Corps of Engineers, EM 1110-1-4010,
Department of the Army, Washington DC.

USDOE. 2002. "Innovative Technology Summary Report: In- Well Vapor Stripping." U. S. Department of
Energy, Pub. No. DOE/EM-0626, Office of Environmental Management, Washington DC.

第三篇

亚洲地下水资源管理与保护

第10章 地下水资源管理与保护

10.1 亚洲地下水资源现状

全世界公认地下水是人类最好的饮用水源。人口飞速增长和气候变化，使亚洲地区的供水保障程度在过去40年里持续下降。总部设在马尼拉的国家水稻研究所给出的联合报告指出，从1955年到1990年，亚洲人均水资源拥有量下降了40%～60%。《新科学家杂志》指出，亚洲地下水资源已十分贫乏，以后人们可能再也看不到绿油油的田野，人们在未来将面对的是贫瘠的荒漠（臧冰洁，2014）。亚洲发展银行报告指出，水资源管理不善使得亚洲发展中国家在今后10年将面临前所未有的水危机。气候变化、快速工业发展和人口增长对水资源影响而带来的健康和社会问题将导致每年几十亿美元的耗费。为此，水问题已被一些国家视为一个日益突出的安全问题。在缺水地区，有限的水资源使得国家把获取水作为国家安全事务。随着水资源的逐渐匮乏，水的经济、社会功能性日趋显著，水在经济社会的地位日趋提高。世界上许多国家，特别是缺水国家，都把水利建设作为国民经济的基础产业，投入巨资，修建各类型的水库、堤坝以及储水、蓄水、引水工程，来确保水的供求。

地下水资源受生态环境的污染恶化，特别是过量开采，水位急剧下降，早已发出"黄牌"警告。早在1977年联合国水资源大会上，就已发出"水资源不久将成为一场深刻的社会危机"的信息。近20年来，约旦河流域、底格里斯河流域、幼发拉底河流域以及尼罗河流域的水资源问题已成为国与国之间分歧或冲突的导火线。亚洲最易发生水争端的是南亚，南亚国际河流水的争端此起彼伏；特别是人口的急剧增加，环境日益恶化，水资源匮乏与需求矛盾日趋尖锐，成为各国政府关注和迫切要解决的热点问题。截止到2010年，全球地下水开采排名前10名的国家中，亚洲占6个，亚洲的地下水资源形势更加严峻。

世界有关机构研究表明，各国地下水开发利用中存在的主要问题有：①地下水长期过量开采，使地下含水层疏干，并引发一系列环境地质问题；②不重视地下水排水，过分依赖地表水，造成土壤次生盐渍化；③随意排放工业废水，农业大量施用化肥、农药与生活污水未经处理排放，造成地下水污染。上述三个主要问题，严重影响到地下水资源的可持续利用。因此，制定和完善地下水资源的管理和保护对策十分重要。

10.2 地下水资源管理

地下水资源管理是以水文地质学以及相关的环境科学的理论为指导，运用技术、经济、法律和行政的手段，降低人类生产生活活动对地下水资源的危害，协调人类活动与地下水资源之间的关系，防止在地下水资源开发利用过程中出现不良的环境水文地质现象，以达到保护地下水资源的目的。地下水资源管理是一项综合性很强、十分复杂的工作。当前世界各国在地下水资源管理方面，主要是从最大的经济效益出发，结合生产实践的需要及政治、社会、法律的影响因素，建立行之有效的地下水管理制度和管理体系（刘兆昌等，2011）。

10.2.1　法律措施

制定法律并且有效地实施法律对于地下水资源保护十分重要。不仅应该对地下水资源管理单独立法，更应完善地下水资源保护的相关制度。在科学合理开发和利用地下水资源的同时，也必须采取有效措施保护地下水资源（胡夷光，2011）。表 10-1 为亚洲部分国家已制定的地下水法律法规。

表 10-1　亚洲部分国家的地下水法律法规

国家	法律法规
韩国	《地下水法》《水质保护法》
以色列	《水井控法》
蒙古	《水资源法》
中国	《水法》《环境保护法》《水污染防治法》《水土保持法》
日本	《环境保护法》《公害对策基本法》《河川法》《工业用水法》《水资源开发促进法》《水污染防治法》
泰国	《国家水质法》《泰国水资源法》
菲律宾	《水质法》
印度	《环境保护法》
土耳其	《水法》《地下水法》《防治水污染法》
新加坡	《水源污化管理及排水法令》《制造业排放污水条例》《畜牧法令》《毒药法令》《公共环境卫生法令》《国家公园法令与条例》《公用事业（供水）条例》《公用事业（中央集水区与集水区公园）条例》

从表 10-1 可以看出，虽然很多亚洲国家已制定了有关于地下水的法律法规，但是没有具体的专门针对地下水污染的法律法规，一些国家现有法律法规中对规范地下水管理而言缺乏系统性，需进一步提高适用性和可操作性。所以建立完善的地下水污染防治法规是很有必要的。亚洲各个国家不仅要完善各自的法律，同时还要严格实施和执行水污染防治的法律法规，对地下水进行统一协调管理，保护地下水，防止其污染。这方面可以借鉴菲律宾和韩国，通过职能下放来加强地方地下水行政管辖能力。在地下水超采严重、容易污染等地区可以设立专门的地下水管理机构，同时还要赋予其真正的行政执法权。只有在法律层面上明确了相关的规定，地下水管理和保护工作才能有法可依，才能使地下水资源可持续利用，保障社会供水安全（李印，2012）。

10.2.2　水务管理

为确保地下水一体化管理和国内及国际合作的顺利进行，各国需根据本国国情做出适当的行政安排，成立专门的水务部门，即权威管理机构，由这一个部门整体负责水资源水环境的一体化管理，颁布相关的法规，包括水质、水价、水量等一系列的地下水政策法规；实施国际协会制订的政策和规划，保护和改善地下水环境，为地下水资源环境的开发和保护提供技术咨询、调查和研究，并要加强与其他部门的合作，如与卫生、能源、环境、工业、农业、金融经济等部门合作，引进外源（郝少英，2011）。

成立专门的水务管理部门不仅可以使本国的地下水资源管理更加系统化，还可以增加与其他国家、部门的联系，并确保地下水保护的相关政策及时定期更新，以反映现时及未来时期内的需求。近些年，韩国的地下水资源管理比较注重这一点并取得了很好的效果。韩国于1994年确定地下水管理体制与管理机构，颁布了《地下水法》，制定并实施水资源开发、管理、保护的相关政策和制度；加强与其他部门的合作，设立水行政主管部门，包括交通建设部、环境部、农林部、行政自治部和产业资源部，让这些看似与水无关的部门共同管理，引进资金、技术治理保护地下水资源，取得了相当好的效果。一些欧美国家如墨西哥在引进外源方面做得相当好，墨西哥除督促本国企业改进生产工艺，更新设备，以减轻对水资源的污染外，还加强了同世界银行等国际金融机构和外国政府的合作。目前，墨西哥政府利用外资在全国各地设立了数百个水质监测站，并在海岸线上建立了水质监测系统，从而使水污染能得到及时控制，还不断完善用水收费制度，对那些过度开发和使用水资源的单位和个人收取高额水费，以惩治浪费水的行为，限制过度开采和使用水资源，这些措施都取得了很好的效果（王晓东和李香云，2007）。

10.2.3　地下水和地表水联合利用的管理

地下水与地表水息息相关，在保护和利用地下水的同时，对地表水的管理同样不可松懈，因为地表水也间接影响了地下水的管理。在过去一段较长的时期内，曾在概念上把地表水和地下水分割开来考虑，在制订水资源开发利用和管理方案时往往缺乏统一的规划，致使产生地下水开采无计划、利用不合理、管理混乱的恶果。所以在对水资源开发利用和保护时，必须运用地下水与地表水统一规划管理，并努力寻求水资源开发利用和管理的新的有效途径，使地下水在经济发展和生活中发挥更大的效用，从而更好地为我们做贡献（许桂芬等，2004）。

正如巴基斯坦和印度两国一样，农业灌溉用水使用量激增引起地下水资源的耗尽。面对这样的问题，两国从印度河流域引水灌溉，减轻了地下水的负担。但是仅仅这样不能从根源上彻底解决水资源问题，为此两国制定了一系列措施，包括改进灌溉技术，减少用水量，执行严格的地下水管理和能源消耗；提出土地用途分类和改进基础设施的政策变化，还制定了可持续 IWRM（Integrated Water Resources Managment，水资源综合管理）的目标来解决水资源问题，取得了很好的效果。所以要实行地表水与地下水联合调度，合理分配水资源，大力开展节水工作。

此外，与欧盟国家相似，亚洲各国家同样存在跨流域问题。由于过去亚洲各流域国大多属农业国，各国在利用国际河流的水资源或发展国际河流沿岸地区的经济时，只考虑本国的利益而忽略流域的整体利益，相互间合作很少，因此，缺乏实施调控的法律制度和进行组织、协调的管理制度。在当前区域合作的潮流下，我们应当进行充分的、与国际惯例和法律法规等相协调的研究，以满足跨境资源合理利用、跨境生态冲突处理和跨境协调机构能力建设等需求。

对于国际流域，流域内相关国家需要共同确定流域边界并分配管理任务使其形成一个完整的数据库供大家共享，共同为国际流域管理规划努力。还必须重视国际河流水污染问题，积极与相关流域国家进行协商，签署水污染治理的相关条约或协议。如果各国体制不同导致共同管理难以实现，可以分别采取措施，但彼此之间的规划与实施必须相互协调而不能冲突。莱茵河、多瑙河等欧洲大型河流的成功治理让我们学到很多跨国流域治理的经验。美国田纳西流域管理局是一个详细的流域水资源管理的特例，而在东南亚，湄公河下游委员会也是一个国际河流流域管理机构，但是到目前为止它的活动在很大程度上也只局限在基本数据的收集分析和框架规划上。这些规划难以实现的复杂因素主要是政治、行政和区划与流域的规划问题很难协调一致。对于这种不仅涉及各国的经济利益，而且还牵涉国家的主权等政治问题的情况，组建由各利益相关国平等参与的利益共同体来控制跨国流域资源分配是一种很好的选择，这样能有效地消除国与国之间的冲突，将过去的外部性问题内部化，是未来国际河流资源分配协调与管理的有效组织模式。此外还可以组建民间协会协调充分发挥民主决策机制的作用，以化解矛盾与冲突。

稳定和有力的机构框架、机构间高度合作和协调、战略性综合规划、有效的控股和社会团体参与、可靠全面的数据和信息以及决策支持工具等，都是未来地下水保护监管框架里必不可少的因素。

10.2.4　地下水的开发利用和污染防治管理

随着农业、工业等各部门的迅速发展，地下水资源的利用率逐年提高，而地下水污染问题是影响综合利用地下水资源的一个很严重的问题。污染治理能够保护供水水质，使水资源进入良性循环并改善水环境，使水资源能持续利用。因而实施地下水的开发利用和污染防治一体化管理能有效地防止和治理地下水污染，提高其安全利用率。

将地下水的开发利用和污染防治制度进行统一设计，开发利用与治理保护并重，从而实现地下水的一体化管理是一条正确的道路。世界水伙伴等国际组织的成立，以及 2000 年世界水论坛对水资源管理新方法的追求，都对水资源一体化管理的概念发展起到了积极的推动作用。各种经济活动排放的污染物质因生态系统的物质循环会直接或间接地进入地下水体，从而使地下水的利用受到严重影响。同时各种对地下水水质有影响的活动都可能降低地下水体的自净能力使地下水污染加剧，所以应将地下水的利用与污染控制措施紧密结合，比如通过采用先进的技术设备，有效的定价和税收激励政策，改变生产过程、副产品回收和污水再利用，减少污染源的发生；实行污染者付费的原则，制订和实施污染者偿还污染处理费用的政策（谁利用谁保护，谁污染谁治理）。对于农业、林业和牧业，可通过改变农产品生产过程减少污染源的产生，提高用水技术，节约用水。例如以色列一直致力于探索最优灌溉方式，根据不同绿化品种、不同时段用水需求，智能控制用水，开发了世界闻名的滴灌技术。滴灌可使水的利用效率达到95％，创造了以色列的"农业奇迹"，大大解决了农业用水问题。印度为解决用水问题则是通过居民筹资、政府投资等手段，在各地建立了很多雨水收集装置与输水系统，将收集的雨水用于农作物灌溉。而在乡村和低收入的城区可以配备基本的净水设施，通过降低土壤流失和沙化、控制农药和化肥排放、降低灌溉回归水的运移对土地盐碱化的影响等措施减少农业、林业和牧业对水体的污染等来改善水体污染（姜斌和邵天一，2010）。

10.2.5　技术措施

1. 建立节水型社会经济结构体系

节水是缓解水资源紧缺的重要途径，也是为解决水资源问题所确立的根本途径。为此要严格控制需水量的无限制增长，努力提高社会的节水意识，做到取水有计划，节水有措施，逐步建立高效合理用水的节水型社会经济体系。节水型社会经济体系的建立，应通过节水型产业结构、种植结构、技术结构、居民点和工业点结构与空间结构等实现，由节水型农业生产体系、工业生产体系和城乡节水型的居民生活体系等组成。

农业节水：①完善田间工程配套设施，实现渠道防渗管道化，可节水 40% ~ 50% ；②改进田间灌溉技术，实行以微灌、喷灌、滴灌为代表的先进灌溉技术；③优化作物灌溉制度以减少作物的无效蒸腾；④调整农业生产结构，推广抗旱优良品种；⑤加强节水农业宣传，确定发展节水农业的投入方式，用政策推动节水农业发展。

工业节水：重点是降低工业产品单位产量或单位产值的耗水量从而提高工业用水重复利用率。工业用水按用途可分为冷却用水、工艺用水、锅炉用水和洗涤用水四大方面，国内外资料均表明冷却用水所占比重最大，因此就工业用水的用途而言，节水重点应放在冷却用水上。

生活节水：要推广使用节水型卫生设备和净化处理装置，这是节约生活用水的有效办法。同时应提倡生活用水的一水多用、循环复用。此外应加强对供水管网的管理，杜绝跑、冒、滴、漏现象，把水资源浪费减少到最低程度。

2. 开展地下水人工调蓄

地下水人工调蓄，是指人为地利用地下储水库容调节水资源以达到扩大可利用水资源的目的。进行地下水人工调蓄，应根据区域水文地质条件和地下水与地表水相互转化规律，采取相应措施提高水资源利用率。

地下水人工调蓄的方式有两种：人工补给地下水和修建地下水库。人工补给是指人们为了一定目的而借助于某些工程措施，把地表水或其他水源人为地注（渗）入含水层，使地下水得到补给或者形成新的地下水资源，以改变和改善现有地下水的利用状况。地下水库，则是指利用天然蓄水构造或人工修筑的地下水坝拦截地下潜流，把多余的地表水储存到含水层中，既可补充被消耗的地下水资源又可提高水资源的控制能力，从而达到减少流失、涵养水源的目的，其储水、取水、用水和调节水量方面的功能与地表水库相同，并在一定程度上优于地表水库。

3. 实施排供结合

排供结合，是指根据当地水文地质条件利用矿区排水而实现城乡供水。如实行超前取水、以供减排、以供代排、上供下疏等，还可采用帷幕截流做到内疏外供。矿井涌水量很大的矿床实行排供结合，应以确保矿山安全开采为前提并全面评价其技术可行性和经济合理性，制订统一规划、统一管理的实施方案。

在因地下水位过高而造成土壤盐渍化或沼泽化的地区，也可把抽水排涝与供水结合起来实行井灌井排，以降低地下水位、加速土壤脱盐、提高防涝能力、改良浅层淡水，从而达到农业增产的目标。

4. 进行跨流域调水

当一个地区的水资源经过充分调配仍不能满足生活和生产需要时，可考虑从有水资源剩余的流域调入地表水。跨流域调水工程复杂、影响面广且耗资巨大，不仅要修建大量的水利工程，而且还会使原来的水均衡条件发生变化，从而影响气候以及改变生态和环境。因此，需要进行充分的调查和论证，如对引水量、引水路线、调蓄库容和调蓄方式以及引水后可能发生的环境地质问题（如滑坡、崩塌、次生盐渍化和沼泽化等），进行详细研究和科学预测。

5. 开展污水资源化

开展污水资源化，首先应对工业废水中的污染物质进行分类、分级控制；对重金属应尽可能在车间或厂内加以处理，达标后才准许排放；对有机物应实行总量控制，可与城市生活污水合并按区域集中进行处理。其次要因地制宜建立污水处理系统。进行污水处理的目的，是利用物理、化学、生物等方法把污水中的污染物分离出来或转化为无害的物质，使污水得到净化，应根据污水的性质、处理后的用途以及当地的自然条件和经济能力采取一种或多种处理方法。根据不同的处理程度，可把污水处理系统分为一级处理、二级处理和深度处理（也称三级处理）。还要研究并推广处理量大、适用面广、去除率高、运行能耗小、回收率高且见效快的净化设施。

6. 实行分质供水和水的循环使用

所谓水资源短缺，本质是指优质水源有限。因此，在水源利用上应根据工农业产业结构对水质的要求开展分质供水、优质优用，这是综合利用有限水资源的有效措施。生活用水立足于地下水或优质地表水；工业上的锅炉用水对水质有特殊要求应选用地表水或地下水，工业上的洗涤用水可利用地表水，对水质要求不高的冷却水和市政用水可利用回用水；有苦咸水分布的地段可适量开采部分苦咸水进行农田灌溉以补充农业用水不足。同时，行业间的用水应统筹安排循环使用，应打破条块分割，农业用水、城市用水应相互兼顾，城市中应加强用水单位的横向联系，打破行业用水界限，采用废水重复使用的综合利用模式，逐步推广一水多用。

7. 调整产业结构

在保证规划目标产值条件下，通过产业结构的优化和调整，使有限的水资源在经济系统中合理分配以发挥最大效益，把"以水定工业"作为产业结构调整和生产力布局的一个基本原则，这也是合理利用有限水资源的必要手段。

在工业生产布局上应充分考虑水资源条件，实行以源定供、以供定需，从更大的宏观范围考虑和规划经济发展问题，充分发挥经济协作区的互补协调作用。把耗水大的工业放置在水资源较丰富的地段，做到就地开发、就地使用，既可减轻城区供水压力，还可以减少长途输水费用，同时亦可避免由城市工业过度集中导致的需水量不断增加、地下水开采强度远超过允许开采量而引起的环境负面效应。

城市的发展，受水资源、环境容量等自然条件制约。面对水资源紧缺的局面，应控制城市中心区的发展规模，充分发展中小城市和卫星城镇，建立分散型的供水系统，这是缓解水资源供需矛盾的关键性措施（郭继超和施国庆，2002）。

8. 加强水资源管理的科学研究

要加强水资源合理开发利用的科学研究，运用系统工程方法，在综合考虑水资源系统和社会经济发展的基础上，建立可供实际操作的水资源管理模型和信息联作系统、决策支持系统和预警系统等，逐步建立健全科学的水资源管理控制体系（王心义等，2011）。

10.3 地下水保护的目的和内容

地下水资源的管理与保护，从广义上应该涉及地下水资源的水量与水质的保护与管理两个方面。通过行政、法律、经济的手段，合理开发、科学管理和有效利用地下水资源，保证地下水资源质和量的供应，防止水污染、水源枯竭和过量开采，以满足社会经济可持续发展对淡水资源的需求。同时，也要顾及环境保护要求和改善生态环境的需求。发挥地下水资源的功能，保护地下水资源的水质和水量，从而实现地下水资源可持续利用的目的，减少和消除有害物质进入水环境，加强对水污染防治的监督和管理，具体内容表现在以下七个方面。

（1）实现统一管理，有效合理地利用和分配地下水资源。通过对地下水资源水质和水量的正确评价与计算，对地下水合理的开发、利用、规划和设计，对地下水取水建筑物的科学设计、施工与管理，实现地下水资源的合理利用和高效分配。

（2）加强地下水资源的水质、水量和水生态环境的保护。建立完善配套和切实可行的地下水调查和监测系统，重点通过对水源地的保护，加强污染控制和水生态环境的保护，实现地下水资源质量的有效保护。

（3）实现地下水资源的可持续利用，预防不良的环境地质问题。通过详细分析地下水资源的补给和消耗途径，从流域的角度对地下水资源进行合理开发和利用，一方面避免地下水位的持续下降对原始生态产生影响，另一方面也避免地下水位的上升带来次生土壤盐渍化问题，实现地下水资源的可持续利用。

（4）保障城市生活、工农业生产以及生态环境的可持续用水。水是人类社会经济发展中的重要资源，它关系到人类生存、社会问题和生态环境可持续发展等重大问题，因此，要合理规划生活、生产和生态的"三生"用水。

（5）提高水污染控制能力，提高污水资源化的利用水平。通过法律、行政、科技和宣传教育等环节，从各方面加强对造成水污染的途径的控制。同时，加强对污水再利用的研究，提高污水资源化的水平。

（6）改革水资源管理体制并有效提高水资源科学管理水平。通过设立行政管理机构、加强水资源管理的有关法规建设等，对现有不适应社会经济发展的管理体制和模式进行改革，以提高水资源管理水平。

（7）加大地下水资源管理执法力度，实现依法治水和管水。严格执行用水过程中的奖励和惩罚制度，使节约用水的理念深入到每个公民的自觉行动中，提高水的利用率，节约有限的水资源（虎胆·吐马尔白，2008）。

10.4　构建水与环境信息平台，增进国际合作与交流

10.4.1　构建水与环境信息平台

信息的公布体现人民"知情"的权利。信息发布不及时、不准确，信息严重不足，会导致很多情况无法及时应对，监督无力和人们对情况的不了解。如果没有广泛的共识，又没有法律法规等制度的保障，信息的发布管理如何能做好？民众是水资源环境保护的真正的推动力，通过不同的途径监督政府、企业，督促他们改进，有利于地下水开发保护政策的完善，共同提高水资源环境质量（左其亭和李可任，2013）。

政府要进行良好的治理，必须了解满足人们生活、灌溉、娱乐需求的用水量以及目前的用水情况和用水模式是否符合节水治污要求；当地企业是否存在违规排污的情况等，这些都需要得到民众有效的反馈。民众作为水资源的直接使用者，他们最了解本地区的用水现状，也对水资源的分配、使用和开发有着具体需求。

可是民众和各级政府之间尚未构建信息交流的平台，民众缺少意愿表达的渠道，政府也无法了解本地区真实用水情况以及民众多元化的用水需求。因此，亚洲各国家应加强信息发布管理，建立信息交流平台，宣传保护节水的知识；开展民众咨询或者征求大家意见，鼓励社会公众以各种方式广泛参与，并及时发布和更新水资源的相关信息；使民众正确树立水资源价值观，积极参与节水型社会建设，充分发挥点滴聚合效应，同时积极投身到社会水资源环境保护行列。可号召大家积极参加一些节水、护水的公益组织，如"自然之友"等 NGO 组织（非政府组织）的环境保护活动，为保护水资源贡献自己的力量。

同时各国之间也应该建立一些平台，发布一些国家的地下水的相关信息，建立可靠的信息支持，得到更及时、准确的信息，使得人们更好地了解当前地下水的情况，更好地参与并加入到合理利用地下水资源，保护、珍惜地下水资源的行列中，从而起到全民用水节水保护水的效果。

利用地下水资源是为了满足当代人的需要，保护地下水资源，既是为了满足后代的需要，也是维护当代人利益的必要行为。为合理开采地下水，防止地下水污染，亚洲各个国家都在为保护地下水而努力。然而，政策法规的实施，需要有一个良好的监管框架。一个合适的监管框架离不开亚洲各国家的共同努力。相信在不久的将来亚洲各个国家都能够完善和健全相关立法与政策，解决地下水资源开发利用过程中存在的问题，更有效地保护地下水资源，保护人类的自身生存和可持续发展，使得人与环境达到和谐相处（周晓，2000）。

10.4.2　增进国际合作与交流

由于各流域国语言、制度和文化不同，普遍存在信息障碍，主要表现为数据的不足和缺乏统一标准，而且以流域为整体的联合研究成果也较少，各部门之间以及各国之间信息互通量太小，公众、科研、政府及投资商之间缺乏信息交流平台等。这些问题造成对流域环境资源的片面性认识和各国之间观点的分歧，影响流域跨境污染的长期整体规划。因此，亚洲各国在分散管理地下水的同时，需要建立起一个有效的网络体系来识别和共享所有国家地下水资源和各流域信息，同时表扬水资源管理成功的国家，以便亚洲其他国家和地区学习，并且监督和批评那些没有严格按照标准执行的国家。

国际地质科学联合会（International Union of Geological Sciences，IUGS）和国际地质科学联合会的下属组织国际水文地质学家协会（IAH）的建立为世界各国水文地质学家提供学术交流平台，由其发起的编图计划更是反映亚洲地下水资源及环境地质时空特征分布规律，为亚洲各国和各地区之间合理开发地下水资源、水资源规划和地质环境保护防灾减灾，提供科学依据。其网站和论坛会及时更新动态，能够与国际社会实现信息共享，便于全面掌握最新信息数据（杨立信和孙金华，2006）。

有些国家已经形成了"水管理伙伴"，加强国家间的合作，实现共同管理。比如：印度和巴基斯坦两国计划从供水管理和需水管理两方面加强对印度河流域的管理；赞比亚国家科技与工业研究院和比勒陀利亚大学水问题研究部门联合执行了一个旨在提高贫困地区水资源一体化管理中可调能力与自然资源再建设等的调查问卷项目，研究对象为赞比西流域位于博茨瓦纳与赞比亚两个国家的多个地区的水资源一体化管理进程，旨在解决贫困地区需水量管理、自然资源再建设与社会可调能力等问题。此外也有很多国家之间相互学习，借鉴管理经验，日本引进很多国家的与水相关的先进技术，观测水文循环、大坝水库蓄水处理等，还有一些用以改善那些因经济快速增长而导致公共水源区退化的水质的方法；中国则借鉴其他国家保护治理地下水的措施并根据可持续发展的理念，从地下水开发利用和管理工作现状出发，分析了地下水管理工作面临的挑战，制定国家水改革框架政策、国家水质管理策略和水资源评价等重大措施，提出了一套适合本国国情的地下水管理总体框架，推动了各地区对地下水的管理。这些只是亚洲部分国家间的治理政策，不一一赘述。

其中水政策的更新和各活动的信息、论文、数据等会定期刊登在世界水论坛和亚洲水务论坛上，供各国研究采纳。

公众信息共享和咨询也是地下水保护框架的一项主要内容，充分发挥民主决策机制的作用，向各方面征求意见建议，不仅可以最大限度地保护好地下水资源，还可以化解矛盾与冲突。重视民间力量的介入，让普通公众认识到目前本国地下水资源的现状及面临的迫切需要解决的问题，掀起公众参与的热情。准确地向公众发布信息，包括河流湖泊水质信息、防洪信息、自来水厂的饮用水水质信息、水污染突发事件信息以及水资源和水环境保护规划等，集中吸纳社会各界的智慧，使公众通过咨询和更为积极的方式参与水环境保护行动。实施此项措施的意义是多方面的，既可提高公众的环境意识，也可以利用参与者的知识和经验完善决策过程，还可以化解矛盾，减少执法中的阻力。不断扩大公众的知情权、参与权和监督权，也是建设和谐社会的重要组成部分。亚太水峰会的成功举办也证明了亚洲各个国家领导人对水资源保护和利用的重视，更加深化了其主题"水安全和水灾害挑战：领导与承诺"（姜斌和邵天一，2010）。

此外亚太水安全研究中心（Asia-Pacific Center for Water Security，APCWS），作为一个区域性的研究中心，致力于推广先进的技术，推动信息知识共享和亚太国家在水安全问题上做出明智的决策，促进民众参与和咨询并让民众能更进一步了解地下水保护的相关进展，充分发挥民众的力量。亚洲开发银行（Asian Development Bank，ADB）强调在亚太地区要实现水安全管理。其出版的 AWDO 2007、AWDO 2013 分别从不同角度强调需要从一个更广泛的角度解决水的安全性并将传统方法和突出重点行业治理作为一种常见的因素，努力提高水的安全约束并且以国家为基础进行第一个定量综合分析。基于 5 个关键维度区域（KD）的框架和评估 49 个国家使用的指标和尺度系统研究进展，对水安全进行检查。2016 年出版的 AWDO 2016 又增添了更有力的水保护政策和监管框架。这个监管框架将对亚洲地下水进行全面检查，提供监测和评价尺度，在适当的地方修复水体的质量。它的实施将是巨大的挑战，不仅需要协调所有的水资源管理法规，还需要协调农业、工业和其他各方面相关的政策，所有的资料都将刊登在世界水论坛上供大家学习研究。

10.5　地下水资源开发利用与保护建议

作为一种宝贵资源，地下水也是环境的主要因子，过度开发利用地下水资源，不仅会导致地下水位持续下降、水质恶化和由此诱发一系列负面的地质生态和环境效应，而且影响着人类生存的空间安全，因此必须对有限的地下水资源实行保护。

目前，亚洲地区地下水资源保护工作还存在一些缺陷和问题，机构设置和制度设计上还有一些不合理不完善的地方，主要从政策、法律法规及制度方面，总结并提出完善亚洲地区地下水资源保护制度的建议和意见。

1. 完善法律体系，加强制度约束

对地下水资源进行管理的法律规定各有不同，完善法律体系是保护地下水资源所必经的第一步骤，也是必要的理论支持。针对地下水资源保护进行立法修改和完善，需要对零散于其他法律法规中的相关规定进行整理，对有漏洞和不完善的法条进行修改，进行详细规定。

完善水资源论证制度，制定水资源论证的法规，规范规划水资源论证，扩大建设项目水资源论证使用范围，完善建设项目水资源论证制度，保障国民经济和社会发展规划以及城市总体规划的编制、重大建设项目的布局与当地水资源条件相适应，发挥水资源要素在转变经济发展方式、调整经济结构中的导向作用。

明确规定地下水管理的职责、对象、义务、管理制度和法律措施，落实地下水总量控制制度。对于严重超采区、集中供水管网覆盖区、地质灾害易发区和重要生态保护区等区域，提出控制地下水开采的基本原则和要求，划定限采和禁采区，明确限采和禁采的对象和要求，结合替代水源工程建设等，明确地下水开采的控制指标和开采计量监控方式，促

进地下水超采治理。

加大水资源保护的法制建设力度，完善水功能区管理制度，在水功能区管理实践和水功能区划基础上，对水功能区的布局、监测监督、考核评价等做出全面规定，同时建立健全饮用水水源地保护制度，建立饮用水水源地规划编制、监测监督、安全评估制度，切实保障饮用水安全（王超，2013）。

在修改和完善地下水保护的法律制度时需要注意的是，应当将地下水资源保护的规定与地表水保护、土壤安全的规定联系起来，合理统筹。特别针对具体情况下的地下水资源超采需要做详细严格的规定（郝少英，2011）。

2. 完善技术体系，加强统筹规划

制定统筹性规划，运用综合性管理措施，加强地下水的集中统一管理。在制定地下水开发利用计划、控制用水总量增长、制定产业节水政策、优化地下水利用结构等方面，运用综合性的管理措施，加强地下水的统一管理。也要加强部门之间的协调和集中管理。地下水的监测，信息系统和计量设施建设也需要重点关注和重视，形成一个统筹城乡地下水资源、统筹地下水水量和水质、合理处置地表水和地下水管理冲突的集中统一的管理体制。

加强水资源节约的法制建设，建立健全节水管理体制机制，完善各项节约用水制度，强化节约用水管理，把节约用水贯穿于经济社会发展和群众生活生产全过程，提高水资源利用效率，推进节水型社会建设。

制定建设项目节水社会管理配套规章，严格落实建设项目节水措施方案，保证节水设施与主题工程同时设计、同时施工、同时投产，发挥节水设施效益，并且要加大重点环节的节水管理，建立高耗水工业和服务业的用水定额管理，强制推行节水产品和设备的应用。

建议结合其他产业，调整不合理的产业技术规范，通过采用多种综合措施解决与地下水问题相关的社会、经济和环境方面问题。可持续发展是一个综合的动态的概念，是经济问题、社会问题、环境与生态问题、资源问题相互影响和相互协调的综合体。社会是可持续发展的目标，经济是推动力，环境与生态是保障，资源则是可持续发展的基础。制定可持续发展战略原则应当体现出综合体（刘晓君，1990）。

3. 建立地下水管理信息系统，实现信息共享

各国结合本国水资源信息系统、地下水监测工程建设和用水计量监测，建立地下水管理信息系统。实现对地下水水位水质、开发利用情况、超采状况等的动态监测，对地下水资源及其采补平衡情况进行动态评估，对地下水开采与压采进行计划管理，结合地表水资源的信息实现地下水资源的合理调配和综合管理（李国正等，2013）。

根据地下水的动态监控情况，预测地下水的未来发展动向，发掘地下水开发利用中的问题，进一步合理制定地下水资源的开采策略，为地下水资源保护提供依据。

利用机井方式开发利用地下水，必须进行水资源论证，规范机井审批制度，严格控制新增地下水开采量。

4. 地下水与地表水的联合应用

联合应用地下水和地表水是当前许多国家开发水资源的一项基本政策。地下水和地表

水都参加水文循环，在自然条件下，相互转化。由于这种转化关系，在一个地区开采地下水，可以使该地区的河川径流量减少 20% ~ 30%。所以只有综合开发地下水和地表水，实现联合调度，才能合理而充分地利用水资源（周其航和方全明，2015）。

5. 合理开采地下水

为保护水资源的可持续开发利用，必须进行合理调配，坚持做到合理开采、综合利用、科学管理、严格保护，避免盲目超量开采带来的环境地质灾害，实现人工开采与自然补给基本平衡的目标，可通过地下水的调蓄功能，实现年内或年际调节，做到以丰补歉。同时要做好地表水和地下水的联合运用，而且要运用经济杠杆来制约，以保证合理、优化供水和用水。

6. 科学划定地下水功能区

为了使有限的地下水资源发挥最佳效益，以优水优用为原则，结合地区供水条件和单位生产、用水状况，核定分配每一眼井的允许开采量，确保总的开采量控制在允许开采量之内（王现国等，2012）。

参 考 文 献

郭继超，施国庆. 2002. 水资源一体化管理的概念及其应用. 水资源保护，4：4-6.

郝少英. 2011. 跨国地下水利用与保护的法律探析. 河北法学，5：76-83.

胡夷光. 2011. 地下水资源保护法律问题研究. 哈尔滨：东北林业大学.

虎胆·吐马尔白. 2008. 地下水利用（第4版）. 北京：中国水利水电出版社.

姜斌，邵天一. 2010. 国外地下水管理制度经验借鉴. 水利发展研究，6：68-73.

李国正，陆洋，杨志顺. 2013. 关于加强地下水资源保护的思考. 水利发展研究，11：72-78.

李印. 2012. 美国地下水保护立法的借鉴. 广东社会科学，6：240-244.

刘晓君. 1990. 政策功能浅析. 理论探讨，5：64-68.

刘兆昌，李广贺，朱琨. 2011. 供水水文地质. 北京：中国建筑工业出版社.

王超. 2013. 海河流域地下水资源管理问题及对策研究. 天津：天津大学.

王现国，等. 2012. 地下水资源保护研究. 郑州：黄河水利出版社.

王晓东，李香云. 2007. 水资源综合管理的内涵与挑战. 水利发展研究，7：4-9.

王心义，等. 2011. 专门水文地质学. 徐州：中国矿业大学出版社.

许桂芬，王宏宇，孔令军. 2004. 国外水管理综述. 北方环境，3：12-14.

杨立信，孙金华. 2006. 国外水资源一体化管理的最新进展. 水利经济，4：20-23.

臧冰洁. 2014. 韩国地下水资源法律保护的借鉴. 经济师，1：96-100.

周其航，方全明. 2015. 地下水资源的开发利用与保护. 科技展望，5：259.

周晓. 2000. 水资源综合管理概述. 科技进步与对策，4：33-35.

左其亭，李可任. 2013. 最严格水资源管理制度理论体系探讨. 南水北调与水利科技，1：43-65.

第11章　亚洲跨界含水层管理

跨界含水层（系统），广义地讲是指位于不同行政管理区域的同一含水层（系统），包括国内跨行政区边界含水层（系统）及跨界（地区）含水层（系统）。狭义地讲，跨界含水层（系统）是指位于不同国家（地区）的含水层或含水系统。本书所指的含水层（系统）是指狭义的跨界含水层或者含水系统。

11.1　跨界含水层（系统）研究状况

如同国际河流一样，世界上存在着大量跨界地下含水层（系统），其中有许多都赋存着丰富的淡水资源，这些水可以作为优质饮用水。对国际河流问题的重视和研究可以追溯到上百年以前，但直到20世纪80年代中期才有人针对中东地区潜在的冲突，对跨界地下含水层（系统）问题进行科学讨论。近期，A. M. MacDonald研究了约旦河两岸的跨界含水层，并估算了西部含水层盆地上、下含水层钻孔和抽水成本的变化量，编制了地下水开发利用成本图，地下水成本图有助于分析水文地质对供水的影响，更广泛地传达复杂的水文地质信息。

跨界含水层（系统）作为全球地下水资源中的重要组成部分，自20世纪末提出以后，国际水文地质学界开始重视和研究。1997年在国际水文地质学家协会中设立了跨界含水层（系统）资源管理专业委员会，1999年发表了黎波里声明，指出："一些国家共享着含水层（系统），而现有的国际法并没有提供管理这些含水层（系统）的规则。我们提请有关国家政府和国际组织对跨界含水层（系统）共享的地下水资源的开发、管理和保护，通过谈判达到共识。"2000年联合国教科文组织的国际水文地质计划、国际水文地质学家协会和联合国粮农组织等国际机构，发起了国际共享含水层（系统）资源管理计划（Internationally Shared Aquifer Resources Management，ISARM），该计划得到很多国家的配合。这项由多个机构合作的计划提出了一些倡议，倡议内容包括：为含水层（系统）划定边界并分析含水层（系统）；鼓励共享含水层（系统）的各国进行互惠合作并实现含水层（系统）的可持续利用等。大量现代水文地质的理论和技术方法应用于该问题的研究，并形成一套完整的研究方法和工作指南。跨边界含水层（系统）问题可以归纳为自然科学——水文地质学、法律、社会经济、制度和环境五个方面。

1. 自然科学——水文地质学

跨界含水层中的地下水形成一个流动系统，它常被一个或多个国际边界分割，地下水由边界的一侧流向另一侧，因此这个系统既包括水在局部的流动，也包括在区域的流动。跨界含水层的研究，应采用系统的观点，从界限两侧的含水层间的水力联系开展研究，研究的内容主要有以下几方面。

参数的空间分布：有很多因素都可能影响含水层（系统）的特性和开采潜力，其中包括：水动力学参数、降雨及补给区、承压区和非承压区、天然排泄区、现有的和计划的地下水开采区、水质及其恶化的潜在风险和受污染脆弱程度等。

地下水水力学相关的问题：从含水层中抽水会导致地下水流场的变化，而这种变化与水位变化具有相关性。流经国界的地下水流量的变化往往无法直接通过测量获取，可以用参数评价的方法，通过数学模型计算得出。北撒哈拉含水层（系统）的实例表明，在边界的一侧抽水会使通过边界的流量发生变化，对深层水的超量开采使向滨海含水层（系统）的流量减少了 5%。从井中连续抽取地下水会导致测压水头的下降。随着抽水的不断进行，下降漏斗也不断扩大，有可能扩展到国界以外，造成不利的影响。使用努比亚砂岩的模拟模型预测：如果在埃及西南部的含水层（系统）进行高强度开采，降落漏斗将向四处扩展，到 2006 年再向其上游的苏丹方向扩展，漏斗的范围之大将是空前的。对地下水的不合理利用都可能导致地下水水质的恶化。跨界含水层（系统）在边界的一侧接受补给，而在另一侧发生排泄。如果补给一侧国家的地下水已经遭受污染，那么在接受排泄那一侧国家的地下水水质将很可能满足不了要求。

2. 法律方面

跨边界含水层（系统）的法律管理是实现其水资源价值和可持续利用的有效手段。国际水资源条约是国际水资源管理中的关键环节。跨边界含水层（系统）生态系统的整体性，要求相关流域国联合起来对跨界含水层（系统）进行统一管理。由于涉及主权等因素，必然需要国际条约对相关事宜做出规定，调整水资源利用和保护中的国家关系。在过去的 50 年中，签订了 157 项有关跨界水资源问题的双边或多边条约，其中一部分涉及地下水。

由于立法体系的不健全以及基础性研究的缺乏，无论是政府管理部门还是普通公民，对跨界含水层（系统）的现状、问题的认识都存在很大的局限性，在实际工作中也忽略了对跨界含水层（系统）的管理和保护。世界各地区的含水层（系统）因其具体条件的多样性和复杂性，决定了各国内部所使用的有关含水层（系统）的法律法规通常只能作为制定国际跨界含水层（系统）管理法规时的参考。用现有的各国内部水法来管理国际跨界含水层（系统）都有很大的局限性。目前还没有形成针对跨界含水层（系统）管理的法律，一些涉及跨界含水层（系统）的国家已经在为达成法律一致性这个目标而努力。

3. 社会经济方面

地下水通常由于其开采费用较低、使用便利，而且相比地表水而言不易受污染，所以一般用作公共供水。出于工业、农业高速发展的需要，共享含水层的国家对地下水的争夺日益激烈。因此，地下水开采引起的自然、社会和经济问题已经跨越了国界，成为国际重点关注的问题。问题比较突出的地区，其背景常常是现有的或规划的高强度开采含水层，在上游地区开采地下水，下游地区受到影响。或者工业、农业和城市生活产生的废物引起地下水污染运移跨越了国界。这是造成国家间矛盾的主要原因之一。水资源是社会、经济发展的基本条件。在世界上的许多地区，地下水为社会发展提供了可靠的淡水水源，人们对它的依赖日益增长。然而，依赖于地下水的社会、经济和环境系统却受到了过量开采和人为污染的威胁。随着开采的增加，一些具有战略意义的重要含水层（系统）面临着被疏干或者环境恶化的风险。随着在含水层（系统）中抽水强度的不断增加，产生的地下水降落漏斗也远远超越了国界。结果共用同一含水层（系统）的国家间就可能出现对水资源的争夺问题。共享跨界含水层（系统）的国家对水资源的争夺并不总是那么明显，往往是在可开采的地下水被耗竭或者污染程度大到限制了当前或者将来的社会经济需求的时候，这种争夺才凸显出来。如果共享同一含水层（系统）的两个或多个国家的经济实力悬殊，那么实力较强的一方会利用其优越的技术力量从共享含水层（系统）中获得更多的利益。这样的争水现象被形象地比喻为"抽水设备的竞赛"。

4. 制度和观念方面

跨界含水层（系统）涉及世界上的很多国家和区域，是一个国际问题。而各个国家或区域的管理制度、道德观念等都有所差异，这就严重影响到对跨界含水层（系统）的基础数据和信息的共享，成为各区域就共享含水层（系统）问题交流的一大障碍。思想道德观念问题对跨界含水层（系统）的管理至关重要。在某些国家，人们把地下水和土地所有权联系起来，而在另一些国家中，地下水被看成是"公共遗产"，任何人都可以免费用它来满足基本需求。例如，在阿拉伯地区，水是一种免费的自然资源，它不仅可以用来满足基本生活需求，而且可以用来满足各国的社会发展需求，如保证农业耕作的需求等。所有向着"水资源商品化"的进程都被视为不道德的。可是同时另外有一些国家地下水的使用权通常又与土地的所有权联系起来。这样一来，藏在土地之下的水资源又具有了私有属性，这与阿拉伯水资源的公有属性之间存在着明显的矛盾。随着水资源供给的日益紧张，越来越多的人认识到了高效利用地下水的必要性，上述矛盾也暴露得越发明显。如何获得有效的管理？社会的哪部分起着决定性作用？应该使用什么样的管理机制？所有这些与制度、道德观念等有关的问题很可能找不到标准答案。在跨界含水层（系统）管理中，这些问题与技术方面问题同样重要，是各国跨界含水层（系统）管理决策达成一致的核心。

5. 环境方面

对跨界含水层（系统）的管理中出现的环境问题主要是生态环境问题和地质环境问题。而导致这两个问题出现的最根本原因就是对含水层（系统）中地下水的超采。为了确保跨界含水层（系统）能得到可持续发展，应该把地下水开采总量控制在可持续开采范围之内。目前部分地区的地下水开采量远远超过了可持续开采量。如果能及时发现并及早采取干预措施，将不会引起大的社会影响。反之，造成的社会影响将是长远的。例如，连续、高强度的地下水开采导致的地面沉降一经出现，是很难逆转的。地下水的可持续开采量与含水层（系统）多年平均循环量密切相关，含水层（系统）多年平均补给量除一部分用于生态环境保护，其余的就是地下水的可持续开采量。跨界含水层（系统）可持续发展要求制定一个合理的资源管理方案，跨界含水层（系统）中的水资源都维持着一定的生态系统平衡，如果对含水层（系统）的抽水超过了允许开采量，也就是出现了不利于该含水层（系统）的可持续发展的情况，就会导致生态系统的"失衡"。例如地下水超采是影响泉水水源和许多地方物种生存的根本原因。

2003 年至今，联合国教科文组织国际水文计划（UNESCO-IHP）、世界地质图委员会（Commission for the Geological Map of the World，CGMW）、国际水文地质学家协会（IAH）、

国际原子能机构（International Atomic Energy Agency，IAEA）和德国联邦地球科学和自然资源研究院（BGR）共同编制了世界地下水资源图，建立了全球地下水系统数据库，以世界地下水资源图为平台，标定了跨界含水层（系统）。

如同国际河流一样，跨界含水层（系统）涉及不同国家或地区之间的关系。在亚洲存在着一批跨越两个或多个国家的跨界含水层（系统）。有些跨界含水层（系统）是伴随河流通过数个国家的，例如：湄公河、恒河和黑龙江—阿穆尔河。亚洲跨界含水层（系统）的研究对于管理相邻国家之间共享的地下水资源具有重要意义。以地下水系统分析为基础，通过对亚洲水文地质图和中国地下水资源图的研究，结合已经发表的文献资料，归纳了亚洲的 49 个具有重要意义的跨界含水层（系统）（表 11-1）、18 个局部跨界含水层（系统）（表 11-2）。作为联合国教科文组织国际水文计划的成果，亚洲这些含水层（系统）对于建设持久和平、共同繁荣的和谐社会具有重要的意义。

表 11-1　亚洲跨界含水层（系统）

序号	跨界含水层（系统）名称	跨界含水层（系统）国家	含水层（系统）类型	面积/km²
1	北加里曼丹含水层（系统）	文莱，马来西亚	①	6 246
2	澜沧江下游含水层（系统）	中国，缅甸	②，③	39 509
3	红河平原含水层（系统）	中国，越南	①，②，③	60 805
4	湄公河中游含水层（系统）	越南，老挝，泰国	①，②，③	106 816
5	呵叻高原含水层（系统）	老挝，泰国	①，②	90 837
6	湄公河三角洲含水层（系统）	柬埔寨，越南	①，②	223 422
7	雅鲁藏布江中游含水层（系统）	印度，中国	①，②	35 905
8	喜马拉雅山南部含水层（系统）	印度，不丹	①，②	29 717
9	恒河平原含水层（系统）	印度，孟加拉	①	180 384
10	喜马拉雅山脉南部含水层（系统）	印度，尼泊尔	①，②	311 589
11	印度河平原含水层（系统）	印度，巴基斯坦	①	394 625
12	古近纪—白垩纪含水层（系统）	沙特阿拉伯，也门，阿曼，阿联酋，科威特，伊拉克，约旦，叙利亚	①，②，③	2 135 251
13	东地中海含水层（系统）	以色列，约旦，黎巴嫩，巴勒斯坦，叙利亚	①，②，③	15 000
14	上耶瑞扎含水层（系统）	土耳其，叙利亚，伊拉克	①	100 000
15	贝瑞那—乌尔含水层（系统）	乌兹别克斯坦，土库曼斯坦	①，③	60 000
16	前塔什干含水层（系统）	乌兹别克斯坦，哈萨克斯坦	①	20 000
17	楚盆地含水层（系统）	哈萨克斯坦，吉尔吉斯坦	①	13 148
18	伊犁河谷含水层（系统）	哈萨克斯坦，中国	①，②	45 015

序号	跨界含水层（系统）名称	跨界含水层（系统）国家	含水层（系统）类型	面积/km²
19	塔城盆地含水层（系统）	哈萨克斯坦，中国	①	22 381
20	额尔齐斯河平原含水层（系统）	哈萨克斯坦，中国	①，③	30 233
21	布尔干河盆地含水层（系统）	蒙古，中国	②	8 060
22	西阿尔泰含水层（系统）	哈萨克斯坦，俄罗斯	①	85 699
23	乌布苏湖盆地含水层（系统）	蒙古，俄罗斯	①，②，③	10 500
24	丹寒柯金塞尔含水层（系统）	蒙古，中国	②	12 679
25	阿彻海尔哈那塞尔含水层（系统）	蒙古，中国	①，②	12 896
26	扎尔特盆地含水层（系统）	蒙古，俄罗斯	②	5 599
27	门彻河盆地含水层（系统）	蒙古，俄罗斯	②	5 100
28	乌勒兹河盆地含水层（系统）	蒙古，俄罗斯	①	6 243
29	额尔古纳河含水层（系统）	中国，俄罗斯	①	4 913
30	克鲁伦河盆地含水层（系统）	中国，蒙古	①，②	7 229
31	哈拉哈河盆地含水层（系统）	中国，蒙古	①	3 588
32	泽亚河盆地含水层（系统）	中国，俄罗斯	①	76 689
33	黑龙江—阿穆尔河中游盆地含水层（系统）	中国，俄罗斯	①	113 574
34	鸭绿江盆地含水层（系统）	中国，朝鲜	①	20 534
35	朝鲜半岛中部含水层（系统）	朝鲜，韩国	①，②	12 731
36	纽穆哈格河盆地含水层（系统）	中国，蒙古	②	6 185
37	扎门乌德盆地含水层（系统）	中国，蒙古	②	11 687
38	德勒格尔大河盆地含水层（系统）	蒙古，俄罗斯	②	22 813
39	希希黑德河盆地含水层（系统）	蒙古，俄罗斯	②	19 745
40	贝尔基河盆地含水层（系统）	蒙古，俄罗斯	②	9 094
41	南缅甸含水层（系统）	缅甸，泰国	①，②，③	33 715
42	湄公河上游含水层（系统）	缅甸，泰国，老挝	①，②，③	31 841
43	喀布尔河含水层（系统）	巴基斯坦，阿富汗	①，②	6 219
44	洽特库—库曼含水层（系统）	哈萨克斯坦，乌兹别克斯坦	①	20 000
45	哈润和阿拉伯含水层（系统）	约旦，沙特阿拉伯，叙利亚	②	48 000
46	特丝河盆地含水层（系统）	蒙古，俄罗斯	①	7 900
47	特修河盆地含水层（系统）	蒙古，俄罗斯	②	3 974

续表

序号	跨界含水层（系统）名称	跨界含水层（系统）国家	含水层（系统）类型	面积/km²
48	鄂嫩河盆地含水层（系统）	蒙古，俄罗斯	②	4 465
49	阿拉扎尼河含水层（系统）	阿塞拜疆，格鲁吉亚	①，③	3 050

注：①代表孔隙水；②代表裂隙水；③代表岩溶水

表 11-2　亚洲局部跨界含水层（系统）

序号	跨界含水层（系统）名称	跨界含水层（系统）国家	含水层（系统）类型	面积/km²
1	艾格斯特福—艾布耶克含水层（系统）	阿塞拜疆，亚美尼亚	②	500
2	帕姆贝克—待贝特含水层（系统）	格鲁吉亚，亚美尼亚	②	<3 000
3	阿拉斯河中下游含水层（系统）-1	阿塞拜疆，伊朗	②	<3 000
4	凯瑞套格含水层（系统）	乌兹别克斯坦，塔吉克斯坦	①	328
5	托什干河盆地含水层（系统）	中国，吉尔吉斯斯坦	①，②	<3 000
6	黑尔特河盆地含水层（系统）	蒙古，俄罗斯	①，②	1 168
7	帝士杰克吉安塞尔含水层（系统）	中国，蒙古	①，②	2 838
8	查干克吉安塞尔含水层（系统）	中国，蒙古	②	2 319
9	图们江三角洲含水层（系统）	中国，俄罗斯，朝鲜	②	2 329
10	在若什跨界含水层（系统）	乌兹别克斯坦，塔吉克斯坦	①	88
11	扎佛依含水层（系统）	乌兹别克斯坦，塔吉克斯坦	②	<3 000
12	达尔佛依含水层（系统）	乌兹别克斯坦，塔吉克斯坦	①，②	<3 000
13	色莱普塔—巴特肯—乃—艾克佛含水层（系统）	塔吉克斯坦，吉尔吉斯斯坦	①，②	891
14	撒克含水层（系统）	乌兹别克斯坦，吉尔吉斯斯坦	①	<3 000
15	奥什艾若未吉含水层（系统）	乌兹别克斯坦，吉尔吉斯斯坦	①	<3 000
16	莫伊修弗含水层（系统）	乌兹别克斯坦，吉尔吉斯斯坦	①	1 760
17	奥姆—沃依含水层（系统）	乌兹别克斯坦，吉尔吉斯斯坦	①，②	<3 000
18	阿拉斯河中下游含水层（系统）-2	阿塞拜疆，伊朗	②	<3 000

注：①代表孔隙水；②代表裂隙水；③代表岩溶水

综上所述，跨界含水层（系统）地下水具有以下特征：

第一，跨界含水层（系统）纵横交错，没有国界。如：图们江三角洲含水层（系统）由中国、俄罗斯、朝鲜共有。跨界含水层相互联系不同国家，从而形成利害相关的密切关系，构成它的最主要的特点，而该特点决定了跨界含水层（系统）需要共同开发与保护。

第二，跨界含水层（系统）同跨界地表水一样，具有两重属性。因为从整体而言，跨界含水层（系统）同一切跨界水域都应该是国际法管辖的对象；而从每个河段和地下水系的一个部分而言，它则属于对这部分领土享有主权的国家所有且应受其直接管辖。正是由于跨界含水层（系统）存在两重性，在每个国家对地下水都只有主权权利却没有国际义务的情况下，则会是直接利害冲突的种子。

第三，跨界含水层（系统）具有多种功能。因为地下水的功能是以生活用水为主，兼及工农业用水。然而，在一定条件下，地下水又能起破坏作用，如：引起土地盐碱化，淹没矿井等。另外，跨界含水层（系统）在特定情况下还可以作为跨界河流的补充，从而成为全面开发跨界水域的一个组成部分，并且它对于平衡国家之间的供水也有一定缓和作用。在地表水供应不足的境况下，则地下水的重要性更加突出。

第四，跨界含水层（系统）具有隐蔽性。由于含水系统存在于地下，它不像地表水系那样可以直接观察到，所以要掌握其准确的资料、数据的难度就很大。另外，由于地质结构复杂且分布面广，各国的技术力量又有很大的差别，从而在调查测量地下水资源方面有很多困难，跨界含水层（系统）涉的范围更广，并且有国界和各国法令制度的种种限制，整个调查工作需要有关国家的共同协作，并需要调动巨大的财力、物力以及技术力量。由此可见，跨界含水层（系统）遭破坏后是很难被发现的，而等到发现时，为时已晚。

第五，地下水的纵横交错成为多国共享水体。Julio Barberis 描绘了地下水可能与许多国家共享的水系相联的四种情况：一是含水层（系统）穿过其本身是国际水资源的国际边界；二是含水层（系统）位于一国之内，但在水文上与本身是共享资源的国际河流相联；三是含水层（系统）位于一国之内，但在水文上与在另一国内发现的含水层（系统）相联（可能通过半渗透的岩层），于是使整个含水层成为共享系统；四是含水层（系统）位于一国之内，但在另一国内发现补给区域，Julio Barberis 认为该补给区域的水资源就是共同资源。结果，一国与跨界河流或含水层（系统）有关联的行动，可能对另一国水资源的质量或数量造成有害影响。当确定跨界流域的范围以及流域一部分采取的行动与另一部分之间的因果关系时，认定这些情况的重要性便显而易见。总体来说，跨界含水层（系统）尽管日益受到国际社会的重视，然而至今仍是未被完全认识的领域。今后，能否组织各方面的力量，并通过国际合作，全面调查跨界含水层，将成为保护和开发跨界含水层（系统）的关键。

11.2　跨界含水层资源开发利用和谐度分析

目前发现的含水层（系统）大多为跨界含水层（系统），即一个含水层（系统）或含水层（系统）跨越国界。由于不同国家对地下水的需求量、开发程度不同，在地下水资源的分配问题上存在一定的分歧。例如，有些具有强大地质开采和钻井能力的国家在地下水的开采上突飞猛进，甚至影响到了共享同一含水层（系统）的邻国；有些国家对含水层（系统）造成的污染蔓延并影响到了邻国。这些问题使地下水资源开发利用和谐度被提上日程。跨界含水层（系统）是全球地下水资源的重要部分，然而，全球约有 8% 的跨界含水层（系统）面临着人类过度开发带来的可持续利用压力，目前这些跨界含水层（系统）还停留在各国独立开发和管理的阶段，跨界含水层（系统）管理存在重视不足、水文地质研究亟待完善、水管理机构职能弱化以及法制约束不强等问题。随着水资源战略地位的凸显，如何有效、可持续地进行跨界含水层（系统）管理、维护国家水安全将是各国关注的热点和难点。

11.2.1　跨界含水层（系统）开发利用研究

联合国世界水资源报告指出，最近 50 年以来，因水资源问题引发的 1 831 件案件中，就有 507 件具有冲突性质，且 37 件具有暴力性质，而这 37 件中有 21 件演变成为军事冲突。如印度河流域、尼罗河流域、约旦河流域、幼发拉底河流域水冲突，中东地区潜在的冲突和利比亚、埃及、乍得以及苏丹争夺其沙漠下深层蓄水层水的事件等，给国家乃至世界的和平与发展带来严重威胁。较为典型的是约旦河两岸的跨界含水层。中东约旦河西岸含水层（系统）是以色列和巴勒斯坦的最重要的水资源。西部和东北部含水层（系统）中的地下水是以色列居民生活用水的主要来源。以色列获得了约旦河西岸近80%的地下水资源量，留给巴勒斯坦的不足20%。以色列全国供水的1/4 左右来源于约旦河西岸地下水含水层（系统）。由东向西流动的地下水有助于防止地中海海水侵入以色列沿海含水层（系统）。巴勒斯坦认为地下水是约旦河西岸居民用水的唯一水源，要求增加地下水用水份额以改善贫穷生活条件和发展经济。水资源问题直接将双方的政治和领土问题联系在一起，两国将该含水层（系统）的用水配额问题作为巴以和平和谈内容。

A. M. MacDonald 和 B. É. Ó Dochartaigh 等人研究了约旦河两岸的跨界含水层（系统）（图 11-1），认为西部含水层（系统）盆地的地下水开发成本从约旦河西岸到以色列变化很大。其主要原因之一是含水层（系统）水文地质条件多样。利用最近的水文地质调查数据，估算了西部含水层（系统）盆地上、下含水层（系统）钻孔和抽水成本的变化，完成了地下水开发利用成本图（图 11-2）。这些地下水成本图有助于分析水文地质对供水的影响和更广泛地传达复杂的水文地质信息。成本图清晰地显示地下水资源开发成本最经济的区域沿 1949 年巴以约旦河西岸停战边界分布。该边界的东移会增加巴勒斯坦地下水资源的开发成本，降低可行性，使上含水层（系统）的开采不切实际，并增加了开发下含水层（系统）的成本。因此，正在停战线东部巴勒斯坦境内建造的隔离墙，将会显著降低巴勒斯坦开发地下水资源的能力。

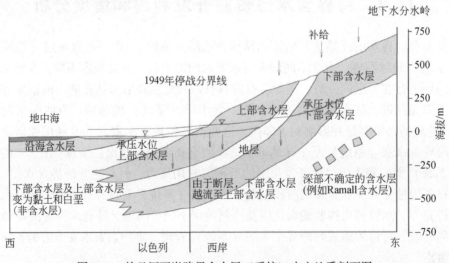

图 11-1　约旦河两岸跨界含水层（系统）水文地质剖面图

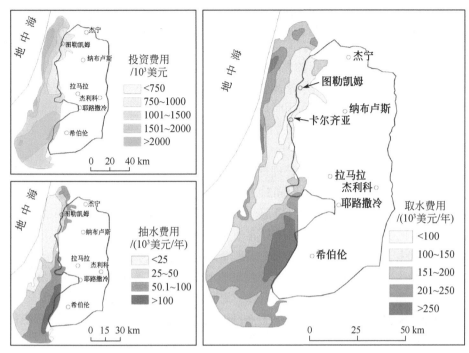

图 11-2　约旦河两岸地下水开发利用成本图

面对这些问题，如何开发利用跨界含水层（系统），以做到既保护跨界含水层（系统）的生态环境，又能协调解决各流域国之间在开发跨界含水层（系统）过程中产生的矛盾，使流域国与跨界含水层（系统）水文生态之间、流域国之间达到共生共荣的良性发展状态，即如何实现跨界含水层（系统）的和谐开发，成为跨界含水层（系统）地下水开发利用研究的重要问题。

11.2.2　跨界含水层（系统）和谐开发利用的内涵

《现代汉语词典》对于"和谐"的定义是：配合得适当和匀称。在线汉语词典的解释是：和睦协调。辩证唯物主义的观点是：对立事物在一定的条件下，具体、动态、相对、辩证的统一，是不同事物之间相辅相成、相反相成、互助合作、互利互惠、互促互补、共同发展的关系。

跨界含水层（系统）的流域国之间、跨界含水层（系统）各流域国与水生态环境之间客观地存在着不同、差异、矛盾甚至冲突，但以跨界含水层（系统）的属性为基础，基于跨界含水层（系统）具有的系统整体性特征，以可持续发展的视角，和谐开发跨界含水层（系统），包括跨界含水层（系统）开发过程中各流域国之间的和谐、各流域国与跨界含水层（系统）水文生态环境之间的和谐，必然成为跨界含水层（系统）开发的优选模式。

11.2.3　跨界含水层（系统）与水体生态环境之间的和谐

（1）以跨界含水层（系统）的整体性为基础。跨界含水层（系统）和谐开发要求跨界含水层（系统）流域管理必须从整体出发，在尊重自然生态规律前提下管理。这就要求对跨界含水层（系统）进行开发利用时应将其作为一整体来考虑，以实现对流域水资源的最佳利用，从而将对水环境或生态系统的损害降到最低。这是实现跨界含水层（系统）和谐开发的重要前提。

（2）以生态系统为本位的流域管理理念。由于生态系统是现代社会存在与发展的真正基础，而水是生态系统的基本要素。同时，水文圈与气候、森林、沙漠、动物与植物等一起构成全球生态系统中不可分离的组成部分，它们之间密切联系，且相互影响。因此，以生态系统为本位的流域管理理念将是跨界含水层（系统）和谐开发的重要组成部分。

实践中，以生态系统为本位的流域管理理念严格要求在跨国流域管理中要优先考虑流域相关资源环境的可持续发展，主要包括流域内社会与经济等子系统的整体和全面管理，且将水资源的管理和水生生物、陆地、森林、海洋等其他资源的管理要适当结合，以便实现流域的可持续发展，以保护流域的生态系统为目标。如果忽视对流域生态系统的管理，就不可能实现跨界含水层（系统）的和谐开发。

（3）以跨界含水层（系统）的可持续利用为宗旨。由于淡水资源是人类及其他陆地生物生存和发展的必需资源，应维持与保护淡水资源及其生态系统的基本生态进程，这不仅要注重跨界含水层（系统）利用的内公平，更要注重跨界含水层（系统）利用的国际公平。因此，维持与保护淡水资源是跨界含水层（系统）和谐开发的宗旨。

（4）以跨界含水层（系统）的损害预防为重要内容。"预防为主"的原则在跨界含水层（系统）管理的法律制度中应属于"黄金原则"。由于水是生态系统中的基本要素，也是生态系统中最为关键的因子、变量，它的质与量的变化必然引起生态环境的质与量的变化。因此，重视跨界含水层（系统）的损害预防是跨界含水层（系统）和谐开发的重要内容，也是实现跨界含水层（系统）利用实质公平的基础。

11.2.4　跨界含水层（系统）各流域国之间的和谐

（1）互利共享。只有将涉及双方利益的事做到互利共享，才能和谐相处。而对直接涉及国计民生的跨界含水层（系统），互利共享更应作为第一原则与基本信念，即既关注本国利益，又时刻想着不要伤害对方。因此，不可对水资源进行掠夺性开发，且资源开发不可损害邻国的正当权益。在开发利用跨界水资源时只有坚持互利共享的原则，才有利于实现流域国之间的双赢。

（2）平等协商。跨界含水层（系统）的开发事关方方面面，这就难免发生矛盾与利害冲突，而有些事件是历史形成的，有些事件则带有偶然性与突发性，对于这些已经发生的事件，或者有可能发生的事件，一定要保持冷静的态度进行平等协商、共同应对。这正如以色列总统佩雷斯在他的著作中所写道的："为水而大动干戈解决不了任何问题，因为炮火不会钻出水井，而硝烟过后，原来的问题依然存在。"因此，跨流域各国应就利用与保护跨界含水层（系统）的实际以及潜在问题彼此协商，以期寻求可接受的解决办法。总之，平等协商体现了对起源国与受影响国之间利益的平衡，且通过协商和谈判可较好地预防水争端的发生。

（3）合作开发。跨界含水层（系统）具有共享性与复杂性，跨界含水层（系统）开发由于利益团体和流域国环境的相对差异，各流域国之间不可避免地存在利益冲突。因此，跨界含水层（系统）的各流域国应以主权平等、领土完整、互利与善意为基础，促使跨界含水层（系统）得到最佳利用与充分保护。其合作的方式包括：建立跨界含水层（系统）流域委员会；针对环境危险进行必要的通知、磋商以及协商；相互间要进行充分的信息交换和情报交流以及在发生紧急情况下的合作等。国际合作是实现跨界含水层（系统）形式公平的重要体现。

11.2.5　跨界含水层（系统）的和谐开发内涵的具体界定

通过以上论述，跨界含水层（系统）和谐开发的具体内涵可以概括为：跨界含水层（系统）流域国在开发利用跨界含水层（系统）的过程中，以跨界含水层（系统）的整体性为基础，以保护生态系统作为流域管理的理念，以跨界含水层（系统）的可持续利用为宗旨，以跨界含水层（系统）的损害预防为重要内容，互利共享、平等协商、合作开发，既要重视流域内各要素之间的关联性以保护跨界含水层（系统）水文生态系统平衡，又要公平对待、协调解决各流域国之间因地理环境不同而客观存在的目标差异，以及在开发跨界含水层（系统）开发过程中产生的矛盾，使流域国与跨界含水层（系统）之间、流域国之间达到共生共荣的良性发展状态。

总之，水资源作为基础性的自然资源与战略性的经济资源，是生态与环境的控制性要素，跨界含水层（系统）和谐开发为人们指明了实现跨界含水层（系统）公平开发利用的努力方向以及奋斗目标。

11.2.6　跨界含水层（系统）和谐开发的主要障碍——跨国水冲突

跨国水冲突不仅发生在水资源十分短缺的地区，如中东、非洲等，也会因为水质恶化以及对水资源的不合理开发等各种因素，发生在水量充足的富水地区。例如：在欧洲，莱茵河下游洪水泛滥以及工业污染都是导致水冲突的重要因素；而北美美国与墨西哥之间科罗拉多河污染争端从未中断；阿根廷与巴西两国之间因巴拉那河的筑坝蓄水而多次发生冲突。不难看出：在当今世界，跨国水冲突的范围很广泛，且残酷而激烈。

跨国水冲突的根源来自于国家利益，或者说是跨界含水层（系统）相关国家的国家利益在跨界含水层（系统）问题上产生的矛盾，因为这种矛盾而在具体问题领域出现争议和争端，如处理不当，便可能发展成为国际冲突，甚至最后升级为跨界含水层（系统）战争。也可以说，跨界含水层（系统）争端是跨界含水层（系统）冲突产生的直接原因。这些跨国水冲突发生的原因主要来自于以下三方面。

（1）水资源缺乏国家与其他国家争夺跨国水导致的冲突。为了利用更多的水资源，以色列作为一个缺水国家，采用军事手段而占领了大片阿拉伯国家的领土，以色列水资源状况也大为改善，并占据了水权方面一定的优势。所以有人就预言，下个世界战争必然是因为争夺水资源。

（2）人口急剧增长对水资源造成极大的压力而容易产生跨国水冲突。水资源冲突也与人口的增加密切相关。人口的增加会直接导致年人均淡水占有量的降低，从而使得一国的缺水状况更加严重。以色列建国之初人口还不到 200 万，仅前 4 年人口就增加了 120%，而到 90 年代已增加到 500 多万人。该地区水资源冲突的主要原因就是人口的急剧增长。

（3）跨界含水层（系统）污染引起的冲突。在跨界含水层（系统）中，一国对水体的污染很容易通过运输、扩散或分散而对其他国家产生影响，特别是上游国家产生的污染物质会进入到共享的跨界含水层中，并最终会被带到下游的其他国家，从而严重影响跨界含水层（系统）安全并引起国际纠纷。

11.2.7　跨界含水层（系统）的评价

针对跨界含水层（系统）出现的复杂问题，迫切需要建立一套跨界含水层（系统）综合评估指标体系。目前学术界尚没有统一认可的跨界含水层（系统）评价指标以及评价标准。联合国教科文组织地下水专家组按照跨界含水层（系统）的内涵和要求，提出基于 DPSIR（drivers，pressures，state，impact and response model of intervention，驱动力、压力、状态、影响、响应）框架模型来建立一套综合评估指标。DPSIR 框架模型是欧洲环境署（EEA，Europenan Environment Agency）为综合分析和描述环境问题及其和社会发展的关系而发展出来的模型。DPSIR 模型强调社会经济运作及其对资源、环境的影响之间的联系，具有综合性、系统性、整体性、灵活性等特点。借用 DPSIR 体系中的驱动力、压力、状态、影响和响应来分析跨界含水层（系统）地下水资源、环境、社会经济、法律等方面的复杂问题。其思路是对跨界含水层（系统）的水资源特征、社会经济特征和国际合作程度分别进行评估。把该体系划分为 3 个层次：第 1 级为目标层，也称为总体评估指标（GBI），对跨界含水层（系统）的 3 类目标分别进行评估——跨界含水层（系统）本质功能指标、跨界含水层（系统）社会经济管理指标、跨界含水层（系统）法律规则指标；第 2 级为次级指标（I_x），是对第 1 级每个指标的分类评估；第 3 级为因素指标（x），是二级指标的相应细分。

跨界含水层（系统）综合评价指标涉及的各方面因素，它们不是孤立的，而是存在着广泛的多层次的相互联系、相互制约和相互作用，同时这些因素按一定的结构进行组合，形成一系列的功能指标——本质功能指标、经济管理指标、法律效应指标。每个功能指标还包括更小的次级指标层，次级指标层还包括更小的因素指标层，这样就形成了递阶层次结构。

跨界含水层（系统）综合评价指标确定后，就需要明确各项指标的评价标准，才能对跨界含水层（系统）进行综合评价。根据跨界含水层（系统）的特点和要求，建立各指标的评价标准。对 3 个功能指标的赋值在 1~3，每个次级指标的因素（x）可用数值 1、2、3 来表示低、中、高。数值越大表明该因素对含水层（系统）的水资源可持续利用越有益。根据总体评估指标的评估结果，将其数值划分为 4 个等级：1~1.5、1.5~2、2~2.5、2.5~3。本质功能指标的 4 个等级称为低、较低、较高、高；社会经济管理指标的 4 个等级称为最敏感、较敏感、敏感、不敏感；法律效应指标的 4 个等级称为不和谐、较和谐、和谐、最和谐。根据跨界含水层（系统）评估指标体系的结构特点，因素指标（x）与次级指标（I_x）之间的关系为

$$I = (x_1 + x_2 + x_3 + \cdots + x_i) / n \quad i = 1, 2, \cdots, n \tag{11-1}$$

其中，I 为对应于该因素的次级影响指标评价值；x_i 为第 i 个因素值。

对次级指标（I_x）与总体评估指标之间关系用加权平均法进行综合评价。

$$GBI = \sum_{j=1}^{m} \omega_j I_j \quad j = 1, 2, \cdots, m \tag{11-2}$$

其中，GBI 为被评价对象指标的综合评估值；ω_j 为与评价指标 I_j 相对应的权重系数（$0 < \omega_j < 1$）；I_j 为对应的评价影响因子指标。

式（11-2）的关键在于确定评价指标的权重系数。评价指标的权重是指被评价对象对上级指标影响程度的大小。采用客观赋值法中的熵值法来确定权值。

目前，中国的一些专家学者运用该评估指标体系，对澜沧江—湄公河流域的跨界含水层（系统）资源、环境、社会经济、法律等方面的复杂问题进行分解、概化，进行了综合评价。通过相关文件、图件、文献等获取 4 个跨界含水层（系统）的因素（x）的信息，根据这些信息对含水层（系统）的影响程度赋予指标因素的定量化数值（1、2、3），并在此基础上运用指标评价体系模型对澜沧江—湄公河流域跨界含水层（系统）的各个功能指标进行评价。各项综合评估指标分别见表 11-3~表 11-5。

表 11-3 本质功能指标

次级指标	因素	A1	A2	A3	A4
	地下水年平均补给速率	3	3	2	3
	含水层存储能力	1	2	2	3
地下水本质特征	地下水天然水质	2	3	1	1
	含水层敏感性	2	2	2	1
	$I_{IV} = (x_1 + x_2 + x_3 + x_4) / 4$	2	2.5	1.75	2
	生活饮用水依赖地下水程度	3	2	1	3
人类与环境对地下水依赖程度	农业和其他用水依赖地下水程度	2	2	1	2
	生态用水依赖地下水程度	2	2	2	2
	$I_{HE} = (x_1 + x_2 + x_3) / 3$	2.33	2	1.33	2.33
	地下水污染	1	3	2	1
地下水脆弱性	地下水消耗	2	3	1	3
	气候变化对含水层的影响	2	3	2	3
	$I_{VS} = (x_1 + x_2 + x_3) / 3$	1.67	3	1.67	2.33
GBI	$GBI = \sum_{j=1}^{3} \omega_j I_j \ (\sum_{j=1}^{3} \omega_j = 1)$	2.23	2.82	1.71	2.28

表 11-4　社会经济管理指标

次级指标	因素	A1	A2	A3	A4
2-1 社会经济驱动力	经济可持续发展程度	1	1	1	3
	经济结构变化程度	2	1	1	2
	可持续发展体系完善程度	3	1	2	2
	农业发展程度	3	3	3	3
	国家或地区的安全机构完善程度	2	2	2	3
	$I_1 = (x_{11}+x_{21}+x_{31}+x_{41}+x_{31})/5$	2.2	1.6	1.8	2.6
2-2 经济手段	水价变动	1	1	1	2
	经济刺激	2	1	1	1
	$I_2 = (x_{12}+x_{22})/2$	1.5	1	1	1.5
2-3 经济管理	参与国际水资源市场管理程度	1	2	2	2
	水资源经济管理体系	2	2	1	3
	主产业的扩展程度	3	1	2	2
	副产业的发展程度	3	2	3	3
	$I_3 = (x_{13}+x_{23}+x_{33}+x_{43})/4$	2.25	1.75	2	2.25
Y	$Y = \sum_{j=1}^{3} \omega_j I_j$ $(\sum_{j=1}^{3} \omega_j = 1)$	2.19	1.65	1.9	2.41

表 11-5　法律和规则指标

次级指标	因素	A1	A2	A3	A4
国际合作	跨界含水层国家达成的协议	2	2	1	2
	其他有关水体达成的协议	3	2	2	3
	国际上认可的有关国际河流的合约关系	2	1	2	2
	参与跨界含水层的项目	1	1	1	1
	$I_C = (x_1+x_2+x_3+x_4)/4$	2	1	1.5	2
法律体系	水法	2	2	2	1
	地下水规章	3	2	2	1
	水源地规则	3	1	1	1
	涉及地下水合作的组织	2	2	2	2
	$I_L = (x_1+x_2+x_3+x_4)/4$	2.5	1.75	1.75	1.25
GBI	$GBI = \sum_{j=1}^{2} \omega_j I_j$ $(\sum_{j=1}^{2} \omega_j = 1)$	2.21	1.68	1.65	1.85

根据总体评估结果，澜沧江下游含水层（系统）是较高、敏感、和谐含水层（系统）；湄公河中游跨界含水层（系统）是高、较敏感、较和谐含水层（系统）；呵叻高原跨界含水层（系统）是较低、较敏感、较和谐含水层（系统）；湄公河三角洲跨界含水层

（系统）是较高、敏感、较和谐含水层（系统）。澜沧江下游含水层（系统）3 个功能指标都处于第 3 等级，可见该含水层（系统）在水资源利用各个方面比较好；湄公河中游跨界含水层（系统）本质功能好，但在社会经济管理、法律效应方面有不足的地方，因此应加强社会经济的可持续性以及国际的合作；呵叻高原跨界含水层（系统）3 个功能指标都处于第 2 等级，这就提醒跨界含水层（系统）国家注意提高供水能力，控制减少污染，做好经济机构规划，加强国际合作以及完善法律体系；湄公河三角洲跨界含水层（系统）在本质功能指标和社会经济管理指标方面较好，但是在法律效应方面有待加强。从 4 个跨界含水层（系统）评价来看，有 3 个跨界含水层（系统）的法律效应指标偏低，因此建立国家之间的合作机制以及含水层（系统）法律管理制度是管理跨界含水层（系统）的迫切需求。

11.3 跨界含水层（系统）资源管理与保护

11.3.1 建立跨界含水层（系统）开发利用的国际公约

从法律层面来看，跨边界含水层（系统）的法律管理是实现其水资源价值和可持续利用的有效手段，在综合管理水资源中具有基础性地位。基于跨界含水层（系统）生态系统的整体性，要求相关流域国联合起来对跨界含水层（系统）进行一定水平上的统一管理，由于涉及主权等因素，必然由相关的国际条约对相关事宜做出规定，这是由跨界含水层（系统）的性质决定的。如同跨界河流等其他跨界水资源一样，因为涉及不同国家的国家主权，在开发利用及保护方面均需要制定有关条约，事实上，在过去的 50 年中，国际社会签署了 157 项有关跨国界水资源问题的双边或多边条约，其中一部分涉及地下水，但还没有专门针对跨界含水层（系统）中的地下水管理的法律法规。但是，由于立法体系的不健全以及基础性研究的缺乏，政府管理部门以及普通公民对跨界含水层（系统）的现状、问题的认识都存在很大的局限性，在实际工作中也忽略了对跨边界含水层（系统）的管理和保护。世界各地区的含水层（系统）具体条件的多样性和复杂性，决定了各国内部所使用的有关含水层（系统）的法律法规通常只能用于制定国际跨边界含水层（系统）管理法规时的参考。目前还没有形成针对跨国界含水层（系统）管理的法律。一些共享跨国界含水层（系统）的国家已经在为达成法律一致性这个目标而努力。

在国际社会，国际法委员会于 2002 年将"跨界自然资源"作为逐渐编纂和发展的专题列入工作方案。这一专题主要包括地下水、石油和天然气。国际法委员会决定采取逐步着手的办法，先集中审议地下水问题，以接续委员会以前就编纂地表水法所开展的工作。国际法委员会随后加强了对跨界含水层（系统）问题的研究，多次组织并听取地下水专家介绍情况，以了解含水层（系统）的专业知识，并任命山田中正为特别报告员。特别报告员先后提出了五次报告。2006 年，国际法委员会在其第 58 届会议上一致通过了关于跨界含水层（系统）法的 19 个条款草案及其评注，将其转发各国政府，以征求评论和意见以及条款草案的最后形式。在联合国大会第六十一届（2006 年）和第六十二届（2007 年）

会议上，在联大第六委员会辩论国际委员会报告期间，各国政府提出了他们的口头意见，并按照国际委员会的要求向秘书长转交了书面意见。各国政府对一读通过的条款基本赞成，表示支持，提出了改进的建议。其中，对于有关跨界含水层（系统）的工作和有关石油与天然气的工作之间关系问题，绝大多数的意见认为，跨界含水层（系统）法的处理应该不以委员会今后任何有关石油和天然气问题的工作为转移。对于条款草案的最后形式的问题，各国政府的意见有分歧。有些政府支持在法律上具有拘束力的文件，也有些主张将其制定为在法律上不具拘束力的文件。而且国际法委员会于 2007 年在等待各国政府答复期间，处理了关于跨界含水层（系统）的工作和关于石油与天然气的工作之间关系问题。2008 年，在国际法委员会第六十届会议上审议了各国政府提出的各种意见，二读通过包括 19 个条款草案的跨界含水层（系统）法修订案文，通过了《跨界含水层（系统）法条款草案》的二读文本，并于 10 月 27 日正式提交联合国大会。随后，作为对国际法委员会将《跨界含水层（系统）法条款草案》二读（以下简称为《条款草案》）提交联合国大会的配合，联合国教科文组织于 2008 年 10 月推出了第一份跨界含水层（系统）世界地图，这份地图详细地显示了全世界至少为两个国家所共同享有的含水层（系统）的分布情况，同时还包括水质和耗减速度等信息。到目前为止，联合国教科文组织的地图上列出了 273 个跨境含水层（系统），其中 68 个在美洲，38 个在非洲，65 个在东欧，90 个在西欧，12 个在亚洲。这份跨界含水层（系统）地图被称为 "蓝金地图"（The Map of "Blue Gold"），充分表明了人们对跨界含水层（系统）重要性的认识。《跨界含水层（系统）法条款草案》在 2008 年联合国大会并未获通过，并未被签署为国际条约，故其迄今为止仍为条款草案，是不具备国际约束力的文件，但该条款草案的通过将对跨界含水层（系统）法的发展起到重大的推动作用。

随着对跨界含水层（系统）的日益重视，在开发和利用跨界含水层（系统）的问题上，存在着一些纠纷和分歧，所以制定规范跨界含水层（系统）或含水层（系统）系统的使用和管理的法律显得很有必要。1997 年通过的《国际水道非航行使用法公约》，虽然在权力范围上覆盖到了地下水，但是很有限。2002 年，联合国国际法委员会（UNILC，International Law Commission of the United Nations）在联合国教科文组织国际水文计划（UNESCO-IHP）的援助之下，进行了为期 6 年的跨界含水层法草案的准备，在多次组织听取各方专家意见和征求讨论意见后，在 2008 年完成了 19 条条款的制定。2008 年 12 月 11 日，在联合国大会的第 63 次会议上，联合国大会在未投票的情况下采纳了该项草案，并加入了《跨界含水层（系统）法条款草案》。草案中提出了有关国家就保护和利用跨界含水层（系统）的合作内容和合作机制，这些内容将对跨界含水层（系统）的保护和利用提供重要的指导作用。在过去的 50 多年中，签订了近 200 项有关跨国界水资源问题的双边或多边条约，其中仅有一部分涉及地下水，还没有专门针对跨界含水层（系统）中的地下水管理的法律法规。一些共享跨国界含水层（系统）的国家已经在为达成法律一致性这个目标而努力。

11.3.2　跨国合作及管理

至今还没有一个综合管理跨界含水层（系统）的制度被大家普遍接受，跨界含水层

（系统）地下水正趋于由流域管理委员会托管，然而地下水不同于跨界河道的水流，并不能严格控制它的补给和排泄。美国、墨西哥于 1944 年成立了国际边界河流水资源委员会（International Boundary and Water Commission，IBWC），该委员会由分别位于两国边境城市的分委员会构成。跨界的地下水资源也逐渐归该委员会所管辖，尽管双边水条约或协议很少，但是在国际边界河流水资源委员会的管理下，很好地解决了出现的地下水问题。国际共享含水层（系统）资源管理计划通过促进各种官方或非官方的组织机构合作完成，进一步推进含水层（系统）的管理和研究。在联合国教科文组织国际水文计划和中国地质调查局的合作之下，对亚洲地区跨界含水层进行了详细调查。其中，在以中国为重点的跨界含水层（系统）研究中，现已查明跨界含水层（系统）或跨界含水层（系统）10 处，这表明充分开发和利用跨界含水层（系统），加强沟通与合作是很有必要的。2006 年 10 月在北京召开的第 34 届国际水文地质大会期间，联合国教科文组织主持召开了有关亚洲跨界含水层（系统）的专题研讨会，中国和俄罗斯两国水文地质学家首次就黑龙江—阿穆尔河中游盆地的水文地质条件和地下水资源的开发利用问题进行了面对面的研讨和交流，研究表明中俄跨界含水层（系统）基本保持天然状态，松花江事件发生后，含水层（系统）没有受到污染。会上中俄双方表达了今后进一步加强交流和合作的意向。

11.3.3　注重建立专门的跨界含水层（系统）管理机构

在水文实践中，有的跨界含水层（系统）完全独立，有的尽管与地表水相关联，但也并不完全一致，因此，有必要独立管理含水层（系统），建立相应的管理机构。目前，跨界含水层立法已经开始向这一方向发展。欧洲经济委员会《地下水管理宪章》第 6 条第 2 款规定："（水务局或其他管理机构）对于地下水管理的地域权限，不仅应限于集水区，而应当在适当的情况下考虑包括含水层（系统）的管理。"1999 年欧洲经济委员会《关于水和健康的议定书》第 6 条第 5 款明确要求"制定跨国、国家或当地的水管理计划，最好是在集水区和地下含水层（系统）的基础上"。此外，1992 年国际水与环境大会上通过的《都柏林宣言》也申明"有效的管理与横跨整个集水区或含水层（系统）的土地和水的利用相联系"。同时，环境与发展大会通过的《21 世纪议程》也强调"让所有的国家确立制度性安排，以统一的方式保证集水区或地下含水层（系统）资料的有效收集"。对于少数含水层（系统）而言，建立专门的跨界含水层（系统）管理机构已有相关的实践。在欧洲，为管理法国、瑞士边界的含水层（系统），法国、瑞士两国通过协议设立了管理局管理该地区地下水的水质、水量、抽取和补给。在非洲，为研究和开发努比亚砂岩含水层（系统），埃及、利比亚、苏丹和乍得等国在 20 世纪 90 年代初通过协议建立了一个联合管理机构，该机构负责收集、更新数据，进行研究，制定水资源开发和利用的计划和方案，实施共同的地下水管理政策，培训技术人员，定量分配含水层（系统）的水，研究水资源开发方面的环境效应。在南美洲，建立管理和保护瓜拉尼含水层（系统）的体制性框架已成为全球环境基金资助项目的组成部分。在亚洲，以色列和巴勒斯坦将中东约旦河西岸含水层（系统）的用水配额问题作为巴以和谈的重要内容交由水务委员会进行磋商。

上述多边和双边层面的实践体现了含水层（系统）正在被视为一个要求全面管理的独

立单位，国家越来越倾向于承认跨界含水层（系统）的共享本质，并采用制度化合作的形式对其进行利用和保护。长期以来，联合管理机构在地表水的管理实践中发挥着重要的作用，对于地下水而言，借鉴这种有益的经验正在成为一种尝试。

参 考 文 献

韩再生，王皓. 2006. 跨边界含水层（系统）研究. 地学前缘，13（1）：32-39.

张宗祜，李烈荣. 2004. 中国地下水资源. 北京：中国地图出版社.

祝国瑞，郭礼珍，尹贡白，等. 2001. 地图设计与编绘. 武汉：武汉大学出版社.

Alaerts G J, Khouri N. Arsenic contamination of groundwater：Mitigation strategies and policies. Hydrogeology Journal，12：103-114.

Institute of Hydrogeology and Engineering Geology, Chinese Academy of Geological Sciences. Hydrogeological Map of Asia 1：8 M. Beijing：Geological Publishing House.

MacDonald A M. 2009. Mapping groundwater development costs for the transboundary Western Aquifer Basin, Palestine/Israel. Hydrogeology Journal，17：1579-1587.

Mukherji A, Shah T. 2005. Groundwater socio-ecology and governance：A review of institutions and policies in selected countries. Hydrogeology Journal，13（1）：328-345.

Puri S. 2001. Internationally shared（transboundary）aquifer resources management—A framework Document // IHP-VI non serial documents in hydrology, Paris, France：UNESCO，9-36.

Puri S. 2005. Transboundary Aquifer：A global program to assess, evaluate and develop policy. Ground water，43（5）：661-668.

UNESCO. 2015. World water development report：Water for people, water for life. UNESCO and Berghahn Book, Barcelona.

United Nations. 2006. Water：A Shared Responsibility. The United Nations World Water Development Report 2，3，http：//www. unesco. org/publishing.

UN. 1986. Groundwater in Continental Asia（Central, Eastern, Southern, South-eastern Asia）//Natural Resources/Water Series, New York.

UN. 1987. Water resources development in Asia and the Pacific：Some issues and concerns//Water Resources Series, New York.

Zektser I S, Everett L G. 2004. Groundwater resources of the World and their Use. UNESCO IHP-VI, Series on Groundwater No. 6.

第12章　地热资源持续利用与保护

12.1　地热能利用的优势

地热资源的利用方式主要是地热发电和直接利用（供暖、洗浴等），其中，地热发电按照载热体类型的不同，可划分为蒸汽型、热水型和干热岩型三大类。随着全球能源供应的不断紧缺以及环境压力的逐渐增加，地热能作为一种新型的绿色可再生能源，在国际上受到了越来越多的关注。至2010年，全球可再生能源已经能够满足国际能源消耗的16.7%。其中，现代可再生能源（风能、太阳能、地热等）占大约8.2%，这一比例近年来有所增加（据 *Renewables* 2012：*Global Status Report*）。同风能、太阳能等其他新型可再生能源相比，地热能发电具有一定的优势，具体如表12-1所示（Li，2013）。

表 12-1　各项可再生能源的优缺点对比（Li，2013）

可再生能源	太阳能	风能	水力	地热
	资源评估容易	成本低	效率高	效率较高
	易于模块化	资源评估容易	成本低	容量因子高
	易于安装	易于模块化	容量因子高	成本较低
优点	对环境影响小	易于安装		不受天气影响
	易于扩大规模	对环境影响较小		
	施工时间短	易于扩大规模		
		施工时间短		
	效率低	容量因子低	初始投资额高	初始投资额高
	成本高	受天气影响严重	施工时间长	投资回收期长
缺点	容量因子低	占地面积大	投资回收期长	施工时间长
	受天气影响严重			资源评估艰难
	占地面积大			难以模块化

从表12-1可知，地热能具有稳定性强、不受天气的影响、热效率较高等优点，但其总装机容量却远远小于太阳能和风能。考虑到近年来环境问题的逐渐恶化以及对清洁能源的需求量逐渐增大，地热能的开发具有十分重要的现实意义。

图12-1和表12-2为2009年至2011年的三年内，太阳能、风能、水能和地热能四项新型可再生能源的资源量、装机容量以及增长值的对比。不同的参考文献得到的资源量数据存在较大的差异，根据WEA 2000年的资源量数据，在四种可再生能源中，地热能拥有最大的资源量。因此，大力研发地热能开发新技术，积极推广地热能的开发利用，对于缓

解当今的环境问题和能源压力、促进生态文明建设都具有重要的现实意义和长远的战略意义。

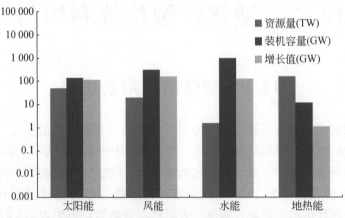

图 12-1　资源量、装机容量和增长值的对比图（2009～2011 年）

表 12-2　2009～2011 年资源量、装机容量和增长值的对比（Li, 2013）

可再生能源	资源量/TW	装机容量/GW	增长值/GW
太阳能	49.9	139	116
风能	20.3	318	159
水能	1.6	1000	125
地热能	158.5	12	1.1

12.2　地热能利用存在的问题

12.2.1　地热直接利用存在的问题

地热资源的直接利用是指利用中低温地热资源进行采暖、制冷、医疗、旅游、工业烘干和农业养殖等。经过长期的发展，亚洲地热能的直接利用已经从小范围的独立使用，逐步演变为大规模的工程。截至 2010 年，中国地热资源直接利用总装机容量为 3 687 MWt，能量使用约为 45 373 TJ/a（12 605 GWh/a），位居世界第一。

与地热能发电利用相比较，直接利用存在多方面的益处，例如：①直接利用的热效率为 50%～70%，而发电利用的热效率仅为 5%～20%；②直接利用的投资小且周期短；③无论高温或低温地热资源均可进行直接利用。

因此，直接利用在国际范围内得到了广泛的应用。然而，地热能的直接利用也由于技术和环境的因素，存在一些不足和问题，具体分析如下。

（1）地域的限制。地热资源直接利用常常受到地域的限制，因为地热蒸汽或热水传输的距离大多都不远，一般直接利用均在地热田的附近进行，而地热发电则可将电力传送到很远的地方。

（2）直接利用的地热资源评价工作仍存在一定的误差。截至目前，直接利用的地热资源量评价工作仍然存在较大的误差，从不同的报告和机构获得的数据看，没有统一的规范，存在较大的差距，资源评价的准确性还有待进一步论证。

（3）地源热泵质量参差不齐，推广受阻。尽管目前地源热泵发展迅猛，但是存在地源热泵工程质量良莠不齐的问题。近年来，随着地源热泵在亚洲各国的迅速发展，地源热泵生产、集成开发企业大量涌现，产品、工程质量参差不齐，再加之一些地源热泵集成商专业程度低、盲目追求系统规模，导致不少地源热泵项目不能达到原有的节能效果，地源热泵推广受到一定影响。

（4）过度开采忽视尾水回灌。目前亚洲各国地热生产井绝大多数为单井，只采不补的现象造成地热水位持续下降，严重影响资源的可持续利用，局部地区甚至可能出现资源枯竭等环境问题。

（5）地热资源开发利用率低。地热资源开发利用水平低，导致资源浪费严重。地热资源开发利用规模化、产业化水平不高，热能利用率低，资源浪费比较严重。开采地热水回收率低，利用方式单一，弃水量大，温度高。由于梯级利用和"一采一灌"的开采回灌制度没有得到普遍实施，废弃了大量的高温、高溶解固体总量地热水，不仅造成资源浪费，还对周围环境和地下水造成一定污染。

（6）政府和投资者扶持力度不够。截至目前，政府对于地热资源的直接利用鲜有兴趣。在美国，政府的投资主要集中在促进发展增强型地热系统（Enhanced Geothermal Systems，EGS）方面。而对于传统的地热资源直接利用技术的鼓励机制甚少；对于地源热泵，美国一些州政府还存在一定的税收鼓励政策，例如俄勒冈州。此外，由于大多数的地热资源直接利用项目规模都较小，因此，很少有投资者对这类项目感兴趣。

（7）专业人才紧缺。由于地热资源直接利用的方式较多，寻找和培养一批对于各种地热资源直接利用方式都深入了解的专家和学者也具有一定的难度，地热资源的合理开发与利用需要越来越多复合型人才的参与和支持，只有这样，才能真正做到产学研相结合的发展模式。

12.2.2　制约地热发电的主要因素

由于 20 世纪 70 年代国际的石油危机，许多国家展开了地热能源开发方面的研究，应用地热发电的投资迅速增加。目前，国际已有 20 多个国家进行地热资源商业开发，地热电站约 250 座，装机容量 11.2 GW（图 12-2）。其中，从 1995 年到 2013 年，亚洲地热发展进入迅猛发展期。近年来，菲律宾对地热资源进行了卓有成效的开发与利用，在地热发电装机容量方面一直位居世界第二，日本排在第六位，印度尼西亚的地热发电能力也达到 1197 MW，位居世界前列。而作为亚洲地热大国，中国在地热迅猛发展期并没有跟进国际热潮，地热装机容量基本停滞不前（表 12-3，表 12-4）（Bertani，2010，2012）。

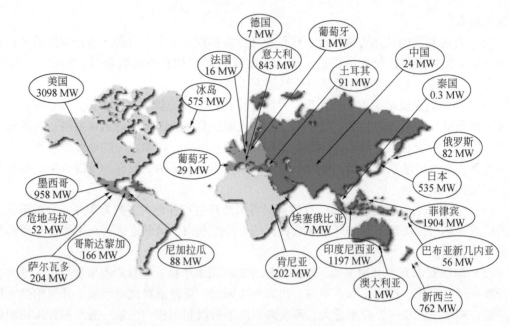

图 12-2　2012 年国际地热发电装机容量分布图（11.2 GW）

表 12-3　亚洲部分国家各种类型地热电站数量及容量（Bertani，2010）

国家	背压式		双工质		1-闪蒸		2-闪蒸		干蒸汽		合计	
	MW	数量	MW	数量	MW	数量	MW	数量	MW	数量	MW	数量
中国							24	8			24	8
印度尼西亚	2	1			735	14			460	7	1 197	22
日本			2	2	349	14	160	3	24	1	535	20
菲律宾			209	18	1 330	31	365	7			1 904	56
泰国							0	1			0	1

表 12-4　1995～2015 亚洲部分国家地热发电装机容量变化（Bertani，2012）

单位：MW

年份	1995	2000	2005	2010
菲律宾	1 227	1 909	1 930	1 904
印度尼西亚	310	590	797	1 197
中国	29	29	28	24

　　亚洲各主要国家和地区的高温地热资源经过 30 多年的开发实践，先后出现过腐蚀、结垢、滑坡、坍塌以及资源枯竭等问题，严重影响了电力生产及有关企业的运营。

　　（1）腐蚀。腐蚀是高温地热资源开发中常见的问题之一。地热流体成分中普遍含有的 H_2S 及侵蚀性 CO_2，以及高温热卤水、高溶解固体总量，这些都会对地热井管及输送管线造成腐蚀。尤其是当地热系统中出现漏水或排放时，空气中的氧进入到系统内，将会大大加剧对金属的腐蚀。长期以来，研究人员对这一难题进行了大量试验和数值模拟等研究，取得不少进展，但未能解决该问题。有的国家或地区因腐蚀问题严重，难以预防和排除，因而放弃对地热田的开发利用。如中国台湾北投大屯火山区马槽地热田，钻孔记录的最高温度接近 300℃，生产井关井时最大井口压力为 12 kg/m²，表明该地热田具有很大的资源潜力，但由于地热流体的 pH 很低，仅为 2.9，使得地热流体具有很强的腐蚀性，因此不得不放弃对该地热田的开发。

（2）结垢。结垢也是高温地热资源开发中普遍存在的问题之一。由于一些地热田地热流体的化学成分复杂，当地热流体由深部热储层运移上升到地表或通过管道输送时，由于温度和压力降低，地热流体中的 $CaCO_3$、SiO_2 等易于析出，因而在井壁和输水管线内形成结垢。现列举地热电厂若干实例如下：①日本北海道的森地热电厂，某生产井井深 2 733 m，最高温度 280℃，流量 173 kg/s，由于地热流体中方解石饱和，在蒸汽生产过程中井内发生 $CaCO_3$ 结垢。1988 年，由于富含 Mg 的低熔地热流体进入井孔的排出物中，发生蒙脱石结垢，这成为森地热电厂生产的一大难题，严重影响了生产进程。②日本大岳地热电厂因输水管道产生结垢使蒸汽产量明显减小而限制了发电量。③日本 Uenotai 地热电厂，由于地热流体中 SiO_2 含量高，汽轮机发生结垢。④日本澄川有许多回灌井由于套管结垢、井孔周围断裂结垢、套管破损以及注入压力过大等问题，回灌能力减小。⑤菲律宾蒂威地热田存在因温度下降导致回灌井发生硅结垢问题。⑥印度尼西亚卡瓦卡莫将地热电厂在运行过程中，当水热系统冷却及析出 CO_2 时，发生矿物沉淀，水热系统的渗透率随时间而降低。

以上各热田在不同时间、不同程度上发生的结垢问题，由于及时采取相应措施，已先后获得解决方案。如日本北海道的森地热电厂由于应用结垢抑制剂（聚丙烯酰胺钠），$CaCO_3$ 结垢问题得到解决。Uenotai 地热电厂在蒸汽系统中装了一台喷雾装置，降低了硅浓度，有效地防止了汽轮机结垢。卡瓦卡莫将地热电厂应用充电法及重力资料解释结果进行周期性（水力）压裂或回灌，使渗透率保持恒定。

（3）滑坡、塌陷等地质灾害。滑坡、塌陷、地裂缝、地面沉降等地质灾害在亚洲现代火山区的高温地热田开发中常常发生，主要发生在呈大面积分布的水热蚀变地面。据 Pioquinto 和 Caranto 2005 年所述，在菲律宾国家石油公司（PNOC-EDC）的地热田，滑坡及边坡崩塌等地质灾害分布普遍。这类地热田通常位于火山区，以高山地貌、地形崎岖以及高降雨量为其特征。由于存在软弱的蚀变黏土，会在地面及斜坡上见有喷气孔和热泥塘，从而使这类灾害进一步加重。由于滑坡造成的严重后果，菲律宾国家石油公司的基础设施被破坏，对地热电厂的运行造成巨大威胁，有些管道被折断，地热井台被掩埋，电厂停产，使公司收益受到严重损失。

（4）资源枯竭。过量开采地资源会导致资源枯竭等严重后果，直接影响地热田的寿命和可持续开发，这是许多地热田面临的重大问题，也是普遍关注的问题。地热资源是大自然赋予人类的宝贵财富，是在长时期地质演化过程中形成的，如无节制地大量开采，必将导致水位持续下降，由初期开发时的自流下降到地下数十米甚至百米深处，如不及时采取回灌、严格控制地热水和地热蒸汽的开采量，其后果不堪设想。

菲律宾的汤加纳电厂通过海底电缆由莱特分别输电到宿雾和吕宋岛。为了向地热电厂输送足够的地热蒸汽，以保证电厂的正常运转，地热蒸汽的开采量不断增加。为解决地热资源天然补给量日益短缺的问题，菲律宾采取了回灌措施，一旦减少回灌量，就将严重影响电厂生产。汤加纳地热田蒸汽开采量增加导致热储发生变化，并影响到蒸汽生产（Seastres et al.，2010）。为保证汤加纳热储蒸汽的可持续生产，不得不在该热田采取持续回灌措施。观察表明，当热储的总回灌量减少50%以上（即由1997年8月的1845 kg/s减少到1999年6月的830 kg/s），如不能及时补充足够的流体，汤加纳热储将被抽干，热田的蒸汽量和电厂生产将受到严重影响。可见，采取持续回灌措施、不断向热储补充流体是十分必要的。

近年来，干热岩（Hot Dry Rock，HDR）及增强型地热系统（EGS）越来越受到各国的重视。2013年，美国能源部发布了EGS路线图，要在2020年前建造5 MW的EGS地热示范电站，在2030年前实现商业化运行。德国、瑞士、澳大利亚等国的增强型地热系统发电已进入稳定运行阶段。在亚洲，日本自1985年以来在山形县Hijiori试验场开展了干热岩工程。在1991年，通过3个生产井和1个回灌井成功从1800 m深的地层中提取出能量，热功率达8 MW。韩国也开始了干热岩发电计划，一个为期五年的EGS先导项目在2010年底已经启动，根据韩国地热协会预计，截至2020年，EGS发电站的装机容量有望达到20 MWe；至2030年，容量有望达到200 MWe。中国开展了全国的干热岩资源估算，显示其陆区3~10 km范围内干热岩资源潜力巨大，并在青海共和盆地、贵德取得了干热岩资源勘查突破，3 000 m深度处成功钻取到了181℃的高温花岗岩体。然而，EGS发电目前还是处于概念阶段，仍然难以规模化、工业化，在技术经济性方面尚需提高。

12.3　地热能利用保护建议

1. 大力加强地热资源勘查工作，为地热发电提供后备能源，推进地区地热发电

美国等国家在20世纪70年代就已完成地热资源勘探与评价，其地热发电利用近年来发展迅猛。而亚洲各国目前面临的主要问题是地热资源评价不完善，商业跟进十分困难，与此同时，风能、太阳能的资源评价相对简单，发展迅速。因此，要重点加强空白区高温地热资源勘查工作，评价地热资源储量及发电潜力。同时，要开展重要中低温地热资源区的地热发电潜力评估与科学利用，推进亚洲各国中低温地热发电进程。

干热岩或增强型地热系统，目前还是处于概念阶段，欧美经过几十年的研究仍然难以规模化、工业化，可见其难度之大，需要采用超常规的理念和办法才有可能实现真正的突破；目前EGS存在的主要问题有技术和成本两方面，而这两者又是相互关联的。因此，当前的重点工作应以勘查与示范工作为主，查明地区干热岩资源的分布情况，圈定重点开发靶区，开展干热岩资源开发利用示范。

2. 继续推广地源热泵技术，持续推进地热资源直接利用

目前地热能直接利用的前沿领域技术主要为以下三个方面：地源热泵技术、地热制冷空调技术以及地热能梯级综合利用技术。其中，地源热泵目前已经成为地热资源直接利用技术中发展最为迅速的一项，因为它可以在国际任何地区，利用常规的地面和地下水的温度进行供暖和制冷。EGC 2013会议更是将地源热泵从地热直接利用脱离出来，单独列为

地热利用的一个领域。WGC 2010 数据表明，中国地源热泵装机容量已位列第二。近几年来，中国地源热泵更是持续以 30% 的速度增长，2012 年年底，中国推广应用面积已达 2.4 亿 m^2。今后应加大亚洲各国中小城镇地源热泵技术的推广，最大限度地有效利用地热资源。

3. 加快地热直接利用的集约化程度

地热资源的综合梯级利用有助于地热资源的有效利用和成本效益最大化。地热资源的综合梯级利用具有很多优势，但在开发的过程中也存在一些问题（Elíasson and Björnsson，2003）。

优点：

（1）在能源的营销和需求调整两方面，具有更大的通用性和灵活性。

（2）能源效率高，资源的使用合理，会有利于资源利用和环境可持续发展。

（3）阶梯式发展：早期资本投资较小，使得项目盈利更加容易，市场推广和长期规划亦变得更加容易。

（4）社会经济潜力巨大：更多的就业机会和中小型企业的参与。

（5）小型区域开发的理想选择。

（6）社会效益巨大。

缺点：

（1）增加了开发的复杂性和风险。

（2）控制和管理的复杂性增加。

（3）能源供应系统的维护更加困难。

（4）投资总额增大。

（5）盈利的可能性降低。

对于经历过矿物和石油等资源大规模开发的国家来说，一味的挖掘开采是惯用手段；但如果过度开采，便无法进行持续的利用。与石油、天然气等资源相比，地热资源需要更加谨慎细致有规划的开发和利用。地热综合利用涉及地热水开采、集输、利用和回灌等诸多环节，每一环节的能耗都对地热能利用环节的用能成本有直接影响。因此，上述诸多环节的用能过程应当进行一体化优化，对地热水在上下游工艺环节的参数进行合理配置。

4. 加大科研投入，解决制约地热开发利用的瓶颈问题，建立地热资源科学开发技术支撑体系，保障地热资源可持续开发利用

开展地热储增效与保护关键技术研究。包括单井测试技术、示踪技术、尾水回灌技术、防腐防垢技术、压裂与酸化技术、模拟计算技术等。目前，发达国家的地热防腐防垢技术、热储酸化改造技术均比较成熟，地热尾水的回灌率基本接近 100%。意大利的拉德瑞罗地热田、新西兰的怀拉开等地热田已经持续开发了 50~100 年，还在正常生产。亚洲分布有大面积的新生代砂岩热储和碳酸盐岩储层，目前还没有形成规模化开发利用技术，成为制约其可持续开发利用的主要技术瓶颈。新生代碳酸盐岩储层较易回灌，但一般采用的是对井回灌模式，尚未开展集中回灌试验，开采效率低，热田可持续性不强。这两类地热储是未来相当长时间内亚洲部分国家，尤其是中国地热产业的主要依靠对象。如果不能

建立起系统配套的热储开采技术，没有现成技术可以引进，势必阻碍地区地热产业的可持续发展。

开展高温地热发电出现的腐蚀、结垢问题的研究，提高地热利用率。包括合理选择耐地热水腐蚀的管材和采取防腐措施，如采用防腐涂层，以增加设备表面耐地热水腐蚀的性能，研究降低结垢的技术方法，如向地热水中加入添加剂以减少水中化学成分的沉淀；保持在密闭系统内运行等。

开展干热岩开发利用关键技术研究。深化基础理论研究和测评体系构建、CO_2-EGS 的研究，EGS 储层建造与人造热储监测验证技术（连通，热交换面，裂隙网络），特别是花岗岩，大体积（>1 km^3）人造热储的生成及优化控制，裂隙的分布连通，热交换能力、EGS 发电及配套工艺技术与设备 EGS 系统优化及预测技术干热岩勘查技术集成等。继续研发单项技术中的核心技术，并将分项技术进行集成和整体技术测试，建设 EGS 示范基地。

参 考 文 献

张发旺，程彦培，董华，等. 2012. 亚洲地下水系列图. 北京：中国地图出版社.

Aung T T. 1988. Geothermal resources of Burma. Geothermics, 17 (2-3)：429-437.

Bertani R. 2010. World update on geothermal electric power generation 2005-2009//Proceedings World Geothermal Congress 2010, Bali, Indonesia, April 25-30.

Bertani R. 2012. Geothermal power generation in the world 2005-2010 update report. Geothermics, 41：1-29.

Bhattarai D R. 1986. Geothermal manifestations in Nepal. Geothermics, 15：715-717.

Chuaviroj S. 1988. Geothermal development in Thailand. Geothermics, 17 (2-3)：421-428.

Dickson M H, Fanelli M. 1988. Geothermal R&D in developing countries：Africa, Asia and the Americas. Geothermics, 17 (5-6)：815-877.

Elíasson E T, Björnsson O B. 2003. Multiple integrated applications for low to medium-temperature geothermal resources in Iceland. Geothermics, 32 (4-6)：439-450.

Karul K. 1988. Geothermal activity in Turkey. Geothermics, 17：557-564.

Li K. 2013. Comparison of geothermal with solar and wind power generation systems//Thirty-Eighth Workshop on Geothermal Reservoir Engineering. Stanford University, Stanford, California, February 11-13.

Moon B R, Dharam P. 1988. Geothermal energy in India. Present status and future prospects. Geothermics, 17 (2-3)：439-449.

Philip W, Pioquinto C, Caranto J A. 2005. Mitigating the impact of landslide hazards in PNOC-EDC geothermal fields//Proceedings World Geothermal Congress 2005, Antalya, Turkey, 24-29 April.

Seastres Jr J S, Salonga N D, Saw V S, et al. 2010. Reservoir management strategies to sustain the full exploitation of Greater Tongonan Geothermal Field, Philippines//Proceedings World Geothermal Congress 2000, Kyushu, Tohohu, May 28-June 10.

Shuja T A. 1988. Small geothermal resources in Pakistan. Geothermics, 17 (2-3)：461-464.

Tong W, Liao Z J, Liu S B, et al. 1986. Present status of research and utilization of geothermalenergy in China. Geothermics, 15：623-626.

United Nations. 2010. World Energy Assessment：Energy and the challenge of sustainability (2000 UNDP), 507.

Vasquez N C. 2010. The economics of geothermal power development in the Philippines. Natural Resources Forum, 11 (2)：153-163.

结　语

中国国家主席习近平先后提出共建"丝绸之路经济带"和"21 世纪海上丝绸之路"的重大倡议，得到国际社会高度关注。国家发展和改革开放委员会、外交部、商务部联合发布了《推动共建丝绸之路经济带和 21 世纪海上丝绸之路的愿景与行动》（以下简称《愿景与行动》），标志着"一带一路"倡议的全面启动。

"一带一路"横跨亚欧非大陆，不是一个封闭的体系，没有一个绝对的边界，是一个开放、包容的国际区域经济合作网络，愿意参与的国家均可参加；是全球面积最大、人口最多、经济活动集中的区域，一头是活跃的东亚经济圈，一头是发达的欧洲经济圈，中间广大腹地则是国家资源丰富但经济发展相对滞后的亚洲中部国家。

"一带一路"的资源环境国际合作包括三方面。一是能源资源合作，加大煤炭、油气、金属矿产等传统能源资源勘探开发合作，积极推动水电、核电、风电、太阳能等清洁、可再生能源合作，加强能源资源深加工技术、装备与工程服务合作。二是水工环与地质灾害领域（生态文明建设）合作；在投资贸易中突出生态文明理念，加强生态环境、生物多样性和应对气候变化合作，共建绿色丝绸之路，严格保护生物多样性和生态环境。三是"一带一路"重点工作内容"设施联通"建设中，道路、桥梁、管道等大型基础设施工程所涉及的工程地质问题。

随着亚洲人口增长，社会、经济的快速发展，面临的资源与环境问题尤为突出，能源危机、资源短缺、环境恶化、地质灾害频发，尤其是极端气候条件下的河流干涸、地下水超采、地面沉降、岩溶塌陷、石漠化、淡水咸化及海水入侵、地下水水质变差、冻层区退化、土壤沙漠化、土壤盐渍化等，严重威胁着国家和地区乃至全球生存环境与经济可持续发展，水资源安全保障与地质环境优劣直接影响绿色丝绸之路的建设。

因此，亚洲地下水与环境问题研究是中国地质环境地下水与环境安全保障的战略需求，也是"一带一路"能够更好发展的重要保障。中国作为发展中的大国，21 世纪中叶将步入中等发达国家的行列，在应对全球变化尤其是亚洲经济一体化中环境变化方面需要做出应有的战略贡献。为此，需要我们通过国际合作研究，发展与亚洲同行的国际合作关系，全面分析地质环境的响应状况，开展亚洲地质环境与生态安全保障研究。综合掌控亚洲大陆地质环境及其时空变化规律，提升亚洲水文地质环境地质科学研究水平。特别是针对周边国家资源开发引发我国的环境地质问题，开展深入剖析和研究，为我国与亚洲各国经济协调发展，提供地质环境、地下水资源功能保障与环境保护科学依据，为"一带一路"倡议提供水资源与环境依据。

《亚洲地下水与环境》专著主要取得了如下创新性成果。

1. 系统分析了亚洲地下水的形成及特征

亚洲总面积 4 457.9 万 km^2，是世界上最大的洲。亚洲拥有世界上最高的高原——青藏高原（面积约 250 万 km^2）。由青藏高原和其北侧的蒙古高原发源，向东、西、南、北四个方向放射状发源许多世界级的大河，如黄河、长江、湄公河—澜沧江、恒河、鄂毕河—额尔齐斯河等。这些大河成为各地下水系统中地下水的补给来源和排泄渠道。本书对不同河流流域的地下水补给、径流、排泄特征进行了系统研究，阐明了亚洲地下水循环特征与规律，详细研究了地下水在亚洲不同地区的作用。

2. 注重在洲际尺度地下水资源与环境的规律性研究总结与探索

确立了符合亚洲实际的宏观尺度研究思想和理念，综合研究了亚洲地下水资源与环境规律，科学地分析了亚洲大陆地下水与周边洋系、地理纬度、气候水平分带和地势垂直分带的关系，对区域地下水含水层类型进行了重新划分，结合亚洲水文地质特征在原地下水三大赋存类型的基础上增加了"裂隙孔隙水"类型，即：松散岩类孔隙水、碳酸盐岩岩溶水、碎屑岩类裂隙孔隙水和其他岩类裂隙水四大赋存类型。厘定了地下水的产水能力，描述了具有开采意义的深层孔隙水、隐伏岩溶水和裂隙孔隙水；体现了冻融作用对地下水补给的影响。

3. 首次以洋系、气候地貌、水文地质构造单元和主要河流水系划分了亚洲 11 个一级地下水系统，36 个二级地下水系统

采用系统理论，以洲际尺度的构造、气候、地貌和水文地质结构为主要划分依据，按照地下水系统的划分符合系统要素的集合性、关联性和宏观目的性原则，遵循区域自然地理分带，考虑气候地貌、水文地质构造域的主体含水层系统空间分布的自然属性原则，地下水系统相对独立，按水循环系统、水动力系统、水化学系统的完整性原则，兼顾社会属性，有利于洲际尺度地下水系统资源评价与管理的原则，将亚洲划分为 11 个一级地下水系统和 36 个二级地下水系统。

4. 完整地评估了亚洲地下水资源数量与质量

用地下水渗流理论，揭示了含水系统的储水特征，分析了大气降水、地表水与地下水相互转化关系，以地下含水系统的储水特征与渗流条件，反映了松散沉积连续含水层与基岩裂隙、岩溶裂隙溶洞断续或零星的含水层地下渗流场差异。参照各大区（国家）的地下水资源评价结果，统一采用天然补给（径流）模数 $[10^4 \ m^3/(km^2 \cdot a)]$，对地下水天然补给资源量和可开采资源量做出了合理的评估，用区域水均衡法估算了亚洲地下水资源，地下水天然补给资源量 $46\ 777 \times 10^9 \ m^3/a$，地下水可开采资源量 $32\ 744 \times 10^9 \ m^3/a$，并详细阐明了亚洲不同地区地下水开发利用与结构构成，为世界地下水资源研究提供了可靠的资料依据。

针对人体健康的地下水质量情况，通过分析不同水文地球化学作用下的地下水中特定元素的水平分带和垂直分带，运用层次分析法对地下水质量进行评价。研究表明亚洲地下水质量分布具有较大的空间差异性，总体上呈现出从高低纬度向中纬度地区逐渐变差的趋势，由山麓至盆地中心或由山前至滨海逐渐变差。亚洲地下水质量也具有时间差异性，随着人类社会的工业等对地下水环境压力的加剧，近年来地下水质量有显著变差趋势，只有西西伯利亚平原等人口稀少地区水质保持稳定。

5. 对亚洲地热资源进行了分析和研究

分析了亚洲地质构造、火山活动等对地热资源分布的控制作用，将亚洲地热资源赋存

类型划分为现代火山型、隆起断裂型和沉积盆地型三种类型区，科学地反映了亚洲不同地热资源赋存类型及其分布规律，首次总结了亚洲地热及 3 000 m 深度的地温场状况，揭示了亚洲地热与构造、火山等地壳运动的密切关系。反映出具有代表性的地热出露特征，如温泉、热泉、热水井和大地热流值的分布情况。图件尚属首次编制，具有基础性和应用性，为地热资源研究与规划提供了基础资料依据。

6. 全面探索了亚洲跨界含水层（系统）地下水特征，并对跨界含水层地下水开发利用及和谐度进行了评价

从亚洲跨界含水层的分布格局出发，探索了亚洲跨界含水层的五个特征，即第一，跨界含水层（系统）纵横交错，没有国界。如：图们江三角洲含水层（系统）由中国、俄罗斯、朝鲜共有，形成利害相关的密切关系，决定了跨界含水层（系统）需要共同开发与保护。第二，跨界含水层（系统）同跨界地表水一样，具有两重属性。正是由于跨界含水层（系统）存在两重性，在每个国家对地下水都只有主权权利却没有国际义务的情况下则会因此而埋下直接利害冲突的种子。第三，跨界含水层（系统）具有多种功能。地下水的功能是以生活用水为主，兼及工农业用水。然而，在一定条件下，地下水又能起破坏作用，如：引起土地盐碱化，淹没矿井等。跨界含水层（系统）在特定情况下还可以作为跨界河流的补充，从而成为全面开发跨界水域的一个组成部分，并且它对于平衡国家之间的供水也有一定缓和作用。第四，跨界含水层（系统）具有隐蔽性。由于含水系统存在于地下，它不像地表水系那样可以直接观察到，所以要掌握其准确的资料、数据的难度就很大。跨界含水层（系统）遭破坏后是很难被发现的，而等到发现时，为时已晚。第五，地下水纵横交错成为多国共享水体。一国与跨界河流或含水层（系统）有关联的行动，可能对另一国水资源的质量或数量造成有害影响。当确定跨界流域的范围，以及流域一部分采取的行动与另一部分之间的因果关系时，认定这些情况的重要性显而易见。并针对这些特征开展了不同跨界含水层地下水开发利用及和谐度评价。

7. 对亚洲地下水与地表生态系统进行了系统分析

地下水具有资源功能和生态环境功能，它直接或间接供给人类社会和地表生态系统。随着经济社会的多元化进程加快，亚洲乃至全球资源短缺、环境恶化、地质灾害频发等系列重大问题，导致人类社会现代化的进程正面临着严重的环境危机。亚洲工业化和城市化的迅速发展所带来的资源与环境问题十分严重，加剧了土地沙漠化、土壤盐渍化、湿地退化、草地退化、河湖水量锐减，特别是地下水过度开采造成区域地下水水位持续下降带来的负面效应愈演愈烈，工农业及城镇废弃物对水土污染也在潜移默化地影响着人类赖以生存的地质环境。本书对地下水的变化产生的生态环境的影响进行了全方位、多层次、正面和负面的研究，提出了合理利用地下水资源和更好地保护生态环境与遏制负面效应，构建人与自然资源及环境和谐关系的措施，揭示了地下水与地表生态系统、地质环境、社会经济之间的关系，并以此深入评价了地下水的资源和环境价值，为区域地下水可持续开发利用和环境保护提供理论依据。

8. 阐明了地下水开发过程的地质环境效应

亚洲地区地下水的大量甚至过度开采，已经引起了一系列的地质环境问题，在近几

年，这些地质环境问题甚至威胁到了人类的生命安全。如：地面沉降降低了城市排水防洪功能，使沿海地区城市海水倒灌，破坏道路、桥梁、地下管线、房屋建筑，对城市安全运营带来巨大威胁。矿区采空塌陷和地裂缝造成塌陷区内建筑物倒塌、耕地破坏、地下水强烈下泄、井水干枯等一系列危害，并造成了巨大的经济损失。岩溶塌陷使交通、矿山、水电工程、军事设施、农业生产及城市建设等各个领域深受其害。海水入侵导致沿海地区水质恶化，工业农业和生活用水水资源减少，土壤生态系统失衡，耕地资源退化，使工农业生产受到危害，危害人类健康，导致生态环境进一步恶化。

9. 提出了地下水资源管理与保护措施

近 20 年，约旦河流域、底格里斯河流域、幼发拉底河流域，以及尼罗河流域的水资源问题已成为国与国之间分歧（冲突）的导火线；而亚洲最易发生水争端的是南亚，南亚国际河流水的争端此起彼伏；特别是人口的急剧增加，环境日益恶化，水资源匮乏与需求矛盾日趋尖锐，成为各国政府关注和迫切要解决的热点问题。截止到 2010 年，全球地下水开采排名前 10 名的国家中，亚洲占 6 个，亚洲的地下水资源形势更加严峻。针对这些问题，提出了地下水资源管理与保护的 6 个具体措施，即：实现统一管理，有效合理地利用和分配地下水资源；加强地下水资源的水质、水量和水生态环境的保护，实现地下水资源的可持续利用；预防不良的环境地质问题，保障城市生活、工农业生产以及生态环境的可持续用水；提高水污染控制能力，提高污水资源化的利用水平；改革水资源管理体制并有效提高水资源科学管理水平；加大地下水资源管理执法力度，实现依法治水和管水。

附录1 专业名词

水资源：水资源的概念分为广义水资源和狭义水资源两种。广义上的水资源是指能够直接或间接使用的各种水和水中物质，对人类活动具有使用价值和经济价值的水均可称为水资源。狭义上的水资源是指在一定经济技术条件下，人类可以直接利用的淡水。本书中所论述的水资源限于狭义的范畴，即与人类生活和生产活动以及社会进步息息相关的淡水资源。

地表水资源：指可供利用的地表水量，通常用多年平均径流量表示。

地下水资源：指存在于地壳表层可供人类利用的地下水量。

地下水：王大纯等（1995）给出了广义和狭义上地下水的概念。广义的地下水是指赋存于地面以下岩土空隙中的水；包气带及饱水带中所有岩石空隙中的水均属于地下水。狭义的地下水仅指赋存于饱水带岩石空隙中的水。并提出，根据地下水的埋藏条件，可以将地下水分为包气带水、潜水及承压水。按含水介质（空隙）类型，可分为孔隙水、裂隙水以及岩溶水。

水循环：水循环的概念有多种定义，均大同小异。这里采用黄锡荃（1993）提出的定义，水循环是指地球上各种形态的水，在太阳辐射、地心引力等作用下，通过蒸发、水汽输送、凝结降水、下渗以及径流等环节，不断地发生相态转换和周而复始运动的过程。

四水：自然界水可分为大气水、地表水、土壤水和地下水，通称为"四水"。

泉：地下水的天然露头，在地形面与含水层或含水通道相交点地下水出露成泉。

泄流：当河流切割含水层时，地下水沿河呈带状排泄，即为地下水的泄流

包气带：地表到地下水面称为包气带，或非饱和带。

饱水带：地下水面以下称为饱水带，或饱和带。

地下水资源评价：在一定的天然和人工条件下，对地下水资源的质和量在使用价值和经济效益等方面进行综合分析、计算和论证。

地下水天然补给资源量：指天然条件下增加的地下水水量，包括降水渗入、地表水渗入和相邻水文地质单元或相邻含水层地下水的流入量。

地下水径流模数法：在查明水文地质条件的基础上，充分利用水文测流资料和测流控制区的含水层面积，直接求出地下径流模数（补给模数），即单位时间点位面积含水层的补给量或地下径流量。

地热：来自地球内部的一种能量资源。

地形降水：湿空气流沿地形抬升而形成的降水。暖湿的对流性不稳定的气团在前进途中，遇到较高山地的阻挡被迫上升，绝热冷却达到凝结高度时，便发生凝结降水。

跨界含水层（系统）：广义地讲是指位于不同行政管理区域的同一含水层或含水系统，包括国内跨行政区边界含水层及跨界（地区）的含水层。狭义地讲，跨界含水层或跨界含水系统是指位于不同国家（地区）的含水层或者含水系统。

跨界水体和谐开发：跨界水体流域国在开发利用跨界水体的过程中，以跨界水体的整体性为基础，以保护生态系统作为流域管理的理念，以跨界水体的可持续利用为宗旨，以跨界水体的损害预防为重要内容，互利共享，平等协商，合作开发，既要重视流域内各要素之间的关联性以保护跨界水体水文生态系统平衡，又要公平对待、协调解决各流域国之间因地理环境不同而客观存在的目标差异等以及在开发跨界水体过程中产生的矛盾，使流域国与跨界水体之间、流域国之间达到共生共荣的良性发展状态。

生态系统：在一个特定环境内，其间的所有生物和此一环境的统称。此特定环境里的非生物因子（如空气、水、土壤等）与其间的生物之间具有交互作用，不断地进行物质和能量的交换，并借由物质流和能量流的连接，而形成一个整体（系统），即称此为生态系统或生态系。

生态环境：人类生存和发展的基本条件，是社会和经济可持续发展的基础。生态环境是指人类的生物圈环境，即影响人类生存和发展的各种天然的和经过人工改造的自然因素的总体。

生态地质环境：是从生态学角度出发，以人类所处的地质环境为核心，来研究人类生命环境与自然生态环境及其社会生态环境之间的相互关系，统称为生态地质环境。

地下水生态环境：指地下水及其赋存空间环境在内外动力地质作用和人为活动作用影响下所形成的状态及其变化的总称。

生态系统服务：指自然生态系统及其所属物种支撑和维持的人类赖以生存的条件和过程。

土壤次生盐渍化（盐碱化）：指易溶性盐分在土壤表层积累的现象或过程。

岩溶塌陷：指地表岩体在自然或人为因素作用下，向下陷落，并在地面形成塌陷坑（洞）的一种地质现象。

地面沉降：又被称为地面下沉、地陷。它是在人类工程经济活动影响下，由于地下松散、地层固结压缩，地壳表面标高降低的一种局部的下降运动。

地裂缝：它是地表岩层、土体在自然因素（地壳活动、水的作用等）或人为因素（抽水、灌溉、开挖等）作用下，在地面形成一定长度和宽度的裂缝的一种宏观地表破坏现象。

海水入侵：超量开采地下水，使地下淡水水位大幅度下降，造成沿海地区咸淡水天然平衡状态被破坏，海水以回溯潜流的形式侵入淡水含水层，导致地下水水质恶化。

荒漠化：气候变化和人类不合理的经济活动等因素使干旱、半干旱和具有干旱灾害的半湿润地区的土地发生了退化。

物理处理技术：是利用污染物和环境物质的物理化学性质来修复土壤和地下水，对于物理修复来说，最重要的物理化学参数包括密度、溶解度、黏度和挥发度。原位修复过程中可以获得的物理参数包括物理状态（固、液、气态），密度、湿度、渗透性、孔隙度、颗粒大小、导热性和导电性。

附录2 亚洲部分国家或地区可再生水资源的统计

面对水资源供需矛盾突出的现状，为缓解水资源紧张状况，各种保护水资源、开发水资源和提高水资源利用率的措施都在积极地实施之中。在众多措施和方法中，污水回用是缓解城市供水紧张的最为有效的方法之一（高旭阔，2010）。

再生水资源是以城市污水或工业废水为原水，通过人为处理而恢复其使用价值，成为可重复利用的水资源，从而实现污水资源化。可再生水的水量和水质取决于污水的再生能力（即污水的社会再生能力），也就是取决于社会经济实力和科学技术发展水平，是社会经济投入的函数。因可再生的水资源数量是有限的，再生水资源的社会再生能力也是有限的，即存在某一阈值（黄廷林等，2002）（附表2-1）。

一方面，再生水取材方面，经济实惠；另一方面，再生水使有限的水资源得以重复利用，水资源利用率大大提高，对节约和保护水资源意义重大。

附表2-1 部分国家或地区可再生水资源统计（资料来源于网络）

国家或地区	可再生水资源总量/10^9 m^3	信息来源年份
俄罗斯	4 498	1997
中国大陆	3 269	1999
印度	1 907.8	1999
孟加拉国	1 210.6	1999
缅甸	1 045.6	1999
越南	891.2	1999
马来西亚	580	1999
菲律宾	479	1999
柬埔寨	476.1	1999
日本	430	1999
泰国	409.9	1999
老挝	333.6	2003
巴基斯坦	233.8	2003
尼泊尔	210.2	1999
乌克兰	139.5	1997
伊朗	137.5	1997
哈萨克斯坦	109.6	1997
塔吉克斯坦	99.7	1997
伊拉克	96.4	1997

国家或地区	可再生水资源总量/10^9 m^3	信息来源年份
不丹	95	1987
朝鲜	77.1	1999
乌兹别克斯坦	72.2	2003
韩国	69.7	1999
中国台湾	67	2000
阿富汗	65	1997
格鲁吉亚	63.3	1997
土库曼斯坦	60.9	1997
吉尔吉斯斯坦	11	2010
叙利亚	46.1	1997
蒙古	34.8	1999
阿塞拜疆	30.3	1997
亚美尼亚	10.5	1997
文莱	8.5	1999
也门	4.1	1997
黎巴嫩	3.2	2004
沙特阿拉伯	2.4	1997
以色列	1.7	2001
约旦	0.9	1997
新加坡	0.6	1975
阿联酋	0.2	1997
卡塔尔	0.1	1997
巴林	0.1	1997
马尔代夫	0.03	1999
科威特	0.02	1997

附录 3　亚洲巨型含水层系统的数据

地下水系统提供了一个水文地质框架，为研究亚洲地下水的形成、运动和水质演化规律，地下水资源量的评估提供理论基础。地下水系统一般指地下水含水系统和地下水流动系统。地下水含水系统一般是指由隔水层或相对隔水层圈闭的，具有统一水力联系的含水岩系。地下水流动系统一般是指由源到汇的流面群构成的，具有统一时空演变过程的地下水体。

太平洋水文循环系统、印度洋水文循环系统和北冰洋水文循环系统是亚洲地下水循环系统的重要补给源泉，亚洲地下水循环演化特征与上述三大水文循环系统变化密切相关，制约着亚洲各个区域地下水循环系统演化过程。因此以气候地貌为主控依据，综合气候地貌、地质构造、水文地质结构、地表水系等因素来划分地下水系统（附表 3-1）。

附表 3-1　亚洲地下水系统统计数据

代号	一级地下水系统	地下水资源量/（10^9 m³/a）	
		天然补给资源	可开采资源
Ⅰ	北亚台地及高原寒温带地下水系统	1 007.45	705.21
Ⅱ	东北亚山地及平原温带半湿润地下水系统	323.42	226.39
Ⅲ	华北平原、山地及黄土高原温带半干旱地下水系统	165.86	116.10
Ⅳ	内陆盆地及丘陵山地温带干旱地下水系统	845.67	591.97
Ⅴ	伊朗高原—小亚细亚半岛亚热带干旱、半湿润地下水系统	157.51	110.26
Ⅵ	阿拉伯半岛—美索不达米亚平原热带干旱地下水系统	213.60	149.52
Ⅶ	青藏高原高寒地下水系统	490.96	343.67
Ⅷ	南亚两河平原—德干高原热带湿润—半湿润地下水系统	587.80	411.46
Ⅸ	中南半岛山地丘陵热带湿润地下水系统	201.66	141.16
Ⅹ	华南山地丘陵及平原亚热带湿润地下水系统	309.90	216.93
Ⅺ	东南亚岛群赤道湿热地下水系统	357.45	250.21

附录4 亚洲六大区地下水简要描述

1. 北亚

北亚是指俄罗斯的亚洲部分,主要是指乌拉尔山以东、西伯利亚的广大地区、阿尔泰山脉以北、哈萨克斯坦以北、蒙古以北、中国以北、日本以北、白令海峡以西的地区,占亚洲面积的三分之一。

根据北亚地区构造运动、地貌形态和气候条件,可将北亚地区划分为北亚台地及高原寒温带半湿润地下水系统和东北亚山地及平原温带半湿润地下水系统。其中北亚台地及高原寒温带半湿润地下水系统又包括西西伯利亚平原鄂毕河地下水系统、中西伯利亚高原叶尼塞河地下水系统、中西伯利亚高原勒拿河和东西伯利亚科雷马河三个子系统。北亚以冻土区为主,永久性冻土主要集中在年平均气温0℃以下的北部和东部,永久性冻土带从700.06 km长的西伯利亚亚马尔半岛一直向北极延伸,西伯利亚北部永久性冻土的厚度为200 m左右,最厚可达620 m,活动层小于0.5 m;季节性冻土主要存在于永久性冻土带边缘及乌拉尔山以西。该地区冻土面积约为1 187.54×10⁴ km²;其中永久性冻土主要分布在北亚北部地区,面积约为507.13×10⁴ km²;季节性冻土主要分布在南部地区,面积约为680.41×10⁴ km²。

2. 东亚

东亚位于亚洲东部,太平洋西侧,有典型的季风气候,雨热同期。水力资源丰富。地势西高东低,分四个阶梯。中国西南部和印度次大陆的北部地区有被称为"世界屋脊"的青藏高原,平均海拔在4 000 m以上。东南半部为季风区,属温带阔叶林气候和亚热带森林气候;西北部属大陆性温带草原、沙漠气候;西南部属山地高原气候。东亚大陆边缘,地质条件复杂,多山,且多火山、地震。夏秋季节常受台风侵袭。地形多平原、丘陵。西部远离海洋,地形多高原、山地。大河多自西向东,流入太平洋,主要有长江、黄河、鸭绿江、图们江等。主要包括中国、日本、蒙古等国。

东亚位于欧亚板块的东南部,东邻俯冲的太平洋板块及其俯冲带,南接印度板块及与欧亚板块的碰撞造山带,恰好处于欧亚板块、印度板块和太平洋板块三大板块交汇的特殊区域,构成东亚特殊的地质面貌。

中国地下淡水资源量多年平均为8 837亿m³,并呈"南多北少"格局。南方地下淡水天然资源量占全国地下淡水天然资源量的69%,地下淡水可开采资源量达1 991亿m³。北方地下淡水天然资源量仅占全国地下淡水天然资源量的31%,可开采资源量也只相当于南方的77%。占中国总面积35%的西北地区地下淡水天然资源量仅占全国总量的13%(张发旺等,2010;张宗祜,1996)。

日本水资源的主要来源是降水,年均降水量为1 750 mm,并且地下水的蕴藏量也较丰富,每年有4 000亿m³的降水渗入地下。一般年份,日本全国水资源总量可达4 349亿m³,

人均水资源占有量达 3 593 m³（杨书臣，1990）。

3. 中亚

中亚即亚洲中部地区，狭义的中亚国家包括四国，即土库曼斯坦、吉尔吉斯斯坦、乌兹别克斯坦、塔吉克斯坦，此外还包括哈萨克斯坦的东南部。由于该地区处于欧亚大陆腹地，尤其是东南缘高山阻隔印度洋、太平洋的暖湿气流，气候为典型的温带沙漠、草原的大陆性气候，该地区雨水稀少，是传统上的缺水地区。

中亚大部分位于干旱区内，水对经济社会发展尤为重要。水资源主要形成于天山山脉及周边中高山区。其中高山地区的冰川和积雪融水是内陆河流的主要补给源。据 2007 年的统计分析结果，中亚五国人均水资源占有量不到 3 800 m³，远低于世界人均水资源占有量 7 500 m³。其中乌兹别克斯坦、土库曼斯坦人均水资源占有量分别为 217 m³ 和 702 m³，属严重缺水国家（吉力力·阿不都外力等，2009）。

中亚地区的地下水主要源于山区降水、高山冰雪融水和地表水的渗漏。地下水补给资源总量约为 434. 86 亿 m³，地下水可开采量为 169. 4 亿 m³。

土库曼斯坦位于中亚的西南部，远离水资源源地，是中亚水资源总量最少的国家。水资源主要来自发源于帕米尔高原的阿姆河（Amu Darya River）以及从阿姆河调水到境内的卡拉库姆运河。地下水资源量为 33.6 亿 m³，地下水可开采量为 12. 2 亿 m³（姚俊强等，2014）。

吉尔吉斯斯坦地处中亚中心，山地众多，山脉纵横，冰川广泛发育，水资源十分丰富，是中亚五国的"水塔"，控制着中亚五国的水资源命脉。冰川是吉尔吉斯斯坦天然的自然财富之一，既是吉尔吉斯斯坦境内重要河流的源头，同时也确保了年降水量低于多年平均值的干旱年份，大部分河流也有充沛的水流。除伊塞克湖外，吉尔吉斯斯坦其余地下水盆地的地下水位一般都在排水基线以上，在水交换比较活跃的地带水压是开放的，因此真正可算做地下水资源的数量不大。上述特点决定了每个盆地的地下水容纳储量都保持稳定，与气候波动情况和地下水的补给情况关系不大。吉尔吉斯斯坦地下水盆地的可再生地下淡水资源总量约为每年 110 亿 m³（李湘权等，2010）。

乌兹别克斯坦位于中亚的中心地带，全境属温带大陆性气候，内陆国无出海口。水资源问题相比其他国家而言显得更加突出。水资源的分布有 2/3 分布在山地，1/3 分布在平原（张小瑜，2012）。

4. 南亚

南亚指位于亚洲南部的喜马拉雅山脉中、西段以南及印度洋之间的广大地区。它东濒孟加拉湾，西滨阿拉伯海。南亚大部分地区属热带季风气候，一年分热季（3~5 月）、雨季（6~10 月）和凉季（11 月至次年 2 月），全年高温，各地降水量相差很大。西南季风迎风坡降水极其丰富，是世界降水最多的地区之一（如印度的乞拉朋齐）。西北部则降水稀少。

从板块构造来说，南亚地区主体位于印度—澳大利亚板块北部，北部与欧亚板块相接。南亚地区以印度地盾为主体，基本构造格架由西部和东部边缘的构造带和大陆内部的古—中元古代活动带构成。北缘是印度板块与欧亚板块新生代陆—陆碰撞形成的弧形造山带，东西方向长逾 3 000 km，由一系列褶皱冲断带组成（刘铁树等，2013）。

印度位于亚洲南部，也是南亚次大陆最大的国家。全境分为德干高原和中央高原、平原及喜马拉雅山区三个自然地理区。印度多年平均径流量为 18 694 亿 m³；水资源可利用量为 11 220 亿 m³，约占水资源总量的 60%。其中地表水可利用量为 6 000 亿 m³，可更新的地下水资源量为 4 320 亿 m³（钟华平等，2011）。印度河—恒河平原构造上属于新褶皱山脉前缘地带，前身为孟加拉湾和阿拉伯海的一部分。平原东西长约 3 000 km，宽 250～300 km，主要由印度河、恒河冲积而成，为世界著名大平原之一。第四纪印度半岛不断抬升，侵蚀加剧，加上气候转暖，降水很多，这样就使印度河、恒河及布拉马普特拉河等的冲积作用特别发达，终于形成具有 300 m 厚冲积层的大平原。德干高原为印度半岛的主体，也是一古老地块，久经侵蚀，地势西高东低，平均海拔约 600 m。西高止山构成高原西部边缘，海拔为 1 000～1 500 m。东高止山构成高原东部边缘，高度为 500～600 m。

5. 东南亚

东南亚（Southeast Asia）位于亚洲的东南部，包括中南半岛和马来群岛两大部分。泰国岩溶面积约 5 万 km²，占其国土面积的 15% 左右，主要分布在泰国的西部，呈南北向展布，从北部清迈府湄宏顺高原岩溶区北纬 19.3°到南部甲米省攀牙湾滨海岩溶区北纬 8.5°，横跨近 11 个纬度。具体范围为沿马来半岛西岸泰国—马来西亚边界一直向北延伸到泰国—缅甸交界的掸邦高原境内。

东南亚是全球构造最复杂的地区之一。这里由许多微板块组成，它们来自冈瓦纳大陆北部边缘，经过古生代和中生代一系列构造活动而最终缝合在一起，形成今日东南亚地区的地质构造景观（钟华平等，2011）。

泰国北部湄宏顺地区、中部北碧省岩溶区、南部甲米省滨海地区都发育典型的岩溶地貌，其地下水主要为岩溶水（姚伯初，1999）。印度干旱、半干旱地区占全国面积的46%，印度地下水灌区占全国灌溉面积的 45%。80% 的饮用和生活用水及部分工业用水靠地下水满足。印度每年可利用的水资源总量达 11 000 多亿立方米，地下水资源量达4 320 亿 m³。目前印度有 450 万 hm² 农田使用地下水灌溉，占全国总灌溉面积的 52%；每年工业和家庭抽用的地下水总量达到 70 亿 m³（章程等，2014）。

菲律宾—马来西亚—印度尼西亚群岛，中新世岛弧火山岩发育。气候跨度大，由高纬度寒带向南过渡到赤道热带雨林气候带，受太平洋季风气候影响明显。

菲律宾群岛西濒南中国海，东临太平洋，是一个群岛国家，共有大小岛屿 7 107 个。菲律宾属季风型热带雨林气候，高温多雨，年平均气温 28℃，植物资源十分丰富，森林面积为 1 585 万 m²，覆盖率达 53%（肖力，2001）。

马来西亚位于东南亚，地处太平洋和印度洋之间，属热带雨林气候。内地山区年均气温 22～28℃，沿海平原为 25～30℃。马来西亚境内崎岖多山，有八条大体平行的山脉纵贯南北。森林覆盖面积大，占全国总面积的 74%，靠近赤道，且多为原始热带雨林，又是半岛，所以高温多雨。降雨虽多，但雨下得骤，停得也快，极少有连阴雨。马来西亚是一个拥有永恒夏天和永恒阳光的地方，全年气温变化很小（方生，1996）。

印度尼西亚处于亚欧大陆和太平洋板块的接触带，火山活跃，地震频繁。地热资源丰富，境内有火山 400 多座，其中活火山 120 多座，是世界上火山活动最多的国家之一，约占世界活火山的 1/6。各岛内部多崎岖山地和丘陵，仅沿海有狭窄平原，并有浅海和珊瑚环绕。大部分地区属热带雨林气候，终年高温多雨，湿度大。年平均气温 25～27℃，温差很小，无寒暑季节变化。年平均降水量在 2 000 mm 以上河流众多，水量丰沛（Daly et al.，1991）。

越南山区和丘陵面积约占 66%，国土面积的 70% 在海拔 500 m 以下。越南地表水资源丰富，多年平均净流量为 891 km³/a，其中降雨补给约占 40%。地下水资源 13 km³/a，人均境内水资源量为 4 568 m³/人（2001 年人口数）。考虑来自境外水量每年约 525 km³，越南年内人均水资源量 11 109 m³/（人·a），约为亚洲年内人均水量 3 970 m³ 的 2.8 倍和世界年内人均水量 7 650 m³ 的 1.4 倍，属于水资源丰富地区。值得注意的是，越南境内国际河流较多，其水源有 60% 来自邻近国家。因此，如果考虑到邻近国家未来用水量增加，则意味着流入越南的来水量减少（吴明海等，2010）。

柬埔寨江河众多，水资源丰富。柬埔寨主要河流有湄公河、洞里萨河等，还有东南亚最大的洞里萨湖，地表水 750 亿 m³（不包括积蓄雨水），地下水 176 亿 m³（欧阳万华，2015）。

菲律宾位于亚洲东南部、太平洋西南隅的群岛上。菲律宾是多山国家，山地面积占总面积的 2/3，最高峰是棉兰老东南的阿波火山，海拔 2 954 m。菲律宾地处太平洋板块西缘，地质演化历史不长，最老地层是石炭系。菲律宾岩浆岩比较发育，全境除少数内陆平原外，仅在沿海零星分布有狭窄平原（吴良士，2012）。

6. 西亚

西亚位于亚洲、非洲、欧洲三大洲的交界地带，位于阿拉伯海、红海、地中海、黑海和里海（内陆湖）之间，所以被称为"五海三洲之地"，是联系亚、欧、非三大洲和沟通大西洋、印度洋的枢纽，地理位置十分重要。该地区气候干旱，水资源缺乏，地形以高原为主。西亚包括伊朗高原、阿拉伯半岛、美索不达米亚平原、小亚细亚半岛。

西亚的地形以高原为主，中部的美索不达米亚平原（又称两河流域），土壤肥沃，灌溉便利，农业发达。西亚东部为伊朗高原，往西有亚美尼亚火山高原和小亚细亚半岛的安纳托利亚高原，都是被阿尔卑斯—喜马拉雅运动时期形成的褶皱山脉环绕的内陆高原，其边缘分布着许多高大山系。西南部的阿拉伯半岛是一个由前寒武纪古陆形成的台地高原。平原面积不大，主要有美索不达米亚平原和外高加索的库拉河谷地平原。在地质史上，西亚高原有多次火山活动，形成了大面积的熔岩台地。有众多火山分布，受新构造运动影响，现代火山和地震活动也相当频繁。外力地貌以干旱风沙地貌为主，沙漠分布很广。

包括高原内陆及其周围山地，主要由南北两侧的边缘山地及中间高原盆地所构成。其边缘山地属于阿尔卑斯—喜马拉雅褶皱山带。分为两支，北支主要有厄尔布尔士山脉、科彼得山脉和兴都库什山脉；南支主要有扎格罗斯山脉、莫克兰山脉、基尔塔尔山脉，并东延成苏来曼山脉。伊朗高原南北介于中亚平原和阿拉伯海及其海湾之间，西邻亚美尼亚高原和美索不达米亚平原，东接印度半岛区的塔尔沙漠。

阿拉伯半岛可划分为三大主要构造单元，即阿拉伯地盾、阿拉伯陆棚和活动带。阿拉伯地盾是一巨大的复合岩体，由前寒武系火成岩和变质岩组成，位于半岛的西部。活动带位于半岛的北部和东南部边缘地区。而阿拉伯陆棚区位于地盾与活动带之间，沿地盾的东缘和东北缘向东延伸，为一系列稳定的滨浅海相和陆相沉积（刘春莲，1991）。

美索不达米亚平原位于底格里斯河和幼发拉底河中下游地区。范围大致东起伊朗高原，西至叙利亚和阿拉伯高原，北起亚美尼亚山区，南至波斯湾。美索不达米亚平原地势低平，高度多在 200 m 以下，绝大部分地区海拔不到 100 m，如距海岸约 500 km 的巴格达，海拔仅 34 m。平原地势自西北向东南逐渐降低，以巴格达为界，西北部称上美索不达米亚平原，东南部（巴士拉以上）称下美索不达米亚平原，巴士拉以下至入海口为阿拉伯河三角洲。平原地表多由阶地和河漫滩组成，平原之上仍有局部高地。由于底格里斯河与幼发拉底河的淤积严重，河床不断加高，所以，在平原上可以见到高高隆起的河岸地带。底格里斯河与幼发拉底河是流经平原的主要河流。它们均发源于境外的北部山地，为过境河流，其水源主要靠北部山地降雨和积雪融水补给，流经该区时水量逐渐减少，具有干旱荒漠区河流的特征。中下游区多湖泊和沼泽。

参 考 文 献

方生. 1996. 印度地下水开发利用与管理问题. 地下水, 18 (1)：45-46.

高潮. 2010. 高山之国：塔吉克斯坦. 中国对外贸易, (3)：76-79.

吉力力·阿不都外力, 木巴热克·阿尤普, 刘东伟, 等. 2009. 中亚五国水土资源开发及其安全性对比分析. 冰川冻土, 31 (5)：960-968.

李湘权, 邓铭江, 龙爱华, 等. 2010. 吉尔吉斯斯坦水资源及其开发利用. 地球科学进展, 25 (12)：1367-1375.

刘春莲. 1991. 阿拉伯半岛中南部上前寒武系至白垩系地层分布及特征. 中山大学学报（自然科学版）, 30 (4)：9-17.

刘铁树, 常迈, 贾怀存, 等. 2013. 南亚地区油气地质综合研究与区域优选. 中国石油勘探, 18 (4)：58-67.

欧阳万华. 2015. 柬埔寨水资源开发现状、问题及对策. 国际商报, 12-20.

吴良士. 2012. 菲律宾地质构造及其区域成矿主要特征. 矿床地质, 31 (3)：642-645.

吴明海, 张代青, 杨娜. 2010. 越南水资源利用与水权制度建立. 中国农村水利水电, 10：118-124.

肖力. 2001. 印度大力开发地下水资源. 科学新闻, (11)：22.

杨书臣. 1990. 日本水资源的开发与利用——兼谈对我国的启示. 现代日本经济, 3：19-22.

姚伯初. 1999. 东南亚地质构造特征和南海地区新生代构造发展史. 南海地质研究, (11)：1-13.

姚俊强, 刘志辉, 张文娜, 等. 2014. 土库曼斯坦水资源现状及利用问题. 中国沙漠, 34 (3)：885-892.

张发旺, 程彦培, 韩旭, 等. 2010. 基于 NOAA 数据的北亚冻土变化研究. 南水北调与水利科技, 8 (6)：1-3.

张小瑜. 2012. 水资源问题对乌兹别克斯坦国家关系的影响. 黑龙江史志, 279 (14)：80.

张宗祜. 1997. 亚洲水文地质图（1：8 000 000）. 北京：地质出版社.

章程, 蒋忠诚, Worakul M 等. 2014. 泰国西部岩溶地貌和水文地球化学特征及其与中国西南岩溶的对比. 中国岩溶, 33 (1)：1-8.

钟华平, 王建生, 杜朝阳. 2011. 印度水资源及其开发利用情况分析. 南水北调与水利科技, 9 (1)：151-155.

Daly M C, 项光, 金康辰. 1991. 印度尼西亚新生代板块构造和盆地演化. 海洋地质译丛, 10：50-61.

附录 5 亚洲部分国家或地区
地下水开采资源评估量

地下水开采量是指目前正在开采的水量或预计开采量，它只反映了取水工程的产水能力（附表 5-1）。

附表 5-1 亚洲部分国家或地区地下水开采量统计

国家或地区	地下水开采资源评估量 / （10^9 m³/a）	信息来源年份	资料来源
俄罗斯	110	2005	
中国大陆	2 896.57	2000	
印度	4 320		印度水资源及其开发利用情况分析
孟加拉国	30.21	2010	世界地下水
缅甸			
印度尼西亚	14.93	2010	世界地下水
越南	891.21	2000	
马来西亚	0.59	2010	世界地下水
菲律宾			
柬埔寨	476.11	2000	
日本	10.4	2007	
泰国	409.94	2000	
老挝	333.5	2000	
巴基斯坦	64.82	2010	世界地下水
尼泊尔	2.91	2010	世界地下水
乌克兰	4.02	2010	世界地下水
伊朗	63.4	2010	世界地下水
哈萨克斯坦	3.23	2010	世界地下水
塔吉克斯坦	3.63	2010	世界地下水
伊拉克	2.69	2010	世界地下水
不丹	0.04	2010	世界地下水
朝鲜			
乌兹别克斯坦	9.94	2010	世界地下水
韩国	37	1998	
中国台湾			
阿富汗	7.12	2010	世界地下水

续表

国家或地区	地下水开采资源评估量 / (10^9 m³/a)	信息来源年份	资料来源
格鲁吉亚	0.64	2010	世界地下水
土库曼斯坦	0.56（可开采量）		土库曼斯坦水资源现状及利用问题
吉尔吉斯斯坦	0.96	2010	世界地下水
叙利亚	3.8	2004	
蒙古	0.48	2010	世界地下水
阿塞拜疆	0.86	2010	世界地下水
亚美尼亚	0.69	2010	世界地下水
文莱	0.02	2010	世界地下水
也门	3.22	2010	世界地下水
黎巴嫩	0.69	2004	
沙特阿拉伯	24.24	2010	世界地下水
以色列	1	2004	
约旦	0.64	2010	世界地下水
新加坡	0.28	2010	世界地下水
阿联酋	3.53	2010	世界地下水
卡塔尔	0.26	2010	世界地下水
巴林	0.31	2010	世界地下水
马尔代夫	0.02	2010	世界地下水
科威特	0.62	2010	世界地下水

附录6 额外阅读的建议

1. 选择通用文本，提高对地下水有关材料的意识

阿巴江 A，陈谦．1999．世界水库发展概况．水电科技进展，(1)：1-5.

陈葆仁．1981．地下水起源．水文地质工程地质，6：60-61.

陈葆仁．1996．人类活动对地下水的影响——第26届国际水文地质学家协会大会综述．水文地质工程地质，2：1-4.

陈梦熊，东用太．1985．漫谈地下水．北京：科学出版社．

邓伟，何岩．1999．水资源：21世纪全球更加关注的重大资源问题之一．地理科学，19(2)：97-101.

郭孟卓，赵辉．2005．世界地下水资源利用与管理现状．中国水利，3：59-62.

黄宇，王元媛．2014．绿色地球丛书——地球上的地下水．北京：化学工业出版社．

马启迎．2011．漫谈"地下水"危机．地理教育，(10)：21-21.

齐永强．2015．潜行的宝藏——写给环保人的地下水科学．北京：中国环境出版有限责任公司．

钱正英，张兴斗．2000．中国可持续发展水资源战略研究综合报告．中国水利，2(8)：1-17.

中国地下水科学战略研究小组．2009．中国地下水科学的机遇与挑战．北京：科学出版社．

Bradford T．2004. The groundwater diaries：trials，tributaries and tall stories from beneath the streets of London. Flamingo.

Development. 1986. Dept. of technical cooperation for groundwater in continental Asia (Central，Eastern，Southern，South-eastern Asia). United Nations.

Escap B E．1987. Water resources development in Asia and the Pacific：some issues and concerns. Water Resources，62：1-202.

Fitts C R．2002. Groundwater science. Academic Press.

Freeze R A．1979. Groundwater. Prentice Hall.

Margat J，Van der Gun J．2013. Groundwater around the world：a geographic synopsis. CRC Press.

United Nations. 2006. Water：A shared responsibility. the United Nations World Water Development Report 2，3，http：//www.unesco.org/publishing.

Wagner W．2011. Groundwater in the Arab Middle East. Springer Berlin Heidelberg.

2. 选择总结国家地下水条件的书籍、论文和报告

陈爱光，等．1991．地下水资源管理．北京：地质出版社．

陈梦熊，马凤山．2002．中国地下水资源与环境．北京：地震出版社．

陈文福，吕学谕，刘聪桂．2010．台湾地下水之氧化还原状态与砷浓度．农业工程学报，56(2)：57-70.

程彦培，张发旺，董华，等．2010．基于MODIS卫星数据的中亚地区水体动态监测研究．水文地质工程地质，5：33-37.

段仲源，寇敏燕，熊智彪，等．2002．红层裂隙水特征与找水方法．华东地质学院学报，(1)：15.

林祚顶．2004．我国地下水开发利用状况及其分析．水文，24(1)：18-21.

马秀卿．1989．西亚国家的水资源问题及其对策．西亚非洲，(4)：41-46.

潘理中，金懋高．1996．中国水资源与世界各国水资源统计指标的比较．水科学进展，7(4)：376-380.

张宗祜, 李烈荣. 2004. 中国地下水资源. 北京: 中国地图出版社.

钟华平, 王建生, 杜朝阳. 2011. 印度水资源及其开发利用情况分析. 南水北调与水利科技, 9 (1): 151-155.

朱学愚, 钱孝星. 2005. 地下水水文学. 北京: 中国环境科学出版社.

Al-Ansari N A. 2013. Management of water resources in Iraq: perspectives and prognoses. Engineering, 5 (8): 18.

Abbaspour K C, Faramarzi M, Ghasemi S S, et al. 2009. Assessing the impact of climate change on water resources in Iran. Water Resources Research, 45 (10): W10434-W10435.

Ahamed S, Hossain M A, Mukhaoee A, et al. 2007. 印度 Ganga-Meghna-Brahmaputra 平原及周围地区与孟加拉国地下水砷污染及其对健康影响的 19 年研究. 付松波译. 中国地方病学杂志, 26 (1): 43-46.

Ahmad M, Ibrd W D E, Wasiq M. 2004. Water resource development in northern Afghanistan and its implications for Amu Darya basin. General Information.

Almas A A M, Scholz M. 2006. Agriculture and water resources crisis in Yemen: Need for sustainable agriculture. Journal of Sustainable Agriculture, 28 (3): 55-75.

Awadalla S, Noor I M. 1987. Groundwater and the environment//Proceedings of the International Groundwater conference.

Chandrasekharam D. 2010. Scinario of arsenic pollution in groundwater: West Bengal. Geology in China, 37 (3): 712-722.

Chen K Y, Liu T K. 2007. Major factors controlling arsenic occurrence in the groundwater and sediments of the Chianan Coastal Plain, SW Taiwan. Terr Atmos Ocean Sci, 18: 975-994.

Cobbing J. 2013. Assessing and managing groundwater in different environments. CRC Press.

Darwish M A, Al-Najem N. 2005. The water problem in Kuwait. Desalination, 177 (1-3): 167-177.

Fadlelmawla A, Al-Otaibi M. 2005. Analysis of the water resources status in Kuwait. Water Resources Management, 19 (5): 555-570.

Food and Agriculture Organization of the United Nations (FAO). 2009. Groundwater management in Saudi Arabia, Draft Synthesis Report, Rome.

Gasim M B, Sahid I, Toriman E, et al. 2009. Integrated water resource management and pollution sources in Cameron Highlands, Pahang, Malaysia. American-Eurasian Journal of Agricultural and Environmental Science, 5 (6): 725-732.

Heaven S, Koloskov G B, Lock A C, et al. 2002. Water resources management in the Aral Basin: a river basin management model for the Syr Darya. Irrigation & Drainage, 51 (2): 109-118.

Inbara M, Maos J O. 1984. Water resource planning and development in the northern Jordan Valley. Water International, 9 (1): 18-25.

Jose A M, Cruz N A. 1999. Climate change impacts and responses in the Philippines: water resources. Climate Research, 12 (2): 77-84.

Karamouz M, Ahmadi A, Akhbari M. 2011. Groundwater hydrology: engineering, planning, and management. CRC Press.

Khoo T C. 2009. Singapore water: yesterday, today and tomorrow// Water Management in 2020 and Beyond. Springer Berlin Heidelberg.

Kresic N. 2009. Groundwate resources. McGraw-Hill.

Lashkaripour G R, Hussaini S A. 2008. Water resource management in Kabul river basin, eastern Afghanistan. Environmentalist, 28 (3): 253-260.

Leidel M, Hagemann N. 2012. Capacity development as a key factor for integrated water resources management

(IWRM): improving water management in the Western Bug River Basin, Ukraine. Environmental Earth Sciences, 65 (5): 1415-1426.

Masih I, Ahmad M U D, Uhlenbrook S, et al. 2009. Analysing streamflow variability and water allocation for sustainable management of water resources in the semi-arid Karkheh river basin, Iran. Physics & Chemistry of the Earth, 34 (4): 329-340.

Mirza M M Q, Ahmad Q K. 2005. Climate change and water resources in South Asia. CRC Press.

Murad A A, Nuaimi H A, Hammadi M A. 2007. Comprehensive assessment of water resources in the United Arab Emirates (UAE). Water Resources Management, 21 (9): 1449-1463.

Peachey E J. 2004. The aral sea basin crisis and sustainable water resource management in central Asia. Journal of Public and International, 15: 1-20.

Qureshi A S. 2003. Water resources management in Afghanistan: The issues and options. Iwmi Working Paper.

Ravenscroft P, Mcarthur J M, Hoque M A. 2013. Stable groundwater quality in deep aquifers of Southern Bangladesh: the case against sustainable abstraction. Science of the Total Environment, 454-455 (5): 627-638.

Rizk Z S, Alsharhan A S, Alsharhan A S, et al. 2003. Water resources in the United Arab Emirates. Developments in Water Science, 50 (3): 245-264.

Schiffler M. 1998. the economics of groundwater management in arid countries: theory, international experience and a case study of Jordan. Frank Cass Publishers.

Shahin M. 1989. Review and assessment of water resources in the Arab region. Water International, 14 (4): 206-219.

Shiklomanov I A, Rodda J C. 2003. World water resources at the beginning of the twenty-first century. New York: Cambridge University Press.

Tanton T W, Ilyushchenko M A. 2001. Some water resources issues of Central Kazakhstan. Proceedings of the ICE - Water and Maritime Engineering, 148 (4): 227-333.

Todd D K. 2004. Groundwater hydrology. Wiley.

Tortajada C. 2006. Water management in Singapore. International Journal of Water Resources Development, 22 (2): 227-240.

Varisco D M. 1983. Sayl and ghayl: The ecology of water allocation in Yemen. Human Ecology, 11 (4): 365-383.

von Brömssen M, Markussen L, Bhattacharya P, et al. 2014. Groundwater. Springer.